理工数学シリーズ

量子力学 Ⅱ

波動力学入門

村上雅人
飯田和昌
小林忍

飛翔舎

はじめに

　ハイゼンベルクらによって建設された行列力学は、原子内の電子の運動を記述する学問として大成功を収めた。しかし、行列計算は多くの物理学者にとって不慣れであっただけでなく、取り扱いが困難であった。

　行列力学の誕生からまもなく、シュレーディンガーが微分方程式によって、電子の運動が解析できるということを提唱する。その手法が、行列力学とまったく異なっていたことから、当初は、懐疑の目にさらされたが、すぐに、その手法が行列力学を凌駕するものであることが認識されるようになるのである。これが、本書の主題の波動力学である。

　波動力学が多くの物理学者に受け入れられた理由は、なじみのある微分方程式を基本としているうえ、行列力学では解くことのできなかった水素原子の電子軌道を見事に描き出すことができたからである。

　ただし、これには背景がある。それは、シュレーディンガー方程式を解法するためには、かなり面倒な数学的操作が必要となるが、これら微分方程式は、数多くの数学者によって、すでに解法されていたのである。この数学的所産のおかげで、波動力学は確固たる地位を確立することになる。

　量子力学は、現在、半導体工学や超伝導工学など、数多くの分野に波及効果を及ぼしている。しかし、科学の基礎という観点から、その最も大きな貢献は、原子構造を明らかにしたことであろう。しかも、その電子軌道は、ボーアが予想した太陽系惑星のように、電子が原子核のまわりを周回するという描像とは、まったく異なるものであった。

　本書では、いかに水素原子の電子軌道が明らかにされたかの過程をできるだけ詳細にたどることを目的とした。その理解のためには、数学の基礎として、ラゲールの陪微分方程式やルジャンドルの陪微分方程式、その解であるラゲール陪関数、ルジャンドル陪関数などの性質を知る必要がある。よって、かなりのページ数を割いて、これら関数の説明を行った。

　ただし、シュレーディンガー方程式によって、電子軌道の厳密解が得られるのは水素原子のみである。これは、電子数が 2 個以上になると、多体問題となり、解析解が得られなくなるためである。したがって、ヘリウムよりも重い元

素で提唱されている電子軌道は、水素原子の励起状態の p 軌道や d 軌道が多電子原子にも適用できるとして提案されたものである。これを水素様原子と称する。

　量子力学は、その限界を理解したうえで応用すれば、その利用価値は計り知れない。また、ミクロの世界が直接デバイスの性質を左右するナノテクノロジーが進展している現在、その重要性は、さらに増すであろう。

2024年　夏

著者　村上雅人、飯田和昌、小林忍

もくじ

はじめに………………………………………………………………… 3

第 1 章　電子の波動性 ………………………………………………… 9

第 2 章　電子波の方程式　シュレーディンガー方程式の登場 ……… 16
　2. 1.　波の方程式　*17*
　2. 2.　オイラーの公式と波の方程式　*18*
　2. 3.　シュレーディンガー方程式の導出　*21*
　2. 4.　指数関数のべきは無次元数　*25*
　2. 5.　シュレーディンガー方程式の飛躍　*27*
　補遺 2-1　べき級数展開とオイラーの公式　*28*
　　A2. 1.　指数関数の展開　*29*
　　A2. 2.　三角関数　*29*
　　A2. 3.　オイラーの公式　*30*
　　A2. 4.　複素平面と極形式　*31*

第 3 章　シュレーディンガー方程式による解法　無限井戸 ……… 34
　3. 1.　空間に閉じ込められた電子の運動　*34*
　3. 2.　エネルギーの量子化　*37*
　3. 3.　波動関数の導出　*40*
　3. 4.　確率解釈　*42*
　3. 5.　波動関数の規格化　*46*
　3. 6.　波動関数の直交性　*47*
　3. 7.　重ね合わせの原理　*51*

第 4 章　シュレーディンガー方程式の解法　有限井戸 …………… 54
　4. 1.　有限井戸に閉じ込められた電子の運動　*54*
　4. 2.　超越方程式　*60*

　4. 2. 1.　超越方程式 $\beta = k \tan(ka)$ の解　*61*

　4. 2. 2.　超越方程式 $\beta = -k / \tan(ka)$ の解　*64*

4. 3.　固有関数　*65*

　4. 3. 1.　$\beta = k \tan(ka)$ の場合の波動関数　*67*

　4. 3. 2.　$\beta = -k / \tan(ka)$ の場合の波動関数　*71*

　4. 3. 3.　エネルギー準位の高い波動関数　*74*

4. 4.　波動関数の規格化　*76*

補遺 4-1　余因子展開　*85*

第 5 章　トンネル効果 ………………………………………………… *90*

第 6 章　演算子 ………………………………………………………… *101*

6. 1.　量子力学における演算子　*102*

6. 2.　運動量演算子　*103*

6. 3.　位置演算子　*104*

6. 4.　正準交換関係　*106*

6. 5.　エネルギー演算子　*108*

6. 6.　固有値と期待値　*109*

6. 7.　期待値　*112*

6. 8.　エルミート演算子　*116*

第 7 章　不確定性原理 ………………………………………………… *119*

7. 1.　無限井戸による考察　*120*

7. 2.　期待値による考察　*122*

7. 3.　シュワルツの不等式と不確定性関係　*126*

7. 4.　演算子の可換性と不確定性　*132*

第 8 章　調和振動子 …………………………………………………… *134*

8. 1.　調和振動子のシュレーディンガー方程式　*134*

8. 2.　エルミートの微分方程式　*137*

8. 3.　波動関数の規格化　*143*

補遺 8-1　エルミート多項式　*152*

A8. 1.　母関数　*152*

A8. 2.　エルミートの微分方程式の導出　*154*

A8. 3.　エルミート多項式の規格化因子　*158*

A8. 4.　エルミート多項式の直交性　*160*

第9章　極座標のラプラシアン ……………………………………*162*

第10章　水素原子のシュレーディンガー方程式 I
　　　　　　──変数分離……………………………………*173*

10. 1.　ポテンシャルエネルギーの導出　*173*

10. 2.　変数分離　*174*

10. 3.　角度関数の分離　*177*

10. 4.　変数分離した方程式　*181*

第11章　水素原子のシュレーディンガー方程式 II
　　　　　　──動径方向の方程式 ……………………*183*

11. 1.　動径方向のシュレーディンガー方程式　*183*

11. 2.　ラゲールの陪微分方程式　*190*

11. 3.　ラゲール陪多項式　*192*

11. 4.　波動関数の規格化　*196*

11. 5.　動径方向の波動関数　*201*

11. 6.　動径分布関数　*206*

補遺11-1　ラゲール陪多項式　*210*

1A11. 1.　ラゲールの微分方程式の解　*210*

1A11. 2.　ラゲールの陪微分方程式　*213*

補遺11-2　ラゲール陪多項式の直交性　*216*

2A11. 1.　母関数　*216*

2A11. 2.　ロドリーグの公式　*219*

2A11. 3.　漸化式　*221*

2A11. 4.　ラゲール微分方程式　*226*

2A11. 5.　ラゲール多項式の直交性　*227*

2A11. 6.　ラゲール陪多項式と母関数　*231*

　　2A11. 7.　ラゲール陪多項式の漸化式　*233*

　　2A11. 8.　ラゲール陪多項式の直交性　*234*

　補遺 11-3　極座標の体積要素　*242*

第 12 章　　水素原子のシュレーディンガー方程式 Ⅲ
　　　　　　　──角度分布関数······································*244*

12. 1.　方位角 ϕ に関する波動方程式　*244*

12. 2.　天頂角 θ に関する波動方程式　*248*

　12. 2. 1.　ルジャンドル微分方程式　*250*

　12. 2. 2　ルジャンドルの陪微分方程式の解法　*254*

　12. 2. 3.　ルジャンドル陪多項式　*259*

12. 3.　規格化　*259*

12. 4.　球面調和関数　*269*

補遺 12-1　ルジャンドルの微分方程式　*277*

　A12. 1.　級数解法　*277*

　A12. 2.　ロドリーグの公式　*279*

　A12. 3.　ルジャンドル多項式の母関数と漸化式　*281*

第 13 章　　水素原子の電子軌道のまとめ·····························*285*

13. 1.　波動関数と電子分布　*285*

13. 2.　水素原子の電子軌道　*287*

13. 3.　s 軌道　*289*

13. 4.　$m = 0$ に対応した p 軌道　*290*

13. 5.　$m = \pm 1$ に対応した p 軌道　*293*

13. 6.　d 軌道　*296*

　13. 6. 1.　$m = 0$ に対応した d 軌道　*296*

　13. 6. 2.　$m = \pm 1$ に対応した d 軌道　*297*

　13. 6. 3.　$m = \pm 2$ に対応した d 軌道　*299*

13. 7.　一般への拡張　*302*

おわりに··*303*

第 1 章　電子の波動性

　物理学が大きな進展を見せるとき、その背景には、必ず、それまでのパラダイムからの大転換がある。量子力学が登場し確立されていく過程でも多くのブレイクスルーがあった。

　その中で、最も重要かつ基本的な考えが、**電子の波動性** (the wave nature of electrons) である。それまで、粒子と考えられていた電子に波の性質があるという考えは、常識では受け入れがたい。なぜなら、粒子と波は明らかに同じものではないからである[1]。しかし、この考えがもとになって**シュレーディンガー** (Erwin Schrödinger) の**波動方程式** (wave equation) が導かれ、それが量子力学の大きな進展へとつながっていったのである。

　もちろん、電子に波の性質があるという考えは、突然登場したわけではない。電子が粒子であることは、万人が認めていた事実であるから、それを否定して、波であると主張するには、それなりの観測事実がなければならない。本章では、その経緯を紹介する。

　量子力学が誕生するきっかけは、原子の構造がいったいどうなっているかという疑問を解明したいという知的好奇心に由来する。

　ラザフォード (Ernest Rutherford) は、原子に**アルファ粒子** (alpha particle)[2]を打ち込むという実験結果から、原子は、中心に正に帯電した原子核があり、その周りを電子が周回しているという図 1-1 のような原子構造モデルを提唱した。

---

[1] このように相矛盾する考えを受け入れることを**相補性** (complementary) と呼んでいる。電子や光の粒子性と波動性のように、排他的な性質が相互に補うことで、はじめて系の完全な記述が得られるという考えのことである。

[2] アルファ粒子（α 粒子）とは、高い運動エネルギーを有するヘリウム 4 の原子核のことであり、陽子 2 個と中性子 2 個からなる。粒子記号は $^4He^{2+}$ となる。

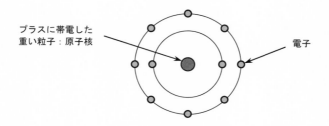

プラスに帯電した
重い粒子：原子核

電子

図 1-1　ラザフォードの原子モデル

　しかし、**マックスウェル** (James Clerk Maxwell) の電磁気学によれば、負に帯電している電子が原子核のまわりを円運動していれば、しだいにエネルギーを放出して原子核に引き寄せられてしまう。つまり、電子軌道は安定しないはずなのである。一方、多くの測定結果は安定であるということを示唆している。

　さらに、電子軌道の半径の大きさは任意ではなく、ある決まった飛び飛びの値しかとれないということを**ボーア** (Niels Bohr) が提唱していた。原子から放出される電磁波の波長を解析すると、その軌道が飛び飛びと考えざるを得ないのである。ボーアは電子軌道のエネルギーではなく、その**角運動量** (angular momentum) に注目すると、量子化に関して非常に興味ある結果が得られることに気づいた。角運動量とは円運動や楕円運動に使われる運動量のことで、通常の運動量 $p = mv$ に軌道半径 r を乗じたものであり

$$M = pr = mvr$$

と与えられる。

　そして、ボーアは、n 軌道の電子の角運動量が

$$M = n\frac{h}{2\pi} = n\hbar$$

というように $h/2\pi$ を単位として量子化されていることに気づくのである[3]。ここで h はプランク定数であり、n は整数である。これを**ボーアの量子条件** (Bohr's quantization rule) と呼んでいる。

　実は、ボーア自身も気づかなかったが、この条件式は、**ド・ブロイ** (Louis de

---

[3] プランク定数を 2π で割ったものを $\hbar$ と表記し、エイチバーあるいはディラックエイチと読む。量子力学では、こちらの表記を好んで使う場合も多い。

Broglie) によって提唱された「電子が波である」という性質を使うとうまく説明できるのである。

　そこで、ド・ブロイによる電子の波動説を振り返ってみる。その考えのもとになっているのは、光の粒子性である。**アインシュタイン** (Albert Einstein) は、**プランク** (Max Planck) が導出した光の**放射公式** (Planck's radiation formula) を説明するために、波であるはずの光に粒子の性質があると提唱した。ところが、粒子には質量があるが、光には質量がない。とすると、その運動量を定義することもできないはずである。

　この問題に対処するために、アインシュタインは、振動数 ν の光は、つぎの運動量を有すると提唱した。

$$p = \frac{h\nu}{c} = \frac{h}{\lambda}$$

ド・ブロイは、この式を逆に利用して、粒子と考えられている電子にも、この関係式と同じものが成立すると考えたのである。粒子である電子の運動量 p は簡単に求めることができる。すると、電子波の波長および振動数は

$$\nu = \frac{c}{h}p \qquad\qquad \lambda = \frac{h}{p}$$

と与えられることになる。

　この関係式は、電子だけではなく、運動量 p で運動しているすべての物体に適用できる。つまり、運動している物体には、すべて波の性質があることになる。これを**物質波** (matter wave) と呼んでいる。

演習 1-1　ボーアが導いた量子条件に、ド・ブロイの物質波の波長を代入することで、電子の角運動量と波長の関係を求めよ。

　解）　ボーアの量子条件は

$$M = n\frac{h}{2\pi} = n\hbar$$

である。ここで、角運動量をド・ブロイ波長 λ で表すと

$$M = pr = \frac{h}{\lambda}r$$

となる。よって、ボーアの量子条件は

$$\frac{h}{\lambda}r = n\frac{h}{2\pi}$$

となり

$$2\pi r = n\lambda$$

と変形できる。

　この演習で得られた結果を少し考えてみよう。この式において、$2\pi r$ は、半径 r の軌道の円周となる。つぎに λ は、電子を波とみなしたときの波長である。そして、λ の前に整数の n がかかっている。

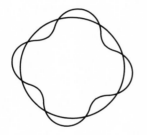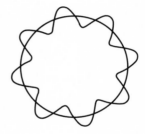

　　図 1-2　安定な電子軌道は、その周長が電子波の波長λの整数倍 λ, 2λ,
　3λ,…となる。図は軌道長が 4λ と 8λ の場合に対応している。

　この式は、電子波の軌道として許される周長はその波長の整数倍に限られるということを意味している。つまり、図 1-2 に示したように、電子が軌道を一周したときに、もとの軌道と重ならなければ、安定した軌道にはならないのである。

　これは、古典的な描像ではあるが、電子が波という仮定をすれば、電子軌道がなぜ飛び飛びになるかをうまく説明できるのである。

　ここで、電子軌道の特徴を考えてみる。簡単化のために、図 1-3 に示した水素原子を考える。原子核は $+e$ に帯電し、そのまわりを $-e$ に帯電した電子 1 個が円軌道をまわっている。

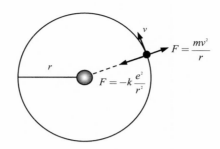

図1-3 水素原子における電子の遠心力とクーロン引力のつりあい

このとき、電子と原子核の間には

$$F = -\frac{e^2}{4\pi\varepsilon_0 r^2}$$

というクーロン引力が働く。ただし、e は**電気素量** (elementary electric charge) であり、電子1個（あるいは陽子1個）の電荷の大きさに相当する。また、ε_0 は**真空の誘電率** (dielectric constant in vacuum) である。

ただし、この引力だけでは電子は原子核に引き寄せられるので、原子の大きさを保つことができない。原子の大きさ（あるいは電子軌道の大きさ）を保つためには、電子はある一定の速度で運動する必要がある。

電子の質量を m_e、軌道半径を r とし、電子が速度 v で回転しているとすると、この電子には

$$F = \frac{m_e v^2}{r}$$

という**遠心力** (centrifugal force) が働くことになる。この遠心力とクーロン引力がつりあったときに軌道が安定となると考えられる。よって

$$\frac{m_e v^2}{r} = \frac{e^2}{4\pi\varepsilon_0 r^2}$$

という条件が得られる。

それでは、ボーアの量子条件をもとに水素原子における電子軌道の特徴を導き出してみよう。

演習 1-2 円運動する電子のクーロン引力と遠心力のつりあい方程式とボーアの量子条件

$$\frac{m_e v^2}{r} = \frac{e^2}{4\pi\varepsilon_0 r^2} \qquad m_e v r = n\frac{h}{2\pi}$$

を使って未知の値である電子の速度 v を消去し、安定な軌道半径 r を求めよ。

解) ボーアの量子条件より、速度 v は

$$v = \frac{nh}{2\pi m_e r}$$

となる。力のつりあい方程式から

$$r = \frac{e^2}{4\pi\varepsilon_0 m_e v^2}$$

となるが、上記の v を代入すると

$$r = \frac{\pi r^2 m_e e^2}{\varepsilon_0 n^2 h^2} \quad \text{から軌道半径は} \quad r = \frac{n^2\varepsilon_0 h^2}{\pi m_e e^2}$$

と与えられる。

---

n は整数であるから

$$r_1 = \frac{\varepsilon_0 h^2}{\pi m_e e^2} \qquad r_2 = \frac{2^2\varepsilon_0 h^2}{\pi m_e e^2} \qquad r_3 = \frac{3^2\varepsilon_0 h^2}{\pi m_e e^2}$$

のように、電子の軌道半径は飛び飛びの値をとることがわかる。

ここで、安定な電子軌道の半径を決める数字 n を**主量子数** (principal quantum number) と呼んでいる。水素原子の場合には、電子が 1 個しかないので、その**基底状態** (ground state) は $n=1$ となり、これが原子半径となる。$n=1$ の値

$$a_{\mathrm{B}} = \frac{\varepsilon_0 h^2}{\pi m_e e^2}$$

を**ボーア半径** (Bohr radius) と呼んでいる。

演習 1-3 ボーア半径 $a_{\mathrm{B}} = \dfrac{\varepsilon_0 h^2}{\pi m_e e^2}$ を計算せよ。

解）　ここで、計算に必要な定数は

m_e：電子の質量、e：電気素量、h：プランク定数、ε_0：真空の誘電率

であり、それぞれの値は

$$m_e = 9.10939 \times 10^{-31}\,[\text{kg}], \quad e = 1.602177 \times 10^{-19}\,[\text{C}], \quad h = 6.62608 \times 10^{-34}\,[\text{J·s}]$$

$$\varepsilon_0 = 8.8541878 \times 10^{-12}\,[\text{F/m}]$$

であるから

$$a_{\mathrm{B}} = \frac{8.8541878 \times 43.91448}{3.14159 \times 9.10939 \times 2.566971} \times 10^{-12-68+31+38} \cong 5.29294 \times 10^{-11}\quad[\text{m}]$$

と与えられる。

　ボーア半径は、水素原子の電子軌道の基底状態を与える。つまり、水素原子の半径は 0.5 [Å] 程度ということになる。水素原子内の電子に許される軌道は、ボーア半径を使うと

$$r_n = n^2 a_{\mathrm{B}}$$

となるので、基底状態のつぎの軌道の半径は 4 倍そのつぎは 9 倍と大きくなっていく。

　このように、電子が波と考えれば、原子内の電子軌道をうまく説明できる。とすれば、電子を粒子ではなく、波とみなして、その運動を考えることもできるはずである。

　電子波の方程式の構築は、シュレーディンガーによって成し遂げられ、ミクロの世界を記述する量子力学が大きな飛躍を遂げることになる。それを次章で紹介しよう。

第 2 章　電子波の方程式
シュレーディンガー方程式の登場

　量子力学が創設される初期の頃、原子内の電子の運動を記述する学問は、**ハイゼンベルク** (Werner Karl Heisenberg) や**ボルン** (Max Born) らによって**行列力学** (matrix mechanics) というかたちでまとめられ、大きな成功を収めた[4]。ただし、行列力学では物理量が無限行、無限列からなる、**無限次行列** (matrices with infinite order) で表現されるなど、一般の物理学者にとっては、非常に取り扱いが難しいものであった。

　電子の運動を行列ではなく、微分方程式で表現する。この快挙を成し遂げたのが**シュレーディンガー** (Erwin Schrödinger) である。

　シュレーディンガーは、大学の輪講で、**ド・ブロイ** (Louis de Broglie) の発表した電子波に関する論文を紹介することになった。ド・ブロイは物理の専門家ではなかったうえ、その論文では、粒子であるはずの電子に波の性質があるという奇想天外の内容が書かれていたため、多くの専門家からは懐疑の目で見られていたのである。

　シュレーディンガーも、ド・ブロイの仕事を紹介することに、最初は、あまり乗り気ではなかった。たまたま彼が波動の専門家であったことで白羽の矢がたったのである。しかし、その論文を読みすすめていくうちに、シュレーディンガーは、しだいにその内容に魅せられていった。そして、はじめから、電子に波の性質があるということを前提にして、電子の運動を記述する方程式をつくれないかと考えた。それが、量子力学に大きなブレイクスルーをもたらすことになる。その結果、誕生したのが**波動力学** (wave mechanics) である。

　行列力学を推進していたハイゼンベルクらは**シュレーディンガー方程式** (Schrödinger equation) に、当初は懐疑的であった。行列力学とは、あまりにもか

---

[4] 行列力学に関しては『量子力学 I — 行列力学入門』村上、飯田、小林著（飛翔舎、2023）を参照されたい。

たちが異なっていたからだ。しかし、驚いたことに、シュレーディンガー方程式を使うと、行列力学では解析が難しい水素原子の電子軌道を、いとも簡単に導出できることが明らかとなったのである。その威力に、多くのひとが驚嘆した。そして、ほとんどの物理学者が、あっさり行列力学から波動力学に乗り換えたのである。

その理由のひとつには、当時の物理学者は行列の取り扱い、つまり、線形代数に不慣れだったのに対し、シュレーディンガー方程式は、なじみ深い微分方程式であったことが背景にある。

しかし、ここで困ったことがある。波動力学の威力はわかったのであるが、シュレーディンガー自身が、どのような過程で、波動方程式を導いたかを明らかにしていないのである。

このため、量子力学の導入では、天下り的に、シュレーディンガー方程式が登場することが多い。そして、後は、無限井戸やトンネル効果、そして、調和振動子、原子内の電子軌道の解法に重点が移ってしまう。その威力は、絶大であり、初学者にとっても解法が簡単であるため、その起源は、興味の対象からはずれることになる。

とは言え、その誕生の経緯を知ることはやはり重要であり、基本をなすものである。そこで、少々、大胆ではあるが、本章では、波の基本方程式から出発して、シュレーディンガー方程式の導出過程を推測してみる。

2.1. 波の方程式

波を表現する方程式をつくる際に気をつける必要があるのは、その式が空間的な情報と、時間的な情報を両方含んでいるという点である。つまり、波は空間的に波の形状を有しているが、さらに時間的にも振動している。

それでは、空間的かつ時間的に振動している波の方程式とは、どのようなかたちをしているのであろうか。任意の位置 x, および任意の時間 t における波の方程式は

$$y = A\sin\left(\frac{2\pi}{\lambda}x - \frac{2\pi}{T}t\right)$$

と与えられる。ここで、A は**振幅 (amplitude)**、λ は**波長 (wave length)**、T は周

期 (period) である。この式は、**波数** (wave number) k および**角振動数** (angular frequency) ω を使うと

$$k = \frac{2\pi}{\lambda} \quad \omega = \frac{2\pi}{T}$$

という関係にあるから

$$y = A\sin(kx - \omega t)$$

と簡単なかたちに書き換えられる。上記の式は

$$y = A\cos\left(kx - \omega t - \frac{\pi}{2}\right)$$

と変形できるので、波の方程式は、sin と cos、どちらの三角関数でも表現できることがわかる。

さらに、初期位相を ϕ とすると

$$y = A\sin(kx - \omega t + \phi)$$

が一般式となる。また

$$y = A\sin(kx + \omega t)$$

という波の形式が可能である。ωt の前の符号が負の場合には、時間の経過とともに、x の正方向に進行する波に、正の場合には x の負方向に進行する波となる。

2.2. オイラーの公式と波の方程式

実は、量子力学のシュレーディンガー方程式の導出には、オイラーの公式が必要となる。しかし、波の方程式ならば、sin や cos でも良さそうに思えるが、どうだろうか。こちらは、高校数学や物理でも習うし、親しみやすい。実は、三角関数ではうまくいかないのである。その理由を概観してみよう。

オイラーの公式は

$$e^{i\theta} = \exp(i\theta) = \cos\theta + i\sin\theta$$

というかたちをしている。ただし、i は**虚数** (imaginary number) 、つまり $\sqrt{-1}$ である。（オイラーの公式の導出方法については、補遺 2-1 を参照いただきたい。）

このようにオイラーの公式は、虚数 i を介して、指数関数と三角関数が関係づけられる公式である。

> **演習 2-1**　$\theta = \pi$ ならびに $\theta = \pi/2$ のときの $\exp(i\theta)$ の値を求めよ。

解）　オイラーの公式に代入すると

$$\exp(i\pi) = \cos\pi + i\sin\pi = -1$$

$$\exp\left(i\frac{\pi}{2}\right) = \cos\left(\frac{\pi}{2}\right) + i\sin\left(\frac{\pi}{2}\right) = i$$

となる。

ここで、演習 2-1 で得られた等式の

$$\exp(i\pi) = e^{i\pi} = -1 \quad を変形すると \quad e^{i\pi} + 1 = 0$$

という式ができるが、数学で重要な 5 つの数字である e, i, π, 1, 0 がひとつの式に収められている。このため、奇跡の式、あるいは**オイラーの等式** (Euler's identity) とも呼ばれている。

オイラーの公式を使うと波の方程式は

$$y = A\exp\{i(kx - \omega t)\}$$

と与えられる[5]。

これは、三角関数で表記すると

$$y = A\cos(kx - \omega t) + iA\sin(kx - \omega t)$$

という式となる。

ここで疑問が生じる。この指数関数は複素数である。いま、われわれが表現しようとしているのは、電子の運動であり、それは物理的実体である。それを実数ではなく虚数で表現するのは可能なのであろうか。

実は、当時、波を表現するのに、この表式が頻繁に使われていたことがその背景にある。シュレーディンガーは、この数式表現に精通していた。さらに、オイラーの公式自体に大きな利点があるのである。そのひとつは、その絶対値が 1 であるということである。

---

[5] ωt の前の符号は＋でも構わない。符号が－の場合には、x 軸の正方向に進む波、＋の場合には負方向に進む波に対応する。

　　解）　　オイラーの公式を使うと

$$\left|\exp(i\theta)\right|^2 = (\cos\theta + i\sin\theta)(\cos\theta - i\sin\theta) = \cos^2\theta + \sin^2\theta = 1$$

から

$$\left|\exp(i\theta)\right| = 1$$

となる。

　この結果は、ある物理量に、$\exp(i\theta)$ をかけると、その大きさを変化させずに波の性質を付与できることを意味している。そして、別の視点に立つと、量子力学の不確定性と根底でつながっていることがわかる。たとえば、物理量を測定して ϕ という実数の値が得られたとしよう。

　ところが

$$\phi e^{i\theta}\ (=\phi\exp(i\theta))$$

を測定しても得られる物理量は ϕ となる。

　つまり、物理量には $\exp(i\theta)$ だけの**不確定性** (uncertainty) が存在するということを暗に示しているのである。ただし、当初は数学的な取り扱いの結果 $e^{i\theta}$ の項は生じるもので、物理的実態とは関係ないと考えるひとが多かったが、**超伝導** (superconductivity) の登場で θ の存在がミクロの世界では重要であることが明らかとなっている。この θ のことを**位相** (phase) と呼んでいる。

　実は、実数関数の sin や cos を使ったのでは、物理量の大きさ自体が変動してしまうので、このような表現ができない。つまり、虚数を使った場合のみ、大きさを変えることなく波の性質を付与するという芸当ができるのである。

　さらに、指数関数を使う利点には、**変数分離** (separation of variable) が簡単に行えるということもある。

　具体例を挙げると、三角関数の場合には

$$y = A\sin(kx - \omega t) = A(\sin kx\cos\omega t - \cos kx\sin\omega t)$$

となって、2 変数の x と t を分離することはできない。ところが、指数関数の場合には

$$y = A \exp i(kx - \omega t) = A \exp(ikx) \exp(-i\omega t)$$

となって、空間変動項と時間変動項の積とすることができるので、いとも簡単に変数分離することが可能となる。これが指数関数を使う大きな効用のひとつである。

　しかし、このような効用がある一方で、シュレーディンガー方程式には、虚数があらわに含まれるという不可思議なことが生じてしまったのである。

2.3.　シュレーディンガー方程式の導出

　シュレーディンガーは、電子の運動を記述する方程式を構築するにあたって、電子の運動は

$$\psi(x,t) = A \exp i(kx - \omega t)$$

という式で表現できると、最初に仮定したものと考えられる。$\psi(x,t)$ は**波動関数** (wave function) と呼ばれる。

　上の表式は、波数 (k) のかわりに波長 (λ) を、また、角振動数 (ω) のかわりに**振動数** (frequency: ν) を使って書き直すと

$$\psi(x,t) = A \exp\left\{i2\pi\left(\frac{x}{\lambda} - \nu t\right)\right\}$$

となる。

　この式をもとに、電子波を表現する微分方程式を考えてみよう。

演習 2-3　波動方程式の $\psi(x,t) = A \exp\left\{i2\pi\left(\frac{x}{\lambda} - \nu t\right)\right\}$ を x に関して 2 回偏微分せよ。

　解）　x に関して偏微分すると

$$\frac{\partial \psi(x,t)}{\partial x} = \frac{2\pi i}{\lambda} A \exp\left\{2\pi i\left(\frac{x}{\lambda} - \nu t\right)\right\}$$

となる。さらにもう 1 回、x に関して偏微分すると

$$\frac{\partial^2 \psi(x,t)}{\partial x^2} = -\left(\frac{2\pi}{\lambda}\right)^2 A \exp\left\{2\pi i\left(\frac{x}{\lambda} - \nu t\right)\right\}$$

となる。

右辺を見ると、$\psi(x,t)$ の項が入っており

$$\frac{\partial^2 \psi(x,t)}{\partial x^2} = -\left(\frac{2\pi}{\lambda}\right)^2 \psi(x,t)$$

という偏微分方程式が得られる。

ここで、2 回偏微分すると、λ^2 という係数を取り出すことができるので、エネルギー E と対応させることができる。ド・ブロイによると、運動量 p の物体は、**物質波** (matter wave) の波長として

$$\lambda = \frac{h}{p}$$

を有する。一方、**運動量** (momentum) が p の物体が有するエネルギー E は質量を m とすると

$$E = \frac{p^2}{2m} = \frac{h^2}{2m\lambda^2}$$

となる。このように、エネルギー E と波長 λ の関係式が得られる。この関係式を、表記の微分方程式に代入すると

$$\frac{\partial^2 \psi(x,t)}{\partial x^2} = -2m\left(\frac{2\pi}{h}\right)^2 E\,\psi(x,t)$$

となり、整理すると

$$-\frac{h^2}{8\pi^2 m}\frac{\partial^2 \psi(x,t)}{\partial x^2} = E\,\psi(x,t)$$

という微分方程式が得られる。

ポテンシャルエネルギー V がある場合には、$E \to E - V$ として

$$-\frac{h^2}{8\pi^2 m}\frac{\partial^2 \psi(x,t)}{\partial x^2} = (E - V)\,\psi(x,t)$$

とすればよい。

あらためて、整理すると

$$-\frac{h^2}{8\pi^2 m}\frac{\partial^2 \psi(x,t)}{\partial x^2} + V\psi(x,t) = E\,\psi(x,t)$$

という偏微分方程式が得られる。

演習 2-4 波動関数 $\psi(x,t) = A\exp\left\{i2\pi\left(\dfrac{x}{\lambda} - \nu t\right)\right\}$ を t に関して偏微分し、$\psi(x,t)$ に関する偏微分方程式を導出せよ。

解)

$$\frac{\partial \psi(x,t)}{\partial t} = -i2\pi\nu A\exp\left\{2\pi i\left(\frac{x}{\lambda} - \nu t\right)\right\}$$

となる。よって

$$\frac{\partial \psi(x,t)}{\partial t} = -i2\pi\nu\,\psi(x,t)$$

という時間変動に対応する偏微分方程式が得られる。

ここで、振動数 ν の波のエネルギー E が

$$E = h\nu$$

という関係にある。したがって

$$\frac{\partial \psi(x,t)}{\partial t} = -i\frac{2\pi}{h}E\,\psi(x,t)$$

という偏微分方程式ができる。すると

$$E\psi(x,t) = -\frac{h}{2\pi i}\frac{\partial \psi(x,t)}{\partial t} = i\frac{h}{2\pi}\frac{\partial \psi(x,t)}{\partial t}$$

となる。

これを先ほどの x に関する偏微分方程式

$$-\frac{h^2}{8\pi^2 m}\frac{\partial^2 \psi(x,t)}{\partial x^2} + V\psi(x,t) = E\psi(x,t)$$

に代入すると

$$-\frac{h^2}{8\pi^2 m}\frac{\partial^2 \psi(x,t)}{\partial x^2} + V\psi(x,t) = i\frac{h}{2\pi}\frac{\partial \psi(x,t)}{\partial t}$$

という偏微分方程式ができる。このように、エネルギー E を足がかりにして、ひとつの式にまとめることができる。

さらに、ポテンシャルは位置 x の関数であるから

$$-\frac{h^2}{8\pi^2 m}\frac{\partial^2 \psi(x,t)}{\partial x^2}+V(x)\psi(x,t)=i\frac{h}{2\pi}\frac{\partial}{\partial t}\psi(x,t)$$

と書ける。

　これが電子の運動を記述する方程式であり、1 次元のシュレーディンガー方程式と呼ばれている。ここで、もし電子の運動が時間とともに変動しない場合、右辺の時間変動項は一定となり

$$-\frac{h^2}{8\pi^2 m}\frac{\partial^2 \psi(x,t)}{\partial x^2}+V(x)\psi(x,t)=E\psi(x,t)$$

と書くことができる。

　これを**時間に依存しないシュレーディンガー方程式** (time independent Schrödinger's equation) と呼んでいる。これは、電子が**定常状態** (stationary state) にある場合に対応している。

　時間に依存しないのであるから

$$-\frac{h^2}{8\pi^2 m}\frac{\partial^2 \psi(x)}{\partial x^2}+V(x)\psi(x)=E\psi(x)$$

と書くこともできる。

　これに対し、時間変動を含む方程式を**時間に依存するシュレーディンガー方程式** (time dependent Schrödinger's equation) と呼んでいる。

　実際の電子の運動は 3 次元空間であるから、時間に依存するシュレーディンガー方程式を 3 次元に拡張すると

$$-\frac{h^2}{8\pi^2 m}\left(\frac{\partial^2}{\partial x^2}+\frac{\partial^2}{\partial y^2}+\frac{\partial^2}{\partial z^2}\right)\psi(x,y,z,t)+V(x,y,z)\,\psi(x,y,z,t)=i\frac{h}{2\pi}\frac{\partial}{\partial t}\psi(x,y,z,t)$$

となる。ここで

$$\Delta=\nabla^2=\frac{\partial^2}{\partial x^2}+\frac{\partial^2}{\partial y^2}+\frac{\partial^2}{\partial z^2}$$

という**演算子** (operator) を**ラプラシアン** (Laplacian) と呼び Δ と表記する。すると、シュレーディンガー方程式は

$$-\frac{h^2}{8\pi^2 m}\Delta\psi(x,y,z,t)+V(x,y,z)\psi(x,y,z,t)=i\frac{h}{2\pi}\frac{\partial}{\partial t}\psi(x,y,z,t)$$

と書くことができる。

　あるいは、ベクトル表示 $\vec{r}=(x\ \ y\ \ z)$ を採用すれば

$$-\frac{h^2}{8\pi^2 m}\Delta\psi(\vec{r},t)+V(\vec{r})\psi(\vec{r},t)=i\frac{h}{2\pi}\frac{\partial}{\partial t}\psi(\vec{r},t)$$

となる。また、略記して

$$-\frac{h^2}{8\pi^2 m}\Delta\psi+V\psi=i\frac{h}{2\pi}\frac{\partial\psi}{\partial t}$$

と書くことも多い。つぎに、プランク定数 h ではなく、ディラック定数

$$\hbar=\frac{h}{2\pi}$$

を使うと

$$-\frac{\hbar^2}{2m}\Delta\psi+V\psi=i\hbar\frac{\partial\psi}{\partial t}$$

となる。

2.4.　指数関数のべきは無次元数

　ここで、重要事項をいくつか確認しておこう。オイラーの公式に登場する e は**指数** (exponential) であり、**ネイピア数** (Napier's number) と呼ばれる。理工系では、e のべきが数式となる場合が多い。よって肩にのった表式では見にくいため、$e^x=\exp(x)$ という表記を使用する。本書でも、この表式を採用している。つぎに、$\exp(x)$ のべき x の単位は**無次元** (dimensionless) でなければならない。つまり、kx も ωt も無次元となる。

　実は、$\exp(x)$ は

$$e^x=\exp(x)=1+x+\frac{1}{2!}x^2+\frac{1}{3!}x^3+...$$

と級数展開することができる。

　もし、x の単位が長さの [m] とすると、3項目の単位は [m²] のように面積、4項目の単位は [m³] のように体積となって、明らかに矛盾するからである。指数のべきが無次元という事実は重要である。

　それでは、kx と ωt で実際に確かめてみよう。k は波数であるので、単位長さあたりの波の数であるから、その単位は [m⁻¹] となる。x の単位は [m]であるので、kx の単位は、確かに無次元となる。

つぎに、ωt の単位を調べてみよう。ω は角振動数であるが、単位は振動数と同じ $[s^{-1}]$ である。t の単位は $[s]$ であるので、ωt の単位も、確かに無次元となる。

ここで、波数 k を角振動数 ω は、運動量 p ならびにエネルギー E と

$$p = \hbar k = \frac{h}{2\pi}k \qquad\qquad E = \hbar\omega = \frac{h}{2\pi}\omega$$

という関係にある。

したがって、電子波の方程式は

$$\psi(x,t) = A\exp\left\{i(kx - \omega t)\right\} = A\exp\left\{i\left(\frac{p}{\hbar}x - \frac{E}{\hbar}t\right)\right\}$$

$$= A\exp\left\{2\pi i\left(\frac{px}{h} - \frac{Et}{h}\right)\right\}$$

と書くことができる。

ここで、登場する変数の対は px と Et となっており、いずれも単位は $[\text{J·s}]$ となる。これは、プランク定数 h の単位と同じである。したがって、px/h ならびに Et/h は無次元となる。

実は、この関係は、本書で後ほど紹介する**不確定性原理** (uncertainty principle) ともつながっているのである。量子力学では、電子（ミクロ粒子）の位置と運動量（よって速度）を同時に確定することはできないとされている。そして、その不確定性の最小単位は

$$\Delta p\,\Delta x \cong h$$

のように、プランク定数 h 程度の大きさとされている。この関係は、エネルギーと時間にも適用され

$$\Delta E\,\Delta t \cong h$$

という関係が成立する。

この類似性に物理の深遠さを伺うことができる。ただし、kx と Et がまったく同等かというとそうではない。実は、kx と表記しているが、実際には k も x も3次元空間では、ベクトルとなり

$$\vec{k} = (k_x \quad k_y \quad k_z) \qquad\qquad \vec{r} = (x \quad y \quad z)$$

から、kx ではなく

$$\vec{k} \cdot \vec{r} = (k_x \quad k_y \quad k_z) \begin{pmatrix} x \\ y \\ z \end{pmatrix} = k_x x + k_y y + k_z z$$

というベクトルの内積となる。一方、Et の場合、E も t スカラーとなる。

2.5. シュレーディンガー方程式の飛躍

　本章では、電子に波動性があるということを足掛かりに、シュレーディンガー方程式を導出することを試みた。ただし、この方程式が登場した当初、多くの研究者は、それが電子の運動を記述する基本方程式となり得るのかに対しては、懐疑的であった。それは、方程式の導出過程に、必ずしも明確ではない部分も多かったことが背景にある。

　しかし、シュレーディンガー方程式は、電子の運動解析に驚くべき力を発揮するのである。まず、ハイゼンベルクらが苦労して導入した行列力学で得られた成果は、ほぼすべて波動力学で記述することが可能となったのである。その威力はハイゼンベルクも認めざるを得ないものであった。

　なにより、行列力学において困難を極めた水素原子における電子軌道を計算することが可能となったのである。本書の主題も、シュレーディンガー方程式による原子内の電子軌道の解明である。

　そして、行列力学は、波動力学にすべて取り込まれていくのである。いまでは、行列力学の教科書は、ほとんど見られなくなった。しかし、行列力学で得られた多くの知見が、現代の量子力学の建設に役立っていることも忘れてはならない。この経緯については『量子力学 I ― 行列力学入門』（飛翔舎）を参照いただきたい。

補遺 2-1　べき級数展開とオイラーの公式

　べき級数展開 (expansion into power series) とは、関数 $f(x)$ を、つぎのような**べき級数** (power series) に展開する手法である。

$$f(x) = a_0 + a_1 x + a_2 x^2 + a_3 x^3 + a_4 x^4 + a_5 x^5 + ...$$

　関数を展開するには、それぞれの係数を求めなければならない。それでは、どのような手法で、係数は得られるのであろうか。それをつぎに示そう。

　まず級数展開の式に $x = 0$ を代入する。すると、x を含んだ項がすべて消えるので

$$f(0) = a_0$$

となって、最初の**定数項** (first constant term) が求められる。つぎに、$f(x)$ を x で微分すると

$$f'(x) = a_1 + 2a_2 x + 3a_3 x^2 + 4a_4 x^3 + 5a_5 x^4 + ...$$

となる。この式に $x = 0$ を代入すれば

$$f'(0) = a_1$$

となって、a_2 以降の項はすべて消えて、a_1 が求められる。

　同様にして、順次微分を行いながら、$x = 0$ を代入していくと、それ以降の係数がすべて計算できる。たとえば

$$f''(x) = 2a_2 + 3 \cdot 2 a_3 x + 4 \cdot 3 a_4 x^2 + 5 \cdot 4 a_5 x^3 + ...$$

$$f'''(x) = 3 \cdot 2 a_3 + 4 \cdot 3 \cdot 2 a_4 x + 5 \cdot 4 \cdot 3 a_5 x^2 + ...$$

であるから、$x = 0$ を代入すれば

$$f''(0) = 2a_2 \qquad f'''(0) = 3 \cdot 2 a_3$$

となり、a_2, a_3 が求められる。

　よって、**べき級数の係数** (coefficients of power series) は

$$a_0 = f(0), \quad a_1 = f'(0), \quad a_2 = \frac{1}{1 \cdot 2} f''(0), \quad a_3 = \frac{1}{1 \cdot 2 \cdot 3} f'''(0),$$

$$\ldots\ldots\ldots, \quad a_n = \frac{1}{n!} f^n(0)$$

と与えられ、展開式は

$$f(x) = f(0) + f'(0)x + \frac{1}{2!}f''(0)x^2 + \frac{1}{3!}f'''(0)x^3 + \ldots + \frac{1}{n!}f^{(n)}(0)x^n + \ldots$$

となる。これをまとめて書くと**一般式** (general form)

$$f(x) = \sum_{n=0}^{\infty} \frac{1}{n!} f^{(n)}(0)\, x^n$$

が得られる。この級数を**マクローリン級数** (Maclaurin series)、また、この級数展開を**マクローリン展開** (Maclaurin expansion) と呼んでいる。

A2. 1.　指数関数の展開

指数関数 e^x では

$$\frac{d\, f(x)}{dx} = \frac{de^x}{dx} = e^x = f(x) \qquad \frac{d^2 f(x)}{dx^2} = \frac{d}{dx}\left(\frac{d\, f(x)}{dx}\right) = \frac{de^x}{dx} = e^x$$

となって $f^{(n)}(x) = e^x$ と簡単となり、$x = 0$ を代入すると、すべて $f^{(n)}(0) = e^0 = 1$ となる。よって、e の展開式は

$$e^x = 1 + x + \frac{1}{2!}x^2 + \frac{1}{3!}x^3 + \frac{1}{4!}x^4 + \ldots + \frac{1}{n!}x^n + \ldots = \sum_{n=0} \frac{1}{n!}x^n$$

と与えられる。

A2. 2.　三角関数

同様の手法で、**三角関数** (trigonometric function) の級数展開を行うことができる。まず $f(x) = \sin x$ を考える。この場合

$$f'(x) = \cos x, \quad f''(x) = -\sin x, \quad f'''(x) = -\cos x,$$
$$f^{(4)}(x) = \sin x, \quad f^{(5)}(x) = \cos x, \quad f^{(6)}(x) = -\sin x$$

となり、4 回微分するともとに戻る。その後、順次同じサイクルを繰り返す。ここで、$\sin 0 = 0,\ \cos 0 = 1$ であるから、

$$\sin x = x - \frac{1}{3!}x^3 + \frac{1}{5!}x^5 - \frac{1}{7!}x^7 + \ldots + (-1)^n \frac{1}{(2n+1)!}x^{2n+1} + \ldots$$

と展開できることになる。

つぎに、$f(x) = \cos x$ の導関数は

$$f'(x) = -\sin x, \quad f''(x) = -\cos x, \quad f'''(x) = \sin x,$$

$$f^{(4)}(x) = \cos x, \quad f^{(5)}(x) = -\sin x, \quad f^{(6)}(x) = -\cos x$$

と与えられ、$\sin 0 = 0, \ \cos 0 = 1$ であるから

$$\cos x = 1 - \frac{1}{2!}x^2 + \frac{1}{4!}x^4 - \frac{1}{6!}x^6 + \ldots + (-1)^n \frac{1}{(2n)!}x^{2n} + \ldots$$

となる。

A2. 3.　オイラーの公式

オイラーの公式 (Euler's formula) とは次式のように、指数関数と三角関数を虚数を仲立ちにして関係づける公式である。

$$e^{\pm i\theta} = \exp(\pm i\theta) = \cos\theta \pm i\sin\theta$$

ここで、オイラーの公式がどうして成立するかを考えてみよう。あらためて e^x の展開式と $\sin x, \cos x$ の展開式を並べて示すと

$$e^x = 1 + x + \frac{1}{2!}x^2 + \frac{1}{3!}x^3 + \frac{1}{4!}x^4 + \frac{1}{5!}x^5 + \ldots + \frac{1}{n!}x^n + \ldots$$

$$\sin x = x - \frac{1}{3!}x^3 + \frac{1}{5!}x^5 - \frac{1}{7!}x^7 + \ldots + (-1)^n \frac{1}{(2n+1)!}x^{2n+1} + \ldots$$

$$\cos x = 1 - \frac{1}{2!}x^2 + \frac{1}{4!}x^4 - \frac{1}{6!}x^6 + \ldots + (-1)^n \frac{1}{(2n)!}x^{2n} + \ldots$$

となる。

これら展開式を見ると、e^x の展開式には $\sin x, \cos x$ のべき項がすべて含まれている。惜しむらくはサイン関数やコサイン関数では $(-1)^n$ の係数のために、符号が順次反転するので、単純にこれらを関係づけることができない。ところが、虚数 (i) を使うと、この三者がみごとに連結されるのである。

指数関数の展開式に $x = ix$ を代入してみる。すると

$$e^{ix} = 1 + ix + \frac{1}{2!}(ix)^2 + \frac{1}{3!}(ix)^3 + \frac{1}{4!}(ix)^4 + \frac{1}{5!}(ix)^5 + ... + \frac{1}{n!}(ix)^n + ...$$

となる。右辺を整理すると

$$e^{ix} = 1 + ix - \frac{1}{2!}x^2 - \frac{i}{3!}x^3 + \frac{1}{4!}x^4 + \frac{i}{5!}x^5 - \frac{1}{6!}x^6 - \frac{i}{7!}x^7 + ...$$

と計算できる。

　この**実数部** (real part) と**虚数部** (imaginary part) を取り出すと、実数部は

$$1 - \frac{1}{2!}x^2 + \frac{1}{4!}x^4 - \frac{1}{6!}x^6 + ... + (-1)^n \frac{1}{(2n)!}x^{2n} + ...$$

となり、まさに $\cos x$ の展開式となっている。

　一方、虚数部は

$$x - \frac{1}{3!}x^3 + \frac{1}{5!}x^5 - \frac{1}{7!}x^7 + ... + (-1)^n \frac{1}{(2n+1)!}x^{2n+1} + ...$$

となっており、まさに $\sin x$ の展開式である。

　したがって

$$e^{ix} = \cos x + i \sin x$$

という関係が得られる。

　これがオイラーの公式である。さらに、上記の式に $x = -x$ を代入すれば

$$e^{-ix} = \cos(-x) + i \sin(-x) = \cos x - i \sin x$$

という関係も得られる。

A2. 4.　複素平面と極形式

　オイラーの公式は**複素平面** (complex plane) で図示してみると、その幾何学的意味がよく分かる。

　複素平面は、x 軸が**実軸** (real axis)、y 軸が**虚軸** (imaginary axis) の平面である。実数は、**数直線** (real number line) と呼ばれる 1 本の線で、すべての数を表現できるのに対し、複素数を表現するためには、平面が必要である。

　このとき、複素数を表現する方法として**極形式** (polar form) と呼ばれる方式がある。すべての複素数は

$$z = a + bi = r(\cos\theta + i\sin\theta)$$

と与えられる。

　ここで θ は、正の実数 (x) 軸からの**角度** (argument)、r は原点からの**距離** (modulus) であり、

$$r = |z| = \sqrt{a^2 + b^2}$$

という関係にある。

　ただし、複素数の**絶対値** (absolute value) を求める場合、実数の場合と異なり単純に 2 乗したのでは求められない。a^2+b^2 を得るためには、$a+bi$ に虚数部の符号が反転した $a-bi$ をかける必要がある。これら複素数を**共役** (complex conjugate) と呼び $z^* = a - bi$ と表記する。

　ここで、極形式のかっこ内を見ると、オイラーの公式の右辺であることがわかる。つまり

$$z = r(\cos\theta + i\sin\theta) = re^{i\theta}$$

と書くこともできる。すべての複素数が、この形式で書き表される。

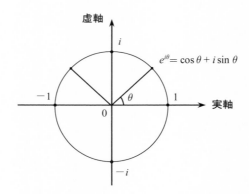

図 A2-1　$e^{i\theta} = \cos\theta + i\sin\theta$ は複素平面において半径 1 の単位円に相当する。

　さて、ここで、オイラーの公式の右辺について考えてみよう。

$$\cos\theta + i\sin\theta$$

これは、$r = 1$ の極形式であるが、θ を変数とすると、図 A2-1 に示したように、複素平面における半径 1 の円（**単位円**: unit circle と呼ぶ）を示している。よって、$\exp(i\theta)$ は複素平面において半径 1 の円に対応する。ここで、θ はこの円の

実軸からの傾角を示している。

　このとき、θ を増やすという作業は、単位円に沿って**回転**するということに対応する。たとえば、$\theta = 0$ から $\theta = \pi/2$ への変化は、ちょうど 1 に i をかけたものに相当する。これは

$$\exp\left(i\frac{\pi}{2}\right) = \exp\left(0 + i\frac{\pi}{2}\right) = \exp(0)\cdot\exp\left(i\frac{\pi}{2}\right)$$

と変形すれば、

$$\exp(0) = 1, \quad \exp\left(i\frac{\pi}{2}\right) = i$$

ということから、$1 \times i$ であることは明らかである。さらに $\pi/2$ だけ増やすと、$i^2 = -1$ となる。つまり、$\pi/2$ だけ増やす、あるいは回転するという作業は、i のかけ算になる。よって、i は回転演算子とも呼ばれる。このように、単位円においては指数関数のかけ算が角度の足し算と等価であるという事実が重要である。

第3章 シュレーディンガー方程式による解法
無限井戸

それでは、実際にシュレーディンガー方程式を問題解法に用いることで、その威力を確かめてみよう。本章では、ある空間に閉じ込められた電子の挙動をシュレーディンガー方程式で解析する。ただし、電子には波動性があるため、それを閉じ込めるためには、無限に高い壁を有する井戸が必要になる。このような井戸を**無限井戸** (infinite potential well) と呼んでいる。

3.1. 空間に閉じ込められた電子の運動

電子は x 方向にしか運動しないとし、その運動が時間に依存しない場合、つまり**定常状態** (stationary state) を考える。よって、用いるシュレーディンガー方程式は、時間に依存しない方程式

$$-\frac{h^2}{8\pi^2 m}\frac{d^2\psi(x)}{dx^2}+V(x)\psi(x)=E\psi(x)$$

となる。ただし、m は電子の質量、E は電子のエネルギー、$V(x)$ はポテンシャルであり、位置依存性がある。

また、ポテンシャルとしては図 3-1 に示すように、$-a \leq x \leq +a$ において $V(x)=0$, $x<-a$, $x>+a$ において $V(x)=\infty$ を考える。これが、1次元の無限井戸型ポテンシャルである。

このとき、井戸の両サイドは、無限大の障壁にはさまれているので、電子は、$-a \leq x \leq +a$ の範囲しか運動することができない。このようなポテンシャルは、実際には有り得ないが、障壁の高さを無限大としないと、電子の波動性によって電子を井戸の中に閉じ込められないからである。

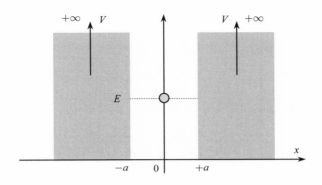

図 3-1　無限の障壁に両端を囲まれた井戸型ポテンシャル

　この問題は、解法が簡単であるので、波動方程式によって電子の運動を記述する基本問題として頻出する。また、量子力学の基本エッセンスである固有エネルギー、固有関数などの概念をすべて学習できるという利点もある。

　また、ある空間に閉じ込められた電子の挙動を理解する助けにもなる。例えば、金属の中に閉じ込められた自由電子の運動は、この無限井戸で近似することが可能であり、応用上も重要となる。

　それでは、実際にシュレーディンガー方程式を解いてみよう。無限井戸の場合は $-a \leq x \leq +a$ の範囲だけ考えればよい。この領域では $V(x) = 0$ であるから、1 次元のシュレーディンガー方程式は

$$-\frac{h^2}{8\pi^2 m}\frac{d^2\psi(x)}{dx^2} = E\psi(x)$$

となる。移項して

$$\frac{h^2}{8\pi^2 m}\frac{d^2\psi(x)}{dx^2} + E\psi(x) = 0$$

これは**定係数の 2 階線形微分方程式** (homogeneous linear differential equation of second order with constant coefficients) である。

演習 3-1　上記の微分方程式を解法せよ。

解） 表記の微分方程式は

$$\psi(x) = \exp(\lambda x)$$

というかたちの解を有する。これを代入すると

$$\frac{h^2}{8\pi^2 m}\lambda^2 + E = 0$$

という**特性方程式** (characteristic equation) が得られ、結局 λ としては

$$\lambda = \pm\sqrt{-\frac{8\pi^2 mE}{h^2}} = \pm\frac{2\pi i}{h}\sqrt{2mE}$$

となる。よって一般解は

$$\psi(x) = A \exp\left(\frac{2\pi i}{h}\sqrt{2mE}\,x\right) + B \exp\left(-\frac{2\pi i}{h}\sqrt{2mE}\,x\right)$$

となる。ここで、A および B は任意定数である。

よって、この解は無数にあることになる。このままでは煩雑であるので

$$k = \frac{2\pi}{h}\sqrt{2mE} = \frac{\sqrt{2mE}}{\hbar} \ (\geq 0)$$

と置くと

$$\psi(x) = A\exp(ikx) + B\exp(-ikx)$$

と簡単となる。このとき、k は**波数** (wave number) となる。波数とは、単位長さあたりの電子波の数であり、量子力学では重要な物理量のひとつである。

たとえば、一般の教科書では、いきなり波数 k を使い、$\exp(ikx)$ を電子と呼称する場合もあるが、その波動関数の基本形であることに注意されたい。

演習 3-2 導入した $k = \dfrac{2\pi}{h}\sqrt{2mE}$ が電子波の波数となることを確かめよ。

解） 運動量 p は、電子波のド・ブロイ波長 λ と

$$\lambda = \frac{h}{p}$$

という関係にある。波数 k と波長 λ は $k = 2\pi/\lambda$ という関係にあるから

$$p = \frac{h}{\lambda} = \frac{h}{2\pi} k = \hbar k$$

という対応関係が得られる。ここで

$$E = \frac{p^2}{2m} \quad \text{から} \quad p = \sqrt{2mE}$$

となるから

$$k = \frac{2\pi}{h} \sqrt{2mE} = \frac{\sqrt{2mE}}{\hbar}$$

となり、電子波の波数となることが確かめられる。

この式からわかるように、波数 k は、電子の運動量 p と等価であり、電子が有するエネルギー E を反映しているのである[6]。よって、$\exp(ikx)$ という表記によって、電子の波動性とエネルギーの大きさがわかるのである。

3. 2.　エネルギーの量子化

無限井戸型ポテンシャルでは、つぎの**境界条件** (boundary conditions)
$$\psi(+a) = 0, \quad \psi(-a) = 0$$
を満足する必要がある。

よって

$$\psi(a) = A\exp(ika) + B\exp(-ika) = 0$$

$$\psi(-a) = A\exp(-ika) + B\exp(ika) = 0$$

という同次連立方程式ができる。行列を使って表記すると

$$\begin{pmatrix} \exp(ika) & \exp(-ika) \\ \exp(-ika) & \exp(ika) \end{pmatrix} \begin{pmatrix} A \\ B \end{pmatrix} = \begin{pmatrix} 0 \\ 0 \end{pmatrix}$$

となる。

この連立方程式の自明な解は $A = B = 0$ である。しかし、これら解は物理的には意味がない。自明解の英語は "trivial solution" である。"trivial" には「つまら

---

[6] エネルギー E はスカラーであるが、運動量 p はベクトルである。ここでは、k は単位長さあたりの波の数、つまりスカラーとしているが、3 次元空間での電子の運動を考えるときには、運動量と同様にベクトルとなる。

ない」や「平凡な」という意味がある。われわれが欲しいのは非自明解つまり "non-trivial solution" となる。

演習 3-3　上記の同次連立方程式が $A = B = 0$ 以外の自明でない解を持つための条件を求めよ。

　解）　線形代数で習ったように、$A = B = 0$ 以外の自明でない解を持つための条件は係数行列の行列式が

$$\begin{vmatrix} \exp(ika) & \exp(-ika) \\ \exp(-ika) & \exp(ika) \end{vmatrix} = 0$$

となる。

　2×2 行列の行列式の計算ルール

$$\begin{vmatrix} a & b \\ c & d \end{vmatrix} = ad - bc$$

に従えば

$$\exp(ika)\exp(ika) - \exp(-ika)\exp(-ika) = \exp(i2ka) - \exp(-i2ka) = 0$$

となる。

　オイラーの公式を使って整理すると

$$\cos(2ka) + i\sin(2ka) - \{\cos(2ka) - i\sin(2ka)\} = 2i\sin(2ka) = 0$$

となる。よって

$$\sin(2ka) = 0$$

となる。k は波数であり $k \geq 0$ であったから、この条件を満足するのは

$$2ka = n\pi \quad (n = 0, 1, 2, 3, ...)$$

となる。

　ただし、$n = 0$ のとき $k = 0, E = 0$ となり波動関数が $\psi(x) = 0$ となるため、物理的意味がないとして解から除外される。ところで、古典力学では、$n = 0$ は電子が静止した状態と考えられるがどうだろうか。実は、量子力学では、この静止した状態が許されないのである。3.4 節で紹介する量子力学の確率解釈に

よれば、$n = 0$ つまり $\psi(x) = 0$ は電子の存在しない状態となる[7]。

ここで $k = (2\pi/h)\sqrt{2mE}$ であったから

$$\frac{4\pi}{h}\sqrt{2mE}\,a = n\pi \quad (n = 1, 2, 3, ...)$$

となる。これを E について解くと

$$E = \frac{n^2 h^2}{32\,m a^2} \quad (n = 1, 2, 3, ...)$$

となる。つまり、電子のエネルギーは飛び飛びの値をとり

$$E_1 = \frac{h^2}{32ma^2} \qquad E_2 = \frac{4h^2}{32ma^2} \qquad E_3 = \frac{9h^2}{32ma^2} \quad \cdots$$

と与えられる。

これを、エネルギーの**量子化 (quantization)** と呼んでいる。このように、ある空間に閉じ込められた電子のエネルギーは連続ではなく、ある固有の値を有することになる。これは、量子力学において重要な概念のひとつであり、**固有エネルギー (eigen energy)** と呼んでいる。

さらに、電子のエネルギーの最小値は E_1 となって有限の値となる。これが**基底状態 (ground state)** に対応する。このとき、その固有エネルギーを**ゼロ点エネルギー (zero-point energy: ZPE)** と呼んでいる。

たとえば、電子ではないが、ヘリウム原子を量子力学の対象のミクロ粒子と捉えたとき、液体ヘリウムは絶対零度であっても凍らない。つまり、粒子が静止した固体状態とならないことが知られているのである。これは ZPE の存在によって、静止状態が安定しないためと考えられている。これは、まさに、ミクロ粒子の波動性を反映したものであり、量子効果の顕著な現れである。この現象は、第 7 章で紹介する不確定性原理につながっている。

---

[7] 量子力学では、第 7 章で紹介する不確定性原理によっても $k = 0$ すなわち $p = 0$ となる状態は許されない。ただし、静電気のように、粒子である電子が静止した状態は存在する。よって、$n = 0$ が許されないのは電子の波動性を前提としたシュレーディンガー方程式の解による制約という考えもある。いまだに、量子力学の正当性については議論があることを付記しておきたい。

3.3. 波動関数の導出

それでは、無限井戸に閉じ込められた電子の波動関数のかたちを具体的に求めていこう。

演習 3-4　無限井戸に閉じ込められた電子の波動関数の一般解を求めよ。

解）　波動関数は

$$\psi(x) = A\exp\left(i\frac{n\pi}{2a}x\right) + B\exp\left(-i\frac{n\pi}{2a}x\right)$$

となる。ここで定数項の A, B を求めていこう。

まず、$\psi(a) = 0$ であるから

$$\psi(a) = A\exp\left(i\frac{n\pi}{2a}a\right) + B\exp\left(-i\frac{n\pi}{2a}a\right) = A\exp\left(i\frac{n\pi}{2}\right) + B\exp\left(-i\frac{n\pi}{2}\right)$$

$$= A\left\{\cos\left(\frac{n\pi}{2}\right) + i\sin\left(\frac{n\pi}{2}\right)\right\} + B\left\{\cos\left(\frac{n\pi}{2}\right) - i\sin\left(\frac{n\pi}{2}\right)\right\}$$

$$= (A+B)\cos\left(\frac{n\pi}{2}\right) + i(A-B)\sin\left(\frac{n\pi}{2}\right) = 0$$

となる。

ここで、n が偶数のときは $\sin(n\pi/2)=0$ であるから

$$A + B = 0 \qquad B = -A$$

n が奇数のときは $\cos(n\pi/2)=0$ であるから

$$A - B = 0 \qquad B = A$$

となる。

結局、一般解は

$$\psi(x) = A\exp\left(i\frac{n\pi}{2a}x\right) + A\exp\left(-i\frac{n\pi}{2a}x\right) \quad (n = 1, 3, 5, ...)$$

$$\psi(x) = A\exp\left(i\frac{n\pi}{2a}x\right) - A\exp\left(-i\frac{n\pi}{2a}x\right) \quad (n = 2, 4, 6, ...)$$

と与えられる。

さらに、オイラーの公式を使って変形すると、波動関数の一般解は

$$\psi(x) = A \exp\left(i\frac{n\pi}{2a}x\right) + A \exp\left(-i\frac{n\pi}{2a}x\right) = 2A \cos\left(n\frac{\pi}{2a}x\right) \quad (n = 1,\ 3,\ 5,...)$$

ならびに

$$\psi(x) = A \exp\left(i\frac{n\pi}{2a}x\right) - A \exp\left(-i\frac{n\pi}{2a}x\right) = i2A \sin\left(n\frac{\pi}{2a}x\right) \quad (n = 2,\ 4,\ 6,...)$$

となる。

　これらが、容器に閉じ込められた電子の定常的な波動関数 となる。ところで、ここで求めた

$$\psi_n(x) = 2A \cos\left(n\frac{\pi}{2a}x\right) \quad (n = 1, 3, 5,...)$$

ならびに

$$\psi_n(x) = i2A \sin\left(n\frac{\pi}{2a}x\right) \quad (n = 2, 4, 6,...)$$

は何を意味しているのであろうか。

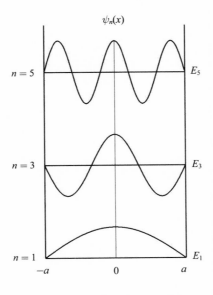

図 3-2　無限井戸の中の電子の波動関数のかたち

ここで $n = 1, 3, 5$ に対して波動関数 $\psi_n(x)$ をプロットしたものを図 3-2 に示す。これら波動関数は、決まった固有エネルギー E_1, E_3, E_5 に対応しており、**固有関数 (eigenfunction)** とも呼ばれる。

これら解は、弦の振動になぞらえれば、ちょうど固有振動、つまり、長さ $2a$ の弦に許される振動モードに対応している。よって、無限井戸に閉じ込められた電子は、図に示したような振動を繰り返す波と考えられるのである。このように、無限井戸に閉じ込められた電子の挙動を、シュレーディンガー方程式を用いて得られた解は、まさに、電子の波動性と、エネルギーの量子化を反映しているのである。

ただし、この考えに対しては疑問が呈せられた。あくまでも電子は粒子である。そして、電子の波動性は、それが運動したときに付随して現れる性質である。波動力学の創始者のシュレーディンガーは、図 3-2 に示した波こそが電子の姿であると主張したが、粒子である電子が空間に広がった波となるという描像は研究者には受け入れられなかったのである。

3.4. 確率解釈

ここで登場するのが、**ボルン (Max Born)** による確率解釈である。**コペンハーゲン解釈 (Copenhagen interpretation)** と呼ばれることもある。

電子を波と主張しても、電子が粒子として振る舞うのも事実である。これらは、相矛盾する描像ではあるが、量子力学では、それを受け入れる。これを**相補性 (complementarity)** と呼んでいる。

ボルンは、波動関数そのものに物理的意味はなく、その絶対値の 2 乗の

$$|\psi(x)|^2$$

が、電子の確率密度を与えると提唱したのである。つまり、$|\psi(x)|^2 dx$ が x と $x+dx$ の範囲に電子を見いだす確率となる[8]。よって、量子力学では

$$\psi(x) = 0 \quad \text{のとき} \quad |\psi(x)|^2 = 0$$

---

[8] 3 次元空間では、$|\psi(x,y,z)|^2$ が確率密度を与え、$|\psi(x,y,z)|^2 dV$ が微小体積 $dV = dx\,dy\,dz$ の中に電子を見いだす確率を与える。

となって、電子が存在しないことを意味する。3.2 節で紹介したように $n=0$ の状態、すなわち電子の静止した状態が存在できないのはこのためである。

ここで、前節で導出した波動関数

$$\psi_n(x) = 2A \cos\left(n\frac{\pi}{2a}x\right) \quad (n = 1, 3, 5, \ldots)$$

においては

$$|\psi_n(x)|^2 = 4A^2 \cos^2\left(n\frac{\pi}{2a}x\right)$$

となるが、このとき、$|\psi_n(x)|^2\,dx$ は位置 x と $x+dx$ の間に電子を見いだす確率となる。したがって、$x_1 \leq x \leq x_2$ の範囲に電子を見いだす確率 P は

$$P(x_1 \leq x \leq x_2) = \int_{x_1}^{x_2} |\psi_n(x)|^2\,dx$$

となる。

ここで、無限井戸の中にある電子の確率密度の空間分布を図示すると、図 3-3 のようになる

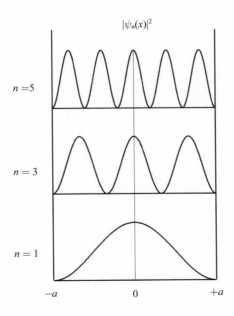

図 3-3　無限井戸に閉じ込められた電子の確率密度の分布

よって、量子力学において物理的実態を意味するのは、図 3-2 ではなく、図 3-3 ということになる。不思議なことに、エネルギーが大きいと、井戸の中心だけでなく周辺部にも電子の存在確率の高い位置が現れる。

　ところで、上記の解には

$$\psi_n(x) = i2A\sin\left(n\frac{\pi}{2a}x\right) \quad (n = 2, 4, 6, ...)$$

のような虚数解も含まれる。これら解の波動関数は、どのような意味を持つのであろうか。実は、量子力学では、波動関数は複素数であっても構わないのである。これら解を虚数軸を使って図示すると、図 3-4 のようになる。

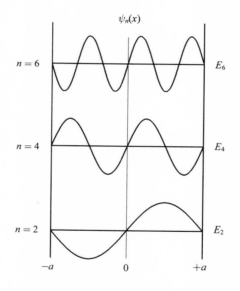

図 3-4　無限井戸の中の電子の波動関数（虚数解）

　そして、ボルンの確率解釈によれば、物理的実態となるのは、波動関数の絶対値の 2 乗である確率密度であり

$$\left|\psi_n(x)\right|^2 = \psi_n^*(x)\,\psi_n(x)$$

となる。ただし、$\psi_n^*(x)$ は共役複素数であり

$$\psi_n^{*}(x) = -i\,2A\sin\left(n\frac{\pi}{2a}x\right)$$

となる。このとき

$$\left|\psi_n(x)\right|^2 = 4A^2\sin^2\left(n\frac{\pi}{2a}x\right)$$

は実数となり、$\left|\psi_n(x)\right|^2 dx$ は x と $x+dx$ の間に電子を見いだす確率を与える。図3-5 に、電子の確率密度の空間分布を示す。

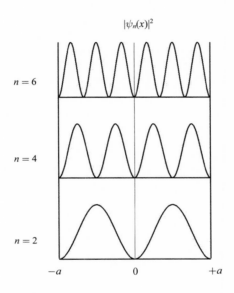

図 3-5　無限井戸の中の電子の確率密度の空間分布

　図 3-5 の分布をみると、井戸の中心における電子の確率密度は 0 となっている。これも直感とは異なる結果であるが、電子の波動性を反映したものと考えられる。

　このとき、波動関数は複素数でも構わないが、物理的実態である、電子の存在確率は実数となる。これは、量子力学に共通した考えである。つまり、電子の状態を与える波動関数は複素数であっても、エネルギー E や位置 x や運動量 p などの物理量はすべて実数として与えられる。

ところで、いまのままでは、波動関数に任意定数の A が入っている。この定数項は、波動関数の**規格化** (normalization) によって求めることができる。それをつぎに紹介しよう。

3. 5.　波動関数の規格化

　波動関数の規格化とは、波動関数の絶対値の 2 乗 $|\psi(x)|^2$ を全空間にわたって積分すると 1 になるというものである。つまり

$$\int_{-\infty}^{+\infty} |\psi(x)|^2 \, dx = 1$$

がその条件となる。

　これは、電子が全空間の中に存在する確率は 1 ということを意味している。

演習 3-5　規格化条件を、いまの無限井戸ポテンシャルの波動関数に適用することで、定数 A の値を求めよ。

　解）　$\psi_n(x) = 2A \cos\left(n\dfrac{\pi}{2a}x\right)$ とすると規格化条件は

$$\int_{-\infty}^{+\infty} \left| 2A \cos\left(n\frac{\pi}{2a}x\right) \right|^2 dx = \int_{-a}^{+a} \left| 2A \cos\left(n\frac{\pi}{2a}x\right) \right|^2 dx = 1$$

となる。電子は、井戸に閉じ込められているので、積分範囲は $-a \leq x \leq +a$ となる。よって、規格化条件は

$$4A^2 \int_{-a}^{+a} \cos^2\left(n\frac{\pi}{2a}x\right) dx = 1$$

となる。ここで

$$\int_{-a}^{+a} \cos^2\left(n\frac{\pi}{2a}x\right) dx = \frac{1}{2}\int_{-a}^{+a}\left\{1 + \cos\left(n\frac{\pi}{a}x\right)\right\}dx = \frac{1}{2}\left[x + \frac{a}{n\pi}\sin\left(n\frac{\pi}{a}x\right)\right]_{-a}^{+a} = a$$

であるから

$$A^2 = \frac{1}{4a} \quad \text{より} \quad A = \pm\frac{1}{2\sqrt{a}}$$

となる。ここで、A は振幅であるから正の値を採用すると、結局、求める波動関数は

$$\psi_n(x) = 2A \cos\left(n\frac{\pi}{2a}x\right) = \frac{1}{\sqrt{a}} \cos\left(n\frac{\pi}{2a}x\right) \quad (n = 1, 3, 5, ...)$$

となる。

これが規格化された波動関数である。いまの場合は n が奇数の場合であるが、偶数の場合もまったく同様に

$$\psi_n(x) = \frac{i}{\sqrt{a}} \sin\left(n\frac{\pi}{2a}x\right) \quad (n = 2, 4, 6, ...)$$

という規格化された波動関数が与えられる。

3.6.　波動関数の直交性

無限井戸に閉じ込められた電子は、任意のエネルギーを有することができず、決まったエネルギー準位のみを有する。このエネルギーを**固有値** (eigenvalue) と呼ぶ。そして、それぞれの固有値に、決まった波動関数が対応する。この波動関数を**固有関数** (eigenfunction) と呼んでいる。

実は、異なる波動関数 $(k \neq \ell)$ の間には

$$\int_{-\infty}^{+\infty} \psi_k(x)\,\psi_\ell(x)\,dx = 0$$

という関係が成立する。これを直交関係と呼んでいる。

ベクトルの内積と同じように、関数 $f(x)$ と $g(x)$ にも内積を定義することができる。このとき、区間 $a \leq x \leq b$ で定義された関数の内積は

$$(f, g) = \int_a^b f(x)\,g(x)\,dx$$

と与えられる。

一般に波動関数の場合は、電子の存在する空間を全空間として、積分範囲を

$-\infty \le x \le +\infty$ とする。よって、波動関数の内積は

$$(\psi_k, \psi_\ell) = \int_{-\infty}^{+\infty} \psi_k(x)\, \psi_\ell(x)\, dx = 0 \qquad (k \ne \ell)$$

となる。また、規格化条件は

$$(\psi_k, \psi_k) = \int_{-\infty}^{+\infty} \psi_k(x)\, \psi_k(x)\, dx = 1$$

である。さらに、波動関数が複素数の場合には

$$(\psi_k, \psi_\ell) = \int_{-\infty}^{+\infty} \psi_k^*(x)\, \psi_\ell(x)\, dx$$

のように、複素共役をとる必要がある。よって、順序を換えると

$$(\psi_\ell, \psi_k) = \int_{-\infty}^{+\infty} \psi_\ell^*(x)\, \psi_k(x)\, dx$$

となる。また、自身の内積は

$$(\psi_k, \psi_k) = \int_{-\infty}^{+\infty} \psi_k^*(x)\, \psi_k(x)\, dx = \int_{-\infty}^{+\infty} |\psi_k(x)|^2\, dx$$

と与えられる。

演習 3-6　無限井戸における波動関数において、内積 (ψ_1, ψ_3) を計算せよ。

解）　$\psi_1(x)$ および $\psi_3(x)$ は

$$\psi_1(x) = \frac{1}{\sqrt{a}} \cos\left(\frac{\pi}{2a} x\right) \qquad \psi_3(x) = \frac{1}{\sqrt{a}} \cos\left(\frac{3\pi}{2a} x\right)$$

となる。実関数の内積であるから

$$(\psi_1, \psi_3) = \int_{-\infty}^{\infty} \psi_1(x)\psi_3(x)\, dx = \frac{1}{a} \int_{-a}^{a} \cos\left(\frac{\pi}{2a} x\right) \cos\left(\frac{3\pi}{2a} x\right) dx$$

となる。また、積分範囲は無限井戸の幅の $-a \le x \le a$ となる。ここで、三角関数の積を和差にする公式から

$$\cos A \cos B = \frac{1}{2}\{\cos(A+B) + \cos(A-B)\}$$

と変形できるから

$$\cos\left(\frac{\pi}{2a}x\right)\cos\left(\frac{3\pi}{2a}x\right)=\frac{1}{2}\left\{\cos\left(\frac{2\pi}{a}x\right)+\cos\left(-\frac{\pi}{a}x\right)\right\}$$

となる。ここで

$$\int_{-a}^{a}\cos\left(\frac{2\pi}{a}x\right)dx=\left[\frac{a}{2\pi}\sin\left(\frac{2\pi}{a}x\right)\right]_{-a}^{a}=\frac{a}{2\pi}\left\{\sin 2\pi-\sin(-2\pi)\right\}=0$$

$$\int_{-a}^{a}\cos\left(-\frac{\pi}{a}x\right)dx=\left[-\frac{a}{\pi}\sin\left(-\frac{\pi}{a}x\right)\right]_{-a}^{a}=-\frac{a}{\pi}\left\{\sin(-\pi)-\sin\pi\right\}=0$$

から

$$(\psi_1,\psi_3)=\int_{-\infty}^{\infty}\psi_1(x)\,\psi_3(x)\,dx=0$$

となり、波動関数が直交することが確認できる。

演習 3-7　無限井戸における波動関数において、内積 (ψ_2,ψ_4) を計算せよ。

解）　$\psi_2(x)$ および $\psi_4(x)$ は

$$\psi_2(x)=\frac{i}{\sqrt{a}}\sin\left(\frac{\pi}{a}x\right)\qquad\qquad\psi_4(x)=\frac{i}{\sqrt{a}}\sin\left(\frac{2\pi}{a}x\right)$$

複素関数の内積となるので

$$(\psi_2,\psi_4)=\int_{-a}^{a}\psi_2^{*}(x)\psi_4(x)\,dx=\int_{-a}^{a}\frac{-i}{\sqrt{a}}\sin\left(\frac{\pi}{a}x\right)\frac{i}{\sqrt{a}}\sin\left(\frac{2\pi}{a}x\right)dx$$

$$=\frac{1}{a}\int_{-a}^{a}\sin\left(\frac{\pi}{a}x\right)\sin\left(\frac{2\pi}{a}x\right)dx$$

となる。ここで、三角関数の積を和差にする公式から

$$\sin A\sin B=\frac{1}{2}\left\{\cos(A-B)-\cos(A+B)\right\}$$

と変形できるから

$$\sin\left(\frac{\pi}{a}x\right)\sin\left(\frac{2\pi}{a}x\right)=\frac{1}{2}\left\{\cos\left(-\frac{\pi}{a}x\right)-\cos\left(\frac{3\pi}{a}x\right)\right\}$$

となる。ここで

$$\int_{-a}^{a} \cos\left(-\frac{\pi}{a}x\right) dx = \left[-\frac{a}{\pi}\sin\left(-\frac{\pi}{a}x\right)\right]_{-a}^{a} = -\frac{a}{\pi}\{\sin(-\pi) - \sin\pi\} = 0$$

$$\int_{-a}^{a} \cos\left(\frac{3\pi}{a}x\right) dx = \left[\frac{a}{3\pi}\sin\left(\frac{3\pi}{a}x\right)\right]_{-a}^{a} = \frac{a}{3\pi}\{\sin(3\pi) - \sin(-3\pi)\} = 0$$

から

$$(\psi_2, \psi_4) = \int_{-\infty}^{\infty} \psi_2^{*}(x)\, \psi_4(x)\, dx = 0$$

となり、波動関数が直交することが確認できる。

ここで、(ψ_2, ψ_2) を計算してみよう。すると

$$(\psi_2, \psi_2) = \int_{-a}^{a} \psi_2^{*}(x)\, \psi_2(x)\, dx$$

$$= \int_{-a}^{a} \frac{-i}{\sqrt{a}}\sin\left(\frac{\pi}{a}x\right)\frac{i}{\sqrt{a}}\sin\left(\frac{\pi}{a}x\right) dx = \frac{1}{a}\int_{-a}^{a} \sin^2\left(\frac{\pi}{a}x\right) dx$$

となる。ここで

$$\sin^2 A = \frac{1}{2}\{1 - \cos(2A)\} = \frac{1}{2} - \frac{1}{2}\cos(2A)$$

であるから

$$\int_{-a}^{a} \sin^2\left(\frac{\pi}{a}x\right) dx = \frac{1}{2}\int_{-a}^{a}\left\{1 - \cos\left(\frac{2\pi}{a}x\right)\right\} dx = \frac{1}{2}\left[x - \frac{a}{2\pi}\sin\left(\frac{2\pi}{a}x\right)\right]_{-a}^{a} = a$$

から

$$(\psi_2, \psi_2) = \int_{-a}^{a} \psi_2^{*}(x)\, \psi_2(x)\, dx = \frac{1}{a}\int_{-a}^{a} \sin^2\left(\frac{\pi}{a}x\right) dx = 1$$

となって、規格化されていることが確認できる。

他の組合せに対しても、無限井戸の波動関数においては

$$(\psi_k, \psi_\ell) = \int_{-a}^{+a} \psi_k(x)\, \psi_\ell(x)\, dx = \begin{cases} 0 & (k \neq \ell) \\ 1 & (k = \ell) \end{cases}$$

という関係が成立する。

このような関数群を**直交多項式** (orthogonal polynomials) と呼んでいる。後ほど紹介するが、調和振動子の波動関数や、水素原子の波動関数も直交多項式を形成する。

3.7.　重ね合わせの原理

シュレーディンガー方程式

$$\frac{h^2}{8\pi^2 m}\frac{d^2\psi(x)}{dx^2} + E\psi(x) = 0$$

において、電子の固有エネルギー $E_1, E_2, E_3, \ldots$ に対して

$$\psi_1(x),\ \psi_2(x),\ \psi_3(x), \ldots$$

という固有関数が対応するとしよう。このとき、量子力学では

$$\Phi(x) = c_1\psi_1(x) + c_2\psi_2(x) + \ldots = \sum_{n=1}^{\infty} c_n \psi_n(x)$$

という無限級数が、電子の状態を表現すると考える。これを重ね合わせの原理と呼んでおり、量子暗号や量子コンピュータの基礎となっている。

　電子は 1 個しかないのであるから、いろいろなエネルギー状態をとるとは考えにくいが、一方で、水素原子のスペクトルは、基底状態にある電子が電磁波によって励起され、E_1 よりも高いエネルギー準位を占めることを示している。

　それでは、簡単な例として、c_3 以上の係数がすべて 0 となる場合を考えてみよう。

$$\Phi(x) = c_1\psi_1(x) + c_2\psi_2(x)$$

ここで、波動関数の $\psi_1(x), \psi_2(x)$ が規格化され直交しているとする。

演習 3-8　波動関数 $\Phi(x)$ の規格化条件を求めよ。

解）　規格化条件は

$$(\Phi, \Phi) = \int_{-\infty}^{+\infty} \Phi^*(x)\,\Phi(x)\,dx = \int_{-\infty}^{+\infty} |\Phi(x)|^2\,dx = 1$$

となる。ここで、係数 c_1, c_2 が実数とすると

$$|\Phi(x)|^2 = |c_1\psi_1(x) + c_2\psi_2(x)|^2 = (c_1\psi_1^*(x) + c_2\psi_2^*(x))(c_1\psi_1(x) + c_2\psi_2(x))$$

$$= c_1^2\,\psi_1^*(x)\psi_1(x) + c_2 c_1\,\psi_2^*(x)\psi_1(x) + c_1 c_2\,\psi_1^*(x)\psi_2(x) + c_2^2\,\psi_2^*(x)\psi_2(x)$$

$$= c_1{}^2 |\psi_1(x)|^2 + c_2 c_1\, \psi_2{}^*(x)\psi_1(x) + c_1 c_2\, \psi_1{}^*(x)\psi_2(x) + c_2{}^2 |\psi_2(x)|^2$$

となる。ここで

$$\int_{-\infty}^{+\infty} |\varPhi(x)|^2\, dx$$

を計算する際、直交性により

$$(\psi_2, \psi_1) = \int_{-\infty}^{+\infty} \psi_2{}^*(x)\psi_1(x)\, dx = 0 \qquad (\psi_1, \psi_2) = \int_{-\infty}^{+\infty} \psi_1{}^*(x)\psi_2(x)\, dx = 0$$

であるから、規格化条件は

$$\int_{-\infty}^{+\infty} |\varPhi(x)|^2\, dx = c_1{}^2 \int_{-\infty}^{+\infty} |\psi_1(x)|^2\, dx + c_2{}^2 \int_{-\infty}^{+\infty} |\psi_2(x)|^2\, dx = 1$$

となる。ここで、波動関数は規格化されているから

$$\int_{-\infty}^{+\infty} |\psi_1(x)|^2\, dx = 1 \qquad \int_{-\infty}^{+\infty} |\psi_2(x)|^2\, dx = 1$$

から

$$c_1{}^2 + c_2{}^2 = 1$$

という条件が得られる。

たとえば、無限井戸においては

$$\varPhi(x) = c_1 \psi_1(x) + c_2 \psi_2(x) = \frac{c_1}{\sqrt{a}} \cos\!\left(\frac{\pi}{2a}x\right) + \frac{c_2}{\sqrt{a}} \sin\!\left(\frac{\pi}{a}x\right)$$

が、規格化された波動関数となるのである。

これを重ね合わせ状態と呼んでいる。このとき、E_1 というエネルギー準位を電子が占める確率が $p_1 = c_1{}^2$、E_2 というエネルギー準位を電子が占める確率が $p_2 = c_2{}^2$ となることを意味している。よって、重ね合わせの状態にある電子のエネルギーは

$$<E> = c_1{}^2 E_1 + c_2{}^2 E_2 = p_1 E_1 + p_2 E_2$$

と与えられることになる。この考えは多体系への拡張が可能であり

エネルギー状態が 3 個の場合には、波動関数は

$$\varPhi(x) = c_1 \psi_1(x) + c_2 \psi_2(x) + c_3 \psi_3(x)$$

となり、規格化条件は

$$c_1{}^2 + c_2{}^2 + c_3{}^2 = 1$$

となる。

　このときの、電子のエネルギーは

$$<E> = c_1{}^2 E_1 + c_2{}^2 E_2 + c_3{}^2 E_3 = p_1 E_1 + p_2 E_2 + p_3 E_3$$

と与えられることになる。一般化すると、重ね合わせ状態の波動関数は

$$\Phi(x) = \sum_{n=1}^{\infty} c_n \psi_n(x)$$

となり、エネルギーは

$$<E> = \sum_{n=1}^{\infty} c_n{}^2 E_n = \sum_{n=1}^{\infty} p_n E_n$$

となる。

第4章　シュレーディンガー方程式の解法
有限井戸

　前章では、無限の深さの井戸型ポテンシャルに閉じ込められた電子の運動に
ついてシュレーディンガー方程式による解法を行った。これは、いわば容器に
閉じ込められた電子の挙動の解析である。そして、電子の波動性がもたらす電
子軌道の量子化や、エネルギー固有値と固有関数という量子力学で重要な概念
を掴むことができたはずである。本章では有限の深さの井戸型ポテンシャルの
場合にどうなるかを紹介する。

4.1.　有限井戸に閉じ込められた電子の運動

　電子は x 方向にしか運動しないとし、さらに、その運動が時間に依存しない
場合を考える。また、ポテンシャルとしては

$$V(x) = 0 \quad -a \leq x \leq a \qquad V(x) = V_0 \quad x < -a,\ x > a$$

を考える。

　図示すると図 4-1 のように、ポテンシャルの深さが有限の V_0 の中での電子の
運動となる。無限井戸の場合と異なり、電子の波動性の影響を見ることができ
る。

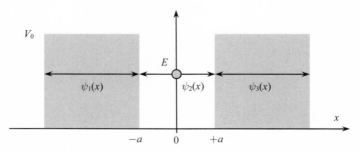

図 4-1　有限の高さ V_0 の障壁に両端を囲まれた井戸型ポテンシャル

電子の質量を m、エネルギーを E とする。この場合のシュレーディンガー方程式は $-a \le x \le +a$ の範囲と、それ以外の範囲で異なるポテンシャルを考える必要がある。

各範囲での固有関数を図 4-1 のように示すと、まず $-a \le x \le +a$ の範囲では $V(x) = 0$ であるから

$$-\frac{h^2}{8\pi^2 m}\frac{d^2\psi_2(x)}{dx^2} = E\psi_2(x)$$

となる。ただし $E > 0$ である。移項して

$$\frac{h^2}{8\pi^2 m}\frac{d^2\psi_2(x)}{dx^2} + E\psi_2(x) = 0$$

とすると、これは定係数の 2 階線形同次微分方程式であり、よく知られたように

$$\psi(x) = \exp(\lambda x)$$

というかたちの解を有する。これを微分方程式に代入すると

$$\frac{h^2}{8\pi^2 m}\lambda^2 + E = 0$$

という特性方程式が得られ、結局 λ は

$$\lambda = \pm\sqrt{-\frac{8\pi^2 mE}{h^2}} = \pm\sqrt{-\frac{4\pi^2}{h^2}}\sqrt{2mE} = \pm\frac{2\pi i}{h}\sqrt{2mE}$$

となる。よって一般解は

$$\psi_2(x) = C_1\exp\left(+\frac{2\pi i}{h}\sqrt{2mE}\,x\right) + C_2\exp\left(-\frac{2\pi i}{h}\sqrt{2mE}\,x\right)$$

と与えられる。ただし、C_1 および C_2 は任意定数である。ここで

$$k = \frac{2\pi}{h}\sqrt{2mE} = \frac{\sqrt{2mE}}{\hbar}$$

と置く。このとき k はエネルギー E を有する電子の電子波の波数となり $\psi_2(x)$ は

$$\psi_2(x) = C_1\exp(ikx) + C_2\exp(-ikx)$$

となる。

演習 4-1　高さ V_0 の障壁に囲まれた有限井戸型ポテンシャルにおける電子の運動において、$x \le -a$ における解を求めよ。ただし、$E < V_0$ とする。

解）　この領域では $V(x) = V_0$ であるから、シュレーディンガー方程式は

$$-\frac{h^2}{8\pi^2 m}\frac{d^2\psi_1(x)}{dx^2} + V_0\,\psi_1(x) = E\,\psi_1(x)$$

となる。移項して

$$\frac{h^2}{8\pi^2 m}\frac{d^2\psi_1(x)}{dx^2} - (V_0 - E)\psi_1(x) = 0$$

これは定数係数の 2 階線形同次微分方程式であり、よく知られたように

$$\psi(x) = \exp(\lambda x)$$

というかたちの解を有する。これを微分方程式に代入すると

$$\frac{h^2}{8\pi^2 m}\lambda^2 - (V_0 - E) = 0$$

という特性方程式が得られる。ここで $E < V_0$ という条件[9]を課しているので、λ は実数となり

$$\lambda = \pm\sqrt{\frac{8\pi^2 m(V_0 - E)}{h^2}} = \pm\sqrt{\frac{4\pi^2}{h^2}}\sqrt{2m(V_0 - E)} = \pm\frac{2\pi}{h}\sqrt{2m(V_0 - E)}$$

と与えられる。よって一般解としては、C_3, C_4 を任意定数として

$$\psi_1(x) = C_3\exp\left(+\frac{2\pi}{h}\sqrt{2m(V_0 - E)}\,x\right) + C_4\exp\left(-\frac{2\pi}{h}\sqrt{2m(V_0 - E)}\,x\right)$$

となる。ここで、

$$\beta = \frac{2\pi}{h}\sqrt{2m(V_0 - E)} = \frac{\sqrt{2m(V_0 - E)}}{\hbar}$$

と置く。このとき、β はエネルギー E を有する電子が、ポテンシャル V_0 の場を運動するときの電子波の波数となり、$\psi_1(x)$ は

$$\psi_1(x) = C_3\exp(\beta x) + C_4\exp(-\beta x)$$

となる。

　ただし、$x \to -\infty$ のときに発散しないためには $C_4 = 0$ でなければならない。よって解は

$$\psi_1(x) = C_3\exp(\beta x)$$

となる。

---

[9] この条件下では、電子はポテンシャル井戸の外に自由に出ることができない。よって束縛状態ということに対応する。

$x \geq a$ の場合（ただし $E < V_0$）の解も同様にして求めることができ、C_5, C_6 を任意定数として

$$\psi_3(x) = C_5 \exp(\beta x) + C_6 \exp(-\beta x)$$

となるが、$x \to +\infty$ のときに発散しないためには $C_5 = 0$ でなければならない。よって解は

$$\psi_3(x) = C_6 \exp(-\beta x)$$

となる。

　ここで、それぞれの領域における解をまとめると

$$x \leq -a \qquad \psi_1(x) = C_3 \exp(\beta x)$$

$$-a \leq x \leq a \qquad \psi_2(x) = C_1 \exp(ikx) + C_2 \exp(-ikx)$$

$$x \geq a \qquad \psi_3(x) = C_6 \exp(-\beta x)$$

となる。これら解は、それぞれの境界において、なめらかにつながっている必要がある。このためには、境界での値が一致するとともに、微係数 $\psi'(x)$ も等しくならなければならない。

演習 4-2　$x = -a$ における境界条件を満足するための条件式を導出せよ。

　解）　境界条件は

$$\psi_1(-a) = \psi_2(-a) \quad \text{ならびに} \quad \psi_1{}'(-a) = \psi_2{}'(-a)$$

となる。

　まず、境界条件の $\psi_1(-a) = \psi_2(-a)$ から

$$C_3 \exp(-\beta a) = C_1 \exp(-ika) + C_2 \exp(ika)$$

が得られる。つぎに

$$\psi_1{}'(x) = \beta C_3 \exp(\beta x)$$

$$\psi_2{}'(x) = ikC_1 \exp(ikx) - ikC_2 \exp(-ikx)$$

となるから、境界条件 $\psi_1{}'(-a) = \psi_2{}'(-a)$ より

$$\beta C_3 \exp(-\beta a) = ikC_1 \exp(-ika) - ikC_2 \exp(ika)$$

となる。

同様に、$x = a$ における境界条件から

$$C_6 \exp(-\beta a) = C_1 \exp(ika) + C_2 \exp(-ika)$$
$$-\beta C_6 \exp(-\beta a) = ik C_1 \exp(ika) - ik C_2 \exp(-ika)$$

となる。

つまり、4個の方程式ができる。これをまとめると

$$\begin{cases} C_1 \exp(-ika) + C_2 \exp(ika) - C_3 \exp(-\beta a) = 0 \\[2mm] ik C_1 \exp(-ika) - ik C_2 \exp(ika) - \beta C_3 \exp(-\beta a) = 0 \\[2mm] C_1 \exp(ika) + C_2 \exp(-ika) - C_6 \exp(-\beta a) = 0 \\[2mm] ik C_1 \exp(ika) - ik C_2 \exp(-ika) + \beta C_6 \exp(-\beta a) = 0 \end{cases}$$

という同次連立方程式となるが、行列とベクトルを使って表記すると

$$\begin{pmatrix} \exp(-ika) & \exp(ika) & -\exp(-\beta a) & 0 \\ ik\exp(-ika) & -ik\exp(ika) & -\beta\exp(-\beta a) & 0 \\ \exp(ika) & \exp(-ika) & 0 & -\exp(-\beta a) \\ ik\exp(ika) & -ik\exp(-ika) & 0 & \beta\exp(-\beta a) \end{pmatrix} \begin{pmatrix} C_1 \\ C_2 \\ C_3 \\ C_6 \end{pmatrix} = 0$$

となる。

演習 4-3　上記の同次連立方程式が自明解である $C_1 = C_2 = C_3 = C_6 = 0$ 以外の解を持つための条件を求めよ。

解）　同次連立方程式が自明でない解を持つための条件は、係数行列の行列式の値が 0 になることである。

したがって

$$\begin{vmatrix} \exp(-ika) & \exp(ika) & -\exp(-\beta a) & 0 \\ ik\exp(-ika) & -ik\exp(ika) & -\beta\exp(-\beta a) & 0 \\ \exp(ika) & \exp(-ika) & 0 & -\exp(-\beta a) \\ ik\exp(ika) & -ik\exp(-ika) & 0 & \beta\exp(-\beta a) \end{vmatrix} = 0$$

が条件となる。

左辺を、**余因子展開** (co-factor expansion) により計算する。すると

$$\beta^2 \{\exp(-2ika) - \exp(2ika)\} - ik\beta \{\exp(-2ika) + \exp(2ika) + \exp(-2ika) + \exp(2ika)\}$$
$$+ k^2 \{\exp(2ika) - \exp(-2ika)\} = 0$$

という方程式が得られる[10]。

　オイラーの公式を使って整理すると

$$\beta^2 \sin(2ka) + 2k\beta \cos(2ka) - k^2 \sin(2ka) = 0$$

ここで三角関数における倍角の公式

$$\sin 2A = 2\sin A \cos A \qquad \cos 2A = \cos^2 A - \sin^2 A$$

を適用すると

$$\beta^2 \sin(ka)\cos(ka) + k\beta \{\cos^2(ka) - \sin^2(ka)\} - k^2 \sin(ka)\cos(ka) = 0$$

となる。

　左辺は因数分解することができ

$$-\{\beta \sin(ka) + k\cos(ka)\}\{k\sin(ka) - \beta\cos(ka)\} = 0$$

とまとめられる。よって

$$k\sin(ka) - \beta\cos(ka) = 0 \quad あるいは \quad \beta\sin(ka) + k\cos(ka) = 0$$

より

$$\tan(ka) = \frac{\beta}{k} \qquad または \qquad \tan(ka) = -\frac{k}{\beta}$$

が有意な解を有する条件となる。

　ここで、得られた条件を少し検討してみよう。まず、これら条件式を β について整理すると

$$\beta = k\tan(ka) \qquad および \qquad \beta = -\frac{k}{\tan(ka)} \left(= -k\cot(ka)\right)$$

となる。われわれは、これら式を満足する電子波の波数 β と k を求めればよいことになる。さらに

---

[10] 余因子展開ならびに、本行列式の計算過程については、補遺 4-1 を参照いただきたい。

$$\beta = \frac{\sqrt{2m(V_0 - E)}}{\hbar} \qquad k = \frac{\sqrt{2mE}}{\hbar}$$

という関係から、エネルギー固有値 E が得られる。

4.2. 超越方程式

それでは

$$\beta = k\tan(ka) \quad \text{ならびに} \quad \beta = -\frac{k}{\tan(ka)}$$

という方程式の解法を試みてみよう。

これら式の左辺は β の 1 次関数であり、右辺は k の三角関数を含んだ関数となっている。

このように、左辺と右辺が性質の異なる関数からなる方程式を**超越方程式** (transcendental equation) と呼んでおり、解析的に解を求めるのは難しい。ここでいう性質が異なるというのは、たとえば、左辺が整数べきの多項式であるのに対し、右辺が三角関数のように無限級数で表される関数の場合である。簡単な例は

$$x = \cos x$$

であり、これは解析的には解けない。この場合は図 4-2 に示すように $y = \cos x$ と $y = x$ のグラフを描き、その交点から解を求める手法がとられる。

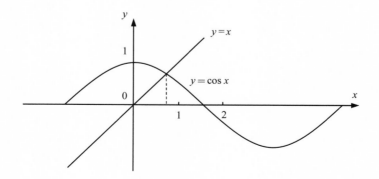

図 4-2 超越方程式の解の求め方。グラフの交点から解を求める。

　図 4-2 を見ると、交点は 0.5 と 1 の間にあることがわかり、0.75 付近と見当が
つく。実際には、$x = 0.739...$ という値が得られ、無理数となる。$\cos x$ は

$$\cos x = 1 - \frac{1}{2!}x^2 + \frac{1}{4!}x^4 - \frac{1}{6!}x^6 + ... + (-1)^n \frac{1}{(2n)!}x^{2n} + ...$$

という無限級数に展開できるが

$$\cos x \cong 1 - \frac{1}{2!}x^2 = 1 - \frac{1}{2}x^2$$

と近似して

$$1 - \frac{1}{2}x^2 = x$$

を解く。すると

$$x^2 + 2x - 2 = 0 \qquad から \qquad x = -1 \pm \sqrt{3}$$

となるので

$$x = -1 + \sqrt{3} = -1 + 1.732... = 0.732$$

という近似解が得られる。

4. 2. 1.　超越方程式 $\beta = k \tan(ka)$ の解

　それでは、$\beta = k \tan(ka)$ という超越方程式の解法を行ってみよう。ここでは、
グラフを利用した解法を紹介する。与式の両辺に井戸の幅 $a\,(>0)$ をかけると

$$\beta a = ka \tan(ka)$$

となる。ここで $\eta = \beta a$ および $\xi = ka$ と変数変換を行うと

$$\eta = \xi \tan \xi$$

となる。

　ただし、k はポテンシャルがない領域 $(-a \leq x \leq a)$ の電子波の波数、β はポテ
ンシャル V_0 が存在する領域 $(x \leq -a, x \geq a)$ の波数である。

　ここで $\eta = \xi \tan\xi$ のグラフを描くと、図 4-3 のようになる。左右対称であり偶
関数であることがわかる。また、$\pm\pi/2, \pm3\pi/2,...$ で $\pm\infty$ に発散する。

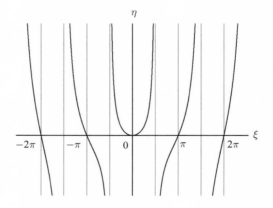

図 4-3 $\eta = \xi \tan \xi$ のグラフ

演習 4-4　つぎの関係から E を消去し、電子の波数 k と β の関係を求めよ。

$$k = \frac{\sqrt{2mE}}{\hbar} \qquad \beta = \frac{\sqrt{2m(V_0 - E)}}{\hbar}$$

解）　両辺を平方すると

$$k^2 = \frac{2mE}{\hbar^2} \qquad \beta^2 = \frac{2m(V_0 - E)}{\hbar^2}$$

となる。両式の左辺と右辺の和をとると

$$k^2 + \beta^2 = \frac{2mV_0}{\hbar^2}$$

となる。

　ここで、得られた式の両辺に a^2 を乗じてみよう。すると

$$k^2 a^2 + \beta^2 a^2 = \frac{2a^2 mV_0}{\hbar^2}$$

となるが、

$$\xi = ka \qquad および \qquad \eta = \beta a$$

であったので

$$\xi^2 + \eta^2 = \frac{2a^2mV_0}{\hbar^2}$$

という関係が得られる。これは $\xi-\eta$ 座標における円となる。したがって、この式と、先ほど求めた

$$\eta = \xi \tan \xi$$

を連立すれば、ξ と η の解が得られることになる。

　これは超越方程式であるから、グラフを利用した解法を考える。このとき、図 4-4 に示すように

　　　円：$\eta^2 + \xi^2 = 2a^2mV_0/\hbar^2$　と　曲線：$\eta = \xi \tan \xi$

との交点が解を与えることになる。ただし、η, ξ ともに正であるので、解は図のような第 1 象限での交点となる。また、図 4-4 に示すように、半径の大きさによっては、円と曲線には交点が複数ある場合もある。この半径は、井戸の深さ V_0 に依存しており、井戸が深くなると固有値としての波動関数の数が増えることを意味している。

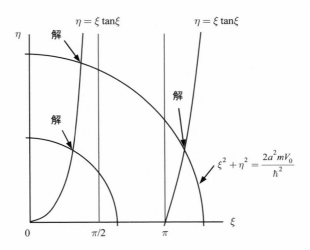

図 4-4　超越方程式の解の求め方：円と曲線の交点が解を与える。ポテンシャルが深くなって円の半径が大きくなると交点は複数となる場合もある。

　ポテンシャル V_0 が浅い場合には、$0 < \xi < \pi/2$ の領域に解が 1 個あるが、ポテンシャル V_0 が深くなると $\pi < \xi < 3\pi/2$ の領域にも解が存在することになる。2

個めの解はエネルギー準位の高い波動関数に対応する。さらにポテンシャルが深くなれば、より多くの波動関数が解として得られることになる。

4.2.2. 超越方程式 $\beta = -k / \tan(ka)$ の解

それでは、もうひとつの条件である

$$\beta = -\frac{k}{\tan(ka)}$$

の解法を考えてみる。両辺に a をかけて $\eta = \beta a$, $\xi = ka$ と変数変換を行うと

$$\eta = -\frac{\xi}{\tan\xi} = -\xi\cot\xi$$

となる。よって、図 4-5 に示すように、先ほどの円

$$\xi^2 + \eta^2 = \frac{2a^2 mV_0}{\hbar^2}$$

と曲線 $\eta = -\xi\cot\xi$ との交点を求めれば解が得られることになる。この場合も、η, ξ ともに正であるので、図 4-5 の第 1 象限での交点が解を与えることになる。

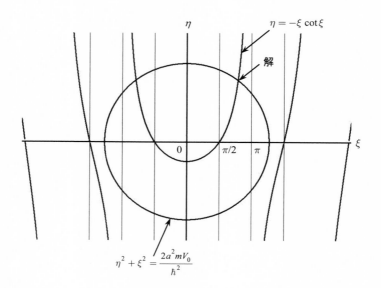

図 4-5　超越方程式の解

　この場合の解は $\pi/2 < \xi < \pi$ の範囲に存在し、先ほど求めたエネルギー準位の
もっとも低い解 $(0 < \xi < \pi/2)$ のつぎのエネルギー準位に対応した波動関数を与
えると考えられる。また、円の半径、すなわちポテンシャル深さ V_0 が増えると
解、つまり井戸の中に存在可能な電子の波動関数の数は増えていくことになる。
それでは、具体的な関数のかたちを求めていこう。

4.3.　固有関数

　ここでは、前節の方法で超越方程式の解 $\xi = ka$ および $\eta = \beta a$ が与えられて
いるものとしよう。
　このとき、係数間の関係を示す式は

$$C_1 \exp(-ika) + C_2 \exp(ika) - C_3 \exp(-\beta a) = 0 \qquad (1)$$

$$ikC_1 \exp(-ika) - ikC_2 \exp(ika) - \beta C_3 \exp(-\beta a) = 0 \qquad (2)$$

$$C_1 \exp(ika) + C_2 \exp(-ika) - C_6 \exp(-\beta a) = 0 \qquad (3)$$

$$ikC_1 \exp(ika) - ikC_2 \exp(-ika) + \beta C_6 \exp(-\beta a) = 0 \qquad (4)$$

の 4 式となる。

演習 4-5　式 (1) ならびに (2) を用いて、定数 C_1 と C_3 の間に成立する関係を求め
よ。

　解）　両式より、C_2 を消去すればよい。したがって

$$(1) \times ik + (2)$$

を計算すればよい。すると

$$2ik\,C_1 \exp(-ika) - (ik + \beta)C_3 \exp(-\beta a) = 0$$

から

$$C_1 = \frac{(ik + \beta) \exp(-\beta a)}{2ik \exp(-ika)} C_3 = \frac{1}{2}\left(1 + \frac{\beta}{ik}\right)\exp(ika - \beta a)C_3$$

となる。

　同様にして、C_2 と C_3 の関係を求めるため

$$(1) \times ik - (2)$$

を計算する。すると

$$2ik\,C_2\exp(ika) - (ik - \beta)\,C_3\exp(-\beta a) = 0$$

から

$$C_2 = \frac{(ik - \beta)\exp(-\beta a)}{2ik\exp(ika)}C_3 = \frac{1}{2}\left(1 - \frac{\beta}{ik}\right)\exp(-ika - \beta a)C_3$$

となる。

以上の結果を見ると

$$C_1 = C_2{}^{*}$$

のように複素共役の関係にあることがわかる。

演習 4-6 定数 C_6 と C_3 の関係を求めよ。

解） (3) 式より

$$C_6 = \frac{C_1\exp(ika) + C_2\exp(-ika)}{\exp(-\beta a)}$$

C_1 および C_2 を、いま求めた C_6 を与える式に代入すると

$$C_6 = \left\{\frac{\exp(i2ka) + \exp(-i2ka)}{2} + \frac{\beta}{k}\frac{\exp(i2ka) - \exp(-i2ka)}{2i}\right\}C_3$$

となる。

オイラーの公式を使うと

$$C_6 = \left\{\cos(2ka) + \frac{\beta}{k}\sin(2ka)\right\}C_3$$

と与えられる。

演習 4-7 C_3 を用いて $-a \le x \le a$ の範囲の波動関数 $\psi_2(x)$ を表せ。

解） $-a \le x \le a$ の範囲では $\psi_2(x) = C_1\exp(ikx) + C_2\exp(-ikx)$ であるが

$$C_1 = \frac{1}{2}\left(1 + \frac{\beta}{ik}\right)\exp(ika - \beta a)C_3 = \frac{C_3}{2\exp(\beta a)}\left(1 + \frac{\beta}{ik}\right)\exp(ika)$$

$$C_2 = \frac{1}{2}\left(1 - \frac{\beta}{ik}\right)\exp(-ika - \beta a)\ C_3 = \frac{C_3}{2\exp(\beta a)}\left(1 - \frac{\beta}{ik}\right)\exp(-ika)$$

であるから

$$\psi_2(x) = \frac{C_3}{2\exp(\beta a)}\left\{\left(1 + \frac{\beta}{ik}\right)\exp(ik(x+a)) + \left(1 - \frac{\beta}{ik}\right)\exp(-ik(x+a))\right\}$$

となる。ここでオイラーの公式を使うと

$$\left(1 + \frac{\beta}{ik}\right)\exp(ik(x+a)) + \left(1 - \frac{\beta}{ik}\right)\exp(-ik(x+a))$$

$$= \left\{\exp(ik(x+a)) + \exp(-ik(x+a))\right\} + \frac{\beta}{ik}\left\{\exp(ik(x+a)) - \exp(-ik(x+a))\right\}$$

$$= 2\left\{\frac{\exp(ik(x+a)) + \exp(-ik(x+a))}{2}\right\} + 2\frac{\beta}{k}\left\{\frac{\exp(ik(x+a)) - \exp(-ik(x+a))}{2i}\right\}$$

$$= 2\cos(k(x+a)) + 2\frac{\beta}{k}\sin(k(x+a))$$

と変形できるから

$$\psi_2(x) = \frac{C_3}{\exp(\beta a)}\left\{\cos(k(x+a)) + \frac{\beta}{k}\sin(k(x+a))\right\}$$

となる。

それでは、以上の結果をもとに、有限井戸の波動関数を求めていこう。

4.3.1. $\beta = k\tan(ka)$ の場合の波動関数

まず、定数 C_6 と C_3 の関係を求めてみよう。

$$C_6 = \left\{\cos(2ka) + \frac{\beta}{k}\sin(2ka)\right\}C_3 \qquad \frac{\beta}{k} = \tan(ka)$$

であったので

$$\cos(2ka) + \frac{\beta}{k}\sin(2ka) = \cos^2(ka) - \sin^2(ka) + \frac{\sin(ka)}{\cos(ka)}(2\sin(ka)\cos(ka))$$

から

$$C_6 = \left\{\cos^2(ka) + \sin^2(ka)\right\}C_3 = C_3$$

となる。つまり、いまの場合 $C_6 = C_3$ という関係にある。

演習 4-8　　$\beta = k \tan(ka)$ のときの $\psi_2(x)$ のかたちを求めよ。

解）

$$\psi_2(x) = \frac{C_3}{\exp(\beta a)}\left\{\cos(k(x+a)) + \frac{\beta}{k}\sin(k(x+a))\right\}$$

に $\beta = k \tan(ka)$ を代入すると

$$\psi_2(x) = \frac{C_3}{\exp(\beta a)}\left\{\cos(k(x+a)) + \tan(ka)\sin(k(x+a))\right\}$$

となる。

それでは、有限井戸の波動関数を具体的に求めていこう。以上の結果を整理しておくと、波動関数は

$x \leq -a$　　　　　$\psi_1(x) = C_3 \exp(\beta x)$

$-a \leq x \leq a$　　　$\psi_2(x) = \dfrac{C_3}{\exp(\beta a)}\left\{\cos(k(x+a)) + \dfrac{\beta}{k}\sin(k(x+a))\right\}$

$x \geq a$　　　　　　$\psi_3(x) = C_3 \exp(-\beta x)$

となる。ただし $\beta = k \tan(ka)$ である。

演習 4-9　　$\beta = k \tan(ka)$ のとき、井戸の境界において $\psi_2(-a) = \psi_2(a)$ となることを確かめよ。

解）　　$\psi_2(x)$ に $\beta = k \tan(ka)$ を代入すると

$$\psi_2(x) = \frac{C_3}{\exp(\beta a)}\left\{\cos(k(x+a)) + \frac{\beta}{k}\sin(k(x+a))\right\}$$

$$= \frac{C_3}{\exp(\beta a)}\left\{\cos(k(x+a)) + \tan(ka)\sin(k(x+a))\right\}$$

となる。ここで $x = a$ のとき

$$\psi_2(a) = \frac{C_3}{\exp(\beta a)}\bigl\{\cos(2ka) + \tan(ka)\sin(2ka)\bigr\}$$

となるが

$$\cos(2ka) + \tan(ka)\sin(2ka)$$

$$= \cos^2(ka) - \sin^2(ka) + \frac{\sin(ka)}{\cos(ka)}\bigl\{2\sin(ka)\cos(ka)\bigr\} = \cos^2(ka) + \sin^2(ka) = 1$$

から

$$\psi_2(a) = \frac{C_3}{\exp(\beta a)}$$

となる。つぎに、$x = -a$ のとき

$$\psi_2(-a) = \frac{C_3}{\exp(\beta a)}\bigl\{\cos 0 + \tan(ka)\sin 0\bigr\} = \frac{C_3}{\exp(\beta a)}$$

となり

$$\psi_2(a) = \psi_2(-a)$$

となることが確かめられる。

つぎに、$x = a$ のとき

$$\psi_3(a) = C_3 \exp(-\beta a) = \frac{C_3}{\exp(\beta a)} = \psi_2(a)$$

となり、$x = -a$ のとき

$$\psi_1(-a) = C_3 \exp(-\beta a) = \frac{C_3}{\exp(\beta a)} = \psi_2(-a)$$

となって整合性がとれている。

ここで、$\beta = k\tan(ka)$ として有限井戸の波動関数を具体的に書くと

$x \leq -a$ 　　　　$\psi_1(x) = C_3 \exp(\beta x) = C_3 \exp\bigl\{(k\tan(ka))x\bigr\}$

$-a \leq x \leq a$ 　　$\psi_2(x) = \dfrac{C_3}{\exp(ka\tan(ka))}\bigl\{\cos k(x+a) + \tan(ka)\sin k(x+a)\bigr\}$

$x \geq a$ 　　　　$\psi_3(x) = C_3 \exp(-\beta x) = C_3 \exp\bigl\{-(k\tan(ka))x\bigr\}$

と与えられる。

ここで、$\psi_2(x)$ のグラフを描いてみよう。この波動関数を与える超越方程式の交点は $0 < \xi < \pi/2$ の範囲にある。よって、$\xi = ka$ から対応する波数 k は $0 < k < \pi/2a$ の範囲にある。ここで、波数を $k = 1/4a$ と置いてみる。すると

$$\psi_2(x) = \frac{C_3}{\exp(ka\tan(ka))}\{\cos k(x+a) + \tan(ka)\sin k(x+a)\}$$

$$= \frac{C_3}{\exp\{(1/4)\tan(1/4)\}}\left\{\cos\left(\frac{1}{4a}x+\frac{1}{4}\right) + \tan\frac{1}{4}\sin\left(\frac{1}{4a}x+\frac{1}{4}\right)\right\}$$

となる。図示すると図 4-6 のように $x = 0$ に関して左右対称のグラフとなる。

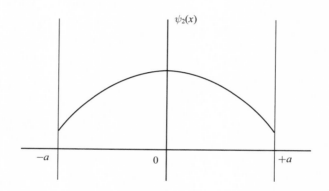

図 4-6 $-a \le x \le a$ の範囲における $\psi_2(x)$ のグラフ。ただし $C_3 = 1$, $a = 1$ として描いている。

$x \le -a$ の範囲では

$$\psi_1(x) = C_3\exp\{(k\tan(ka))x\} = C_3\exp\left\{\left(\frac{1}{4a}\tan\frac{1}{4}\right)x\right\}$$

$x \ge a$ の範囲では

$$\psi_3(x) = C_3\exp(-\beta x) = C_3\exp\left\{-\left(\frac{1}{4a}\tan\frac{1}{4}\right)x\right\}$$

となり、図 4-6 に示した $\psi_2(x)$ のグラフを外挿するようなかたちで減衰する。結局、有限井戸の波動関数を全領域にわたって図示すると、図 4-7 のようになる。波動関数はポテンシャル壁においてもなめらかにつながっている。

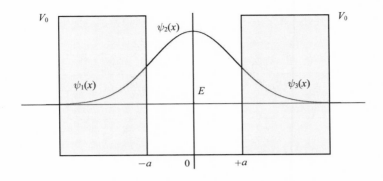

図 4-7　有限井戸に閉じ込められた電子の波動関数

　このように、無限井戸と異なり、有限井戸では、$E < V_0$ の場合であっても、ポテンシャル壁内に電子の波動関数が存在することになる。この現象は、電子の波動性を反映したものであり、波動関数の染み出しと呼ばれている。

　いまの解は基底状態に対応したものである。それでは、これよりもエネルギー準位の高い解はどうなるだろうか。それは $\beta = -k / \tan(ka)$ の場合に相当する。

4. 3. 2.　$\beta = -k / \tan(ka)$ の場合の波動関数

まず、C_6 と C_3 の関係を求めてみよう。すると

$$C_6 = \left\{ \cos(2ka) + \frac{\beta}{k} \sin(2ka) \right\} C_3 = \left\{ \cos(2ka) - \frac{\sin(2ka)}{\tan(ka)} \right\} C_3$$

$$= \left\{ -\sin^2(ka) - \cos^2(ka) \right\} C_3 = -C_3$$

から　$C_6 = -C_3$ となる。よって

$$\psi_3(x) = -C_3 \exp(-\beta x)$$

となる。

$$\psi_1(x) = C_3 \exp(\beta x)$$

であったから

$$\psi_1(-a) = C_3 \exp(-\beta a) \qquad \psi_3(a) = -C_3 \exp(-\beta a)$$

となって、$\beta = k\tan(ka)$ の場合とは異なり波動関数は左右対称とはならないことがわかる。これは、無限井戸においてエネルギー準位が 2 番目の波動関数と相似である。

演習 4-10　$\beta = -k/\tan(ka)$ の場合の $-a \le x \le a$ の範囲における波動関数 $\psi_2(x)$ のかたちを求めよ。

解）　$-a \le x \le a$ では

$$\psi_2(x) = \frac{C_3}{\exp(\beta a)}\left\{\cos k(x+a) + \frac{\beta}{k}\sin k(x+a)\right\}$$

であった。$\beta = -\dfrac{k}{\tan(ka)}$ を代入すると

$$\psi_2(x) = \frac{C_3}{\exp(-ka/\tan(ka))}\left\{\cos k(x+a) - \frac{1}{\tan(ka)}\sin k(x+a)\right\}$$

となる。

ここで、$x = -a$ の場合

$$\psi_2(-a) = \frac{C_3}{\exp(-ka/\tan(ka))}\left\{\cos 0 - \frac{1}{\tan(ka)}\sin 0\right\} = \frac{C_3}{\exp(-ka/\tan(ka))}$$

となる。

演習 4-11　$\beta = -k/\tan(ka)$ のとき $\psi_2(a)$ を求めよ。

解）

$$\psi_2(x) = \frac{C_3}{\exp(-ka/\tan(ka))}\left\{\cos k(x+a) - \frac{1}{\tan(ka)}\sin k(x+a)\right\}$$

であるから

$$\psi_2(a) = \frac{C_3}{\exp(-ka/\tan(ka))}\left(\cos(2ka) - \frac{1}{\tan(ka)}\sin(2ka)\right)$$

となる。ここで

$$\cos(2ka) - \frac{1}{\tan(ka)} \sin(2ka) = \cos^2(ka) - \sin^2(ka) - \frac{\cos(ka)}{\sin(ka)}\{2\sin(ka)\cos(ka)\}$$

$$= \cos^2(ka) - \sin^2(ka) - 2\cos^2(ka) = -\{\sin^2(ka) + \cos^2(ka)\} = -1$$

と計算できるので

$$\psi_2(a) = -\frac{C_3}{\exp(-ka/\tan(ka))}$$

となる。

したがって

$$\psi_2(a) = -\psi_2(-a)$$

となる。また

$$\psi_2(-a) = \frac{C_3}{\exp(-ka/\tan(ka))} = \frac{C_3}{\exp(\beta a)} = C_3 \exp(-\beta a) = \psi_1(-a)$$

$$\psi_2(a) = -\frac{C_3}{\exp(-ka/\tan(ka))} = -\frac{C_3}{\exp(\beta a)} = -C_3 \exp(-\beta a) = \psi_3(a)$$

から、$\psi_1(x), \psi_2(x), \psi_3(x)$ が連続していることも確認できる。

ここで、$\psi_2(x)$ のグラフを描いてみよう。超越方程式の交点は $\pi/2 < \xi < \pi$ の範囲にある。よって、$\xi = ka$ から電子波の波数 k は $\pi/2a < k < \pi/a$ の範囲にある。ここでは、波数 $k = 2/a$ と置いてみる。すると

$$\psi_2(x) = \frac{C_3}{\exp(-ka/\tan(ka))}\left\{\cos k(x+a) - \frac{1}{\tan(ka)}\sin k(x+a)\right\}$$

$$= \frac{C_3}{\exp\{-2/\tan 2\}}\left\{\cos\left(\frac{2}{a}x + 2\right) - \frac{1}{\tan 2}\sin\left(\frac{2}{a}x + 2\right)\right\}$$

となる。また $\beta = -\dfrac{k}{\tan ka} = -\dfrac{2}{a\tan 2}$　であるから

$$\psi_1(x) = C_3 \exp(\beta x) = C_3\left(-\frac{2}{a\tan 2}x\right)$$

$$\psi_3(x) = -C_3 \exp(-\beta x) = -C_3\left(\frac{2}{a\tan 2}x\right)$$

となる。ただし、$\tan 2 < 0$ である。

よって、解となる波動関数を全領域で図示すると図 4-8 のようになる。

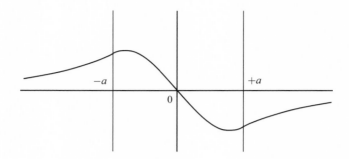

図 4-8 有限井戸においてエネルギー準位が 2 番目のグラフ。
ただし、グラフは $C_3 = 1, a = 1$ として描いている。

　このように、ポテンシャル壁にかなりの範囲にわたって波動関数の染み出しがある。これら波動関数の形状は、ポテンシャル壁の深さ V_0 ならびに井戸の幅 $2a$ によって変化することに注意されたい。

4.3.3.　エネルギー準位の高い波動関数
　それでは、有限井戸の深さが大きくなって、さらにエネルギー準位の高い解はどうなるだろうか。これは、$\beta = k \tan(ka)$ の解であり、図 4-4 の $\pi < \xi < 3\pi/2$ に位置する解となる。したがって波数は $\pi/a < k < 3\pi/2a$ の範囲にある。
　そこで、$k = 4/a$ と置いてみよう。すると

$$\psi_2(x) = \frac{C_3}{\exp(ka \tan(ka))} \left\{ \cos k(x+a) + \tan ka \sin k(x+a) \right\}$$

$$= \frac{C_3}{\exp(4 \tan 4)} \left\{ \cos\left(\frac{4}{a}x + 4\right) + \tan 4 \sin\left(\frac{4}{a}x + 4\right) \right\}$$

となる。また

$$\psi_1(x) = C_3 \exp\left\{ (k \tan(ka))x \right\} = C_3 \exp\left\{ \left(\frac{4}{a}\tan 4\right)x \right\}$$

$x \geq a$ の範囲では

$$\psi_3(x) = C_3 \exp(-\beta x) = C_3 \exp\left\{-\left(\frac{4}{a}\tan 4\right)x\right\}$$

となる。

　これら波動関数のグラフを描くと、図 4-9 のようになる。

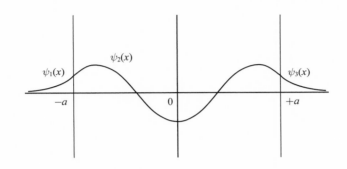

図 4-9　エネルギー準位が 3 番目に位置する有限井戸の波動関数

さらに、井戸の深さが大きくなれば、よりエネルギー準位の高い波動関数が登場することになる。結局、有限井戸の波動関数は図 4-10 の交点から得られる。

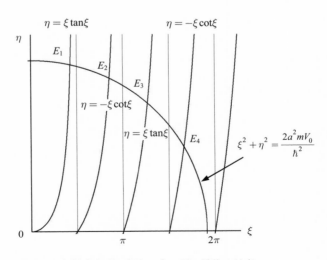

図 4-10　超越方程式の解とエネルギー準位の対応

これで、有限井戸の波動関数の形状を求めることができたが、いまのままでは、定数の C_3 が未定である。そこで、波動関数の規格化によって C_3 の値を求める必要がある。

4.4. 波動関数の規格化

波動関数の規格化条件は

$$\int_{-\infty}^{+\infty} |\psi(x)|^2 \, dx = 1$$

であるので

$$\int_{-\infty}^{-a} |\psi_1(x)|^2 \, dx + \int_{-a}^{+a} |\psi_2(x)|^2 \, dx + \int_{+a}^{+\infty} |\psi_3(x)|^2 \, dx = 1$$

となる。波動関数は

$x \le -a$ のとき

$$\psi_1(x) = C_3 \exp(\beta x)$$

$-a \le x \le a$ のとき

$$\psi_2(x) = \frac{C_3}{\exp(\beta a)} \left\{ \cos k(x+a) + \frac{\beta}{k} \sin k(x+a) \right\}$$

$x \ge a$ のとき

$$\psi_3(x) = -C_3 \exp(-\beta x) \quad \text{あるいは} \quad \psi_3(x) = C_3 \exp(-\beta x)$$

である。

それぞれ $\beta = k \tan(ka)$ と $\beta = -k / \tan(ka)$ に対応する。ただし、いずれの場合も

$$|\psi_3(x)|^2 = |C_3|^2 \exp(-2\beta x)$$

となる。

演習 4-12 $\displaystyle \int_{-\infty}^{-a} |\psi_1(x)|^2 \, dx$ ならびに $\displaystyle \int_{+a}^{+\infty} |\psi_3(x)|^2 \, dx$ を計算せよ。

解)

$$\int_{-\infty}^{-a} \left| \psi_1(x) \right|^2 dx = \left| C_3 \right|^2 \int_{-\infty}^{-a} \exp(2\beta x)dx = \left| C_3 \right|^2 \left[\frac{\exp(2\beta x)}{2\beta} \right]_{-\infty}^{-a} = \frac{\left| C_3 \right|^2}{2\beta} \exp(-2\beta a)$$

$$\int_{+a}^{+\infty} \left| \psi_3(x) \right|^2 dx = \left| C_3 \right|^2 \int_{+a}^{+\infty} \exp(-2\beta x)dx$$

$$= \left| C_3 \right|^2 \left[\frac{\exp(-2\beta x)}{-2\beta} \right]_{+a}^{+\infty} = \frac{\left| C_3 \right|^2}{2\beta} \exp(-2\beta a)$$

となる。

この結果から $\int_{+a}^{+\infty} \left| \psi_3(x) \right|^2 dx$ は $\beta = k \tan(ka)$ と $\beta = -k / \tan(ka)$ で同じ結果になることがわかる。

つぎに井戸内の波動関数の $\int_{-a}^{+a} \left| \psi_2(x) \right|^2 dx$ を計算してみよう。

$$\left| \psi_2(x) \right|^2 = \frac{\left| C_3 \right|^2}{\exp(2\beta a)} \left\{ \cos k(x+a) + \frac{\beta}{k} \sin k(x+a) \right\}^2$$

$$= \frac{\left| C_3 \right|^2}{\exp(2\beta a)} \left\{ \frac{\beta}{k} \sin[2k(x+a)] + \frac{k^2 - \beta^2}{2k^2} \cos[2k(x+a)] + \frac{k^2 + \beta^2}{2k^2} \right\}$$

となる。

演習 4-13　$I = \int_{-a}^{+a} \left| \psi_2(x) \right|^2 dx$ を計算せよ。

解)　$I = \int_{-a}^{+a} \left| \psi_2(x) \right|^2 dx$

$$= \frac{\left| C_3 \right|^2}{\exp(2\beta a)} \int_{-a}^{+a} \left\{ \frac{\beta}{k} \sin[2k(x+a)] + \frac{k^2 - \beta^2}{2k^2} \cos[2k(x+a)] + \frac{k^2 + \beta^2}{2k^2} \right\} dx$$

となる。よって

$$I = \frac{\left|C_3\right|^2}{\exp(2\beta a)}\left[-\frac{\beta}{2k^2}\cos[2k(x+a)] + \frac{k^2-\beta^2}{4k^3}\sin[2k(x+a)] + \frac{k^2+\beta^2}{2k^2}x\right]_{-a}^{+a}$$

$$= \frac{\left|C_3\right|^2}{\exp(2\beta a)}\left[-\frac{\beta}{2k^2}\{\cos(4ka)-1\} + \frac{k^2-\beta^2}{4k^3}\sin(4ka) + \frac{k^2+\beta^2}{k^2}a\right]$$

となる。

それでは

$$\frac{k^2-\beta^2}{4k^3}\sin(4ka) - \frac{\beta}{2k^2}\{\cos(4ka)-1\}$$

を計算してみよう。

三角関数の4倍角の公式は

$$\sin(4ka) = 8\sin(ka)\cos^3(ka) - 4\sin(ka)\cos(ka)$$

$$\cos(4ka) = 8\cos^4(ka) - 8\cos^2(ka) + 1$$

となるので

$$\frac{k^2-\beta^2}{4k^3}\sin(4ka) = \frac{k^2-\beta^2}{4k^3}\{8\sin(ka)\cos^3(ka) - 4\sin(ka)\cos(ka)\}$$

$$= \frac{k^2-\beta^2}{k^3}\{2\sin(ka)\cos(ka)\}(\cos^2(ka)-1) = -\frac{k^2-\beta^2}{k^3}\{2\sin^3(ka)\cos(ka)\}$$

となる。また

$$\frac{\beta}{2k^2}\{\cos(4ka)-1\} = \frac{\beta}{2k^2}\{8\cos^4(ka) - 8\cos^2(ka)\} = \frac{4\beta}{k^2}\cos^2(ka)\{\cos^2(ka)-1\}$$

$$= -\frac{4\beta}{k^2}\sin^2(ka)\cos^2(ka)$$

となる。

演習 4-14　$\beta = k\tan(ka)$ の場合に、$\sin(ka), \cos(ka)$ の値を求めよ。

解）　$\beta = k\tan(ka) = k\frac{\sin(ka)}{\cos(ka)}$　より　$\frac{\cos(ka)}{k} = \frac{\sin(ka)}{\beta}$　となる。ここで、

最初の解である $\xi = ka$ は、$0 < \xi < \pi/2$ の範囲にあるから $\sin(ka) > 0$, $\cos(ka) > 0$ である。

$$\frac{\cos(ka)}{k} = \frac{\sin(ka)}{\beta} = t \quad (> 0)$$

と置くと

$$\sin^2(ka) + \cos^2(ka) = t^2\beta^2 + t^2k^2 = t^2(\beta^2 + k^2) = 1$$

から

$$t = \frac{1}{\sqrt{\beta^2 + k^2}}$$

したがって

$$\sin(ka) = \frac{\beta}{\sqrt{\beta^2 + k^2}} \qquad \cos(ka) = \frac{k}{\sqrt{\beta^2 + k^2}}$$

となる。

いま求めた結果を使うと

$$\sin(4ka) = 8\sin(ka)\cos^3(ka) - 4\sin(ka)\cos(ka) = \frac{8\beta k^3}{(\beta^2 + k^2)^2} - \frac{4\beta k}{\beta^2 + k^2}$$

$$\cos(4ka) = 8\cos^4(ka) - 8\cos^2(ka) + 1 = \frac{8k^4}{(\beta^2 + k^2)^2} - \frac{8k^2}{\beta^2 + k^2} + 1$$

となる。

演習 4-15　$\beta = k\tan(ka)$ の場合に、以下の式を計算せよ。

$$\frac{k^2 - \beta^2}{4k^3}\sin(4ka) - \frac{\beta}{2k^2}\{\cos(4ka) - 1\}$$

解）

$$\frac{k^2 - \beta^2}{4k^3}\sin(4ka) = \frac{k^2 - \beta^2}{4k^3}\left\{\frac{8\beta k^3}{(\beta^2 + k^2)^2} - \frac{4\beta k}{\beta^2 + k^2}\right\}$$

$$\frac{\beta}{2k^2}\{\cos(4ka) - 1\} = \frac{\beta}{2k^2}\left\{\frac{8k^4}{(\beta^2 + k^2)^2} - \frac{8k^2}{\beta^2 + k^2}\right\}$$

となる。それぞれの右辺を展開していこう。まず、最初の式の右辺は

$$\frac{1}{4k}\left\{\frac{8\beta k^3}{(\beta^2+k^2)^2}-\frac{4\beta k}{\beta^2+k^2}\right\}-\frac{\beta^2}{4k^3}\left\{\frac{8\beta k^3}{(\beta^2+k^2)^2}-\frac{4\beta k}{\beta^2+k^2}\right\}$$

$$=\frac{2\beta k^2}{(\beta^2+k^2)^2}-\frac{\beta}{\beta^2+k^2}-\frac{2\beta^3}{(\beta^2+k^2)^2}+\frac{\beta^3}{k^2(\beta^2+k^2)}=\frac{2\beta k^2-2\beta^3}{(\beta^2+k^2)^2}+\frac{\beta^3-\beta k^2}{k^2(\beta^2+k^2)}$$

と変形できる。つぎの式の右辺は

$$\frac{\beta}{2k^2}\left\{\frac{8k^4}{(\beta^2+k^2)^2}-\frac{8k^2}{\beta^2+k^2}\right\}=\frac{4\beta k^2}{(\beta^2+k^2)^2}-\frac{4\beta}{\beta^2+k^2}$$

と変形できるので

$$\frac{k^2-\beta^2}{4k^3}\sin(4ka)-\frac{\beta}{2k^2}\left\{\cos(4ka)-1\right\}$$

$$=\frac{2\beta k^2-2\beta^3}{(\beta^2+k^2)^2}+\frac{\beta^3-\beta k^2}{k^2(\beta^2+k^2)}-\left(\frac{4\beta k^2}{(\beta^2+k^2)^2}-\frac{4\beta}{\beta^2+k^2}\right)$$

$$=\frac{-2\beta k^2-2\beta^3}{(\beta^2+k^2)^2}+\frac{\beta^3+3\beta k^2}{k^2(\beta^2+k^2)}=\frac{-2\beta(\beta^2+k^2)}{(\beta^2+k^2)^2}+\frac{\beta^3+3\beta k^2}{k^2(\beta^2+k^2)}$$

$$=\frac{-2\beta}{\beta^2+k^2}+\frac{\beta^3+3\beta k^2}{k^2(\beta^2+k^2)}=\frac{\beta^3+\beta k^2}{k^2(\beta^2+k^2)}=\frac{\beta(\beta^2+k^2)}{k^2(\beta^2+k^2)}=\frac{\beta}{k^2}$$

となる。

したがって

$$I=\frac{\left|C_3\right|^2}{\exp(2\beta a)}\left[\frac{k^2-\beta^2}{4k^3}\sin(4ka)-\frac{\beta}{2k^2}\left\{\cos(4ka)-1\right\}+\frac{k^2+\beta^2}{k^2}a\right]$$

は、結局

$$I=\int_{-\infty}^{+\infty}\left|\psi_2(x)\right|^2 dx=\frac{\left|C_3\right|^2}{\exp(2\beta a)}\left[\frac{\beta}{k^2}+\frac{k^2+\beta^2}{k^2}a\right]$$

となる。

演習 4-16　規格化条件の $\int_{-\infty}^{+\infty}\left|\psi(x)\right|^2 dx=1$ より、定数項 C_3 の値を求めよ。

解）　　まず、$\psi_1(x),\ \psi_2(x),\ \psi_3(x)$ に関する積分を示すと

$$\int_{-\infty}^{-a} |\psi_1(x)|^2\, dx = \frac{|C_3|^2}{2\beta}\exp(-2\beta a) = \frac{|C_3|^2}{\exp(2\beta a)}\frac{1}{2\beta}$$

$$\int_{-a}^{+a} |\psi_2(x)|^2\, dx = \frac{|C_3|^2}{\exp(2\beta a)}\left[\frac{\beta}{k^2} + \frac{k^2+\beta^2}{k^2}a\right]$$

$$\int_{+a}^{+\infty} |\psi_3(x)|^2\, dx = \frac{|C_3|^2}{2\beta}\exp(-2\beta a) = \frac{|C_3|^2}{\exp(2\beta a)}\frac{1}{2\beta}$$

となる。

　ここで、全空間での積分は1となるので

$$\int_{-\infty}^{-a} |\psi_1(x)|^2\, dx + \int_{-a}^{+a} |\psi_2(x)|^2\, dx + \int_{+a}^{+\infty} |\psi_3(x)|^2\, dx$$

$$= \frac{|C_3|^2}{\exp(2\beta a)}\left[\frac{1}{\beta} + \frac{\beta}{k^2} + \frac{k^2+\beta^2}{k^2}a\right] = 1$$

という方程式が得られる。

　よって、規格化定数は

$$|C_3|^2 = \frac{\exp(2\beta a)}{\dfrac{1}{\beta} + \dfrac{\beta}{k^2} + \dfrac{k^2+\beta^2}{k^2}a}$$

となり、正の値をとると

$$C_3 = \frac{\exp(\beta a)}{\sqrt{\dfrac{1}{\beta} + \dfrac{\beta}{k^2} + \dfrac{k^2+\beta^2}{k^2}a}}$$

と与えられる。

　よって $\beta = k\tan(ka)$ のときの波動関数は、規格化定数まで表示すると
$x \le -a$ のとき

$$\psi_1(x) = C_3\exp(\beta x) = \frac{\exp(\beta a)}{\sqrt{\dfrac{1}{\beta} + \dfrac{\beta}{k^2} + \dfrac{k^2+\beta^2}{k^2}a}}\exp(\beta x)$$

$-a \le x \le a$ のとき

$$\psi_2(x) = \frac{C_3}{\exp(\beta a)}\{\cos(k(x+a)) + \tan(ka)\sin(k(x+a))\}$$

$$= \frac{1}{\sqrt{\dfrac{1}{\beta} + \dfrac{\beta}{k^2} + \dfrac{k^2+\beta^2}{k^2}a}}\{\cos(k(x+a)) + \tan(ka)\sin(k(x+a))\}$$

$x \geq a$ のとき

$$\psi_3(x) = C_3\exp(-\beta x) = \frac{\exp(\beta a)}{\sqrt{\dfrac{1}{\beta} + \dfrac{\beta}{k^2} + \dfrac{k^2+\beta^2}{k^2}a}}\exp(-\beta x)$$

となる。それでは、$\beta = -\dfrac{k}{\tan(ka)}$ の場合の規格化定数も求めてみよう。

演習 4-17 $\beta = -\dfrac{k}{\tan(ka)}$ の場合に、$\sin(ka), \cos(ka)$ の値を求めよ。

解) $\beta = -\dfrac{k}{\tan(ka)} = -k\dfrac{\cos(ka)}{\sin(ka)}$ より $\dfrac{\cos ka}{\beta} = -\dfrac{\sin ka}{k}$ となる。ここで、

解である $\xi = ka$ は、$\pi/2 < \xi < \pi$ の範囲にあるから、$\sin(ka) > 0$, $\cos(ka) < 0$ である。

$$-\frac{\cos ka}{\beta} = \frac{\sin ka}{k} = t \ (> 0)$$

と置くと

$$\sin^2(ka) + \cos^2(ka) = t^2k^2 + t^2\beta^2 = t^2(\beta^2 + k^2) = 1$$

から

$$t = \frac{1}{\sqrt{\beta^2 + k^2}}$$

したがって

$$\sin(ka) = \frac{k}{\sqrt{\beta^2 + k^2}} \qquad \cos(ka) = -\frac{\beta}{\sqrt{\beta^2 + k^2}}$$

となる。

いま求めた結果を使うと

$$\sin(4ka) = 8\sin(ka)\cos^3(ka) - 4\sin(ka)\cos(ka) = -\frac{8\beta^3 k}{(\beta^2 + k^2)^2} + \frac{4\beta k}{\beta^2 + k^2}$$

$$\cos(4ka) = 8\cos^4(ka) - 8\cos^2(ka) + 1 = \frac{8\beta^4}{(\beta^2 + k^2)^2} - \frac{8\beta^2}{\beta^2 + k^2} + 1$$

となる。ここで

$$I = \frac{|C_3|^2}{\exp(2\beta a)} \left[\frac{k^2 - \beta^2}{4k^3}\sin(4ka) - \frac{\beta}{2k^2}\{\cos(4ka) - 1\} + \frac{k^2 + \beta^2}{k^2}a \right]$$

のかたちは共通である。

演習 4-18　I の式において、[ ] 内を計算せよ。

解）

$$\frac{k^2 - \beta^2}{4k^3}\sin(4ka) = \frac{k^2 - \beta^2}{4k^3}\left\{ -\frac{8\beta^3 k}{(\beta^2 + k^2)^2} + \frac{4\beta k}{\beta^2 + k^2} \right\}$$

$$\frac{\beta}{2k^2}\{\cos(4ka) - 1\} = \frac{\beta}{2k^2}\left\{ \frac{8\beta^4}{(\beta^2 + k^2)^2} - \frac{8\beta^2}{\beta^2 + k^2} \right\}$$

となるが、右辺を展開していこう。

まず、最初の式の右辺は

$$\frac{1}{4k}\left\{ -\frac{8\beta^3 k}{(\beta^2 + k^2)^2} + \frac{4\beta k}{\beta^2 + k^2} \right\} - \frac{\beta^2}{4k^3}\left\{ -\frac{8\beta^3 k}{(\beta^2 + k^2)^2} + \frac{4\beta k}{\beta^2 + k^2} \right\}$$

$$= -\frac{2\beta^3}{(\beta^2 + k^2)^2} + \frac{\beta}{\beta^2 + k^2} + \frac{2\beta^5}{k^2(\beta^2 + k^2)^2} - \frac{\beta^3}{k^2(\beta^2 + k^2)}$$

$$= \frac{-2\beta^3 k^2 + 2\beta^5}{k^2(\beta^2 + k^2)^2} + \frac{\beta k^2 - \beta^3}{k^2(\beta^2 + k^2)}$$

と変形できる。つぎの式の右辺は

$$\frac{\beta}{2k^2}\left\{ \frac{8\beta^4}{(\beta^2 + k^2)^2} - \frac{8\beta^2}{\beta^2 + k^2} \right\} = \frac{4\beta^5}{k^2(\beta^2 + k^2)^2} - \frac{4\beta^3}{k^2(\beta^2 + k^2)}$$

と変形できるので

$$\frac{k^2 - \beta^2}{4k^3} \sin(4ka) - \frac{\beta}{2k^2}\left\{\cos(4ka) - 1\right\}$$

$$= \frac{-2\beta^3 k^2 + 2\beta^5}{k^2(\beta^2 + k^2)^2} + \frac{\beta k^2 - \beta^3}{k^2(\beta^2 + k^2)} - \left(\frac{4\beta^5}{k^2(\beta^2 + k^2)^2} - \frac{4\beta^3}{k^2(\beta^2 + k^2)}\right)$$

$$= \frac{-2\beta^3 k^2 - 2\beta^5}{k^2(\beta^2 + k^2)^2} + \frac{\beta k^2 + 3\beta^3}{k^2(\beta^2 + k^2)} = \frac{-2\beta^3(\beta^2 + k^2)}{k^2(\beta^2 + k^2)^2} + \frac{\beta k^2 + 3\beta^3}{k^2(\beta^2 + k^2)}$$

$$= \frac{-2\beta^3}{k^2(\beta^2 + k^2)} + \frac{\beta k^2 + 3\beta^3}{k^2(\beta^2 + k^2)} = \frac{\beta k^2 + \beta^3}{k^2(\beta^2 + k^2)} = \frac{\beta(\beta^2 + k^2)}{k^2(\beta^2 + k^2)} = \frac{\beta}{k^2}$$

となる。

結局、$\beta = k\tan(ka)$ の場合と同じ値となる。よって、規格化定数は同じとなるのである。

最後に、有限井戸内のエネルギー準位が 3 個の波動関数がある場合には図 4-11 に示すような結果が得られる。

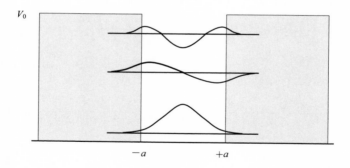

図 4-11 有限の高さ V_0 の障壁に両端を囲まれた井戸型ポテンシャルの波動関数

補遺 4-1　余因子展開

　高次の行列式の計算は、**余因子展開** (cofactor expansion) を利用して行うことができる。これは行と列の数の多い行列式を、それよりも小さな**余因子** (cofactor) と呼ばれる小行列式に展開できる方法である。基本的な考えは同じなので、例として

$$
\begin{vmatrix}
a_1 & b_1 & c_1 \\
a_2 & b_2 & c_2 \\
a_3 & b_3 & c_3
\end{vmatrix}
$$

という 3×3 行列の行列式を考える。

　この行列式は、1 行目の成分を使って、つぎのように展開できる。

$$
\begin{vmatrix}
a_1 & b_1 & c_1 \\
a_2 & b_2 & c_2 \\
a_3 & b_3 & c_3
\end{vmatrix}
= a_1
\begin{vmatrix}
b_2 & c_2 \\
b_3 & c_3
\end{vmatrix}
- b_1
\begin{vmatrix}
a_2 & c_2 \\
a_3 & c_3
\end{vmatrix}
+ c_1
\begin{vmatrix}
a_2 & b_2 \\
a_3 & b_3
\end{vmatrix}
$$

　ルールは簡単で、図 A4-1 に示すように、a_1 という成分に対しては、a_1 が属する行と列以外の成分をもって**小行列式** (minor determinant) をつくり、それに成分 a_1 を乗じて足し合わせればよいだけである。

　1 行目のつぎの成分 b_1 に対しても、その属する行と列を除いた成分で行列式をつくればよい。

$$
\begin{vmatrix}
a_1 & b_1 & c_1 \\
a_2 & b_2 & c_2 \\
a_3 & b_3 & c_3
\end{vmatrix}
\qquad
\begin{vmatrix}
a_1 & b_1 & c_1 \\
a_2 & b_2 & c_2 \\
a_3 & b_3 & c_3
\end{vmatrix}
$$

図 A4-1

　ただし、小行列式の符号には正と負がある。この符号のつけ方は、どの成分で展開するかで決まっており、図 A4-2 のような市松模様となる。

$$\begin{vmatrix} + & - & + \\ - & + & - \\ + & - & + \end{vmatrix}$$

図 A4-2　小行列式の符号のつけ方

　この**符号付小行列式** (signed minor) を余因子と呼んでいる。この展開は、どの行でも、どの列でも可能である。たとえば、先ほどの行列式を 1 行目ではなく 1 列目で余因子展開すると

$$\begin{vmatrix} a_1 & b_1 & c_1 \\ a_2 & b_2 & c_2 \\ a_3 & b_3 & c_3 \end{vmatrix} = a_1 \begin{vmatrix} b_2 & c_2 \\ b_3 & c_3 \end{vmatrix} - a_2 \begin{vmatrix} b_1 & c_1 \\ b_3 & c_3 \end{vmatrix} + a_3 \begin{vmatrix} b_1 & c_1 \\ b_2 & c_2 \end{vmatrix}$$

となる。さらに

$$\begin{vmatrix} b_2 & c_2 \\ b_3 & c_3 \end{vmatrix} = b_2 |c_3| - c_2 |b_3| = b_2 c_3 - b_3 c_2$$

と余因子展開できる。この手法は高次の行列の行列式にも適用できる。ここでは、本文で登場した

$$\Delta = \begin{vmatrix} \exp(-ika) & \exp(ika) & -\exp(-\beta a) & 0 \\ ik\exp(-ika) & -ik\exp(ika) & -\beta\exp(-\beta a) & 0 \\ \exp(ika) & \exp(-ika) & 0 & -\exp(-\beta a) \\ ik\exp(ika) & -ik\exp(-ika) & 0 & \beta\exp(-\beta a) \end{vmatrix}$$

という 4×4 行列の行列式に適用する。

演習 A4-1　上記の行列式の (1, 2) 成分の余因子を求めよ。

　解）　(1, 2) 成分は $\exp(ika)$ である。この余因子は 1 行目の成分と 2 列目の成分を除いた成分からなら小行列式である。また符号は図 A4-2 のルールに従うと －となる。よって、余因子は

$$-\begin{vmatrix} ik\exp(-ika) & -\beta\exp(-\beta a) & 0 \\ \exp(ika) & 0 & -\exp(-\beta a) \\ ik\exp(ika) & 0 & \beta\exp(-\beta a) \end{vmatrix}$$

となる。

　他の余因子も同様に求めることができる。よって、1 行目の成分で余因子展開すると

$$\Delta = \exp(-ika)\begin{vmatrix} -ik\exp(ika) & -\beta\exp(-\beta a) & 0 \\ \exp(-ika) & 0 & -\exp(-\beta a) \\ -ik\exp(-ika) & 0 & \beta\exp(-\beta a) \end{vmatrix}$$

$$-\exp(ika)\begin{vmatrix} ik\exp(-ika) & -\beta\exp(-\beta a) & 0 \\ \exp(ika) & 0 & -\exp(-\beta a) \\ ik\exp(ika) & 0 & \beta\exp(-\beta a) \end{vmatrix}$$

$$+\{-\exp(-\beta a)\}\begin{vmatrix} ik\exp(-ika) & -ik\exp(ika) & 0 \\ \exp(ika) & \exp(-ika) & -\exp(-\beta a) \\ ik\exp(ika) & -ik\exp(-ika) & \beta\exp(-\beta a) \end{vmatrix}$$

となる。これで 4×4 行列から 3×3 行列の行列式へと次数を減らすことができた。さらに余因子展開していこう。

演習 A4-2　つぎの 3×3 行列の行列式を余因子展開し値を求めよ。

$$\Delta_2 = \begin{vmatrix} -ik\exp(ika) & -\beta\exp(-\beta a) & 0 \\ \exp(-ika) & 0 & -\exp(-\beta a) \\ -ik\exp(-ika) & 0 & \beta\exp(-\beta a) \end{vmatrix}$$

　解）　余因子が 0 とならないのは、(1, 2) 成分の余因子のみである。符号は－となるから

$$\Delta_2 = -(-\beta\exp(-\beta a))\begin{vmatrix} \exp(-ika) & -\exp(-\beta a) \\ -ik\exp(-ika) & \beta\exp(-\beta a) \end{vmatrix}$$

となる。
　ここで、2 行 2 列の行列式に還元できたので

$$\begin{vmatrix} a_{11} & a_{12} \\ a_{21} & a_{22} \end{vmatrix} = a_{11}a_{22} - a_{12}a_{21}$$

によって計算すると

$$\Delta_2 = \beta\exp(-\beta a)\{\exp(-ika)\beta\exp(-\beta a) - ik\exp(-ika)\exp(-\beta a)\}$$

となる。

同様にして、最初の行列式を計算してみよう。すると

$$\Delta = -\exp(ika)\beta\exp(-\beta a)\begin{vmatrix} \exp(ika) & -\exp(-\beta a) \\ ik\exp(ika) & \beta\exp(-\beta a) \end{vmatrix}$$

$$-ik\exp(-ika)\exp(-\beta a)\begin{vmatrix} \exp(-ika) & -\exp(-\beta a) \\ -ik\exp(-ika) & \beta\exp(-\beta a) \end{vmatrix}$$

$$-ik\exp(ika)\exp(-\beta a)\begin{vmatrix} \exp(ika) & -\exp(-\beta a) \\ ik\exp(ika) & \beta\exp(-\beta a) \end{vmatrix}$$

から

$$\Delta = \exp(-ika)\beta\exp(-\beta a)\{\exp(-ika)\beta\exp(-\beta a) - ik\exp(-ika)\exp(-\beta a)\}$$

$$-\exp(ika)\beta\exp(-\beta a)\{\exp(ika)\beta\exp(-\beta a) + ik\exp(ika)\exp(-\beta a)\}$$

$$-ik\exp(-ika)\exp(-\beta a)\{\exp(-ika)\beta\exp(-\beta a) - ik\exp(-ika)\exp(-\beta a)\}$$

$$-ik\exp(ika)\exp(-\beta a)\{\exp(ika)\beta\exp(-\beta a) + ik\exp(ika)\exp(-\beta a)\}$$

$\exp(-\beta a)$ の項はすべての項に共通であり、0 とはならないので、$\Delta=0$ の解には影響を与えない。よって、すべての項から除すと

$$\Delta = \exp(-ika)\beta\{\exp(-ika)\beta - ik\exp(-ika)\} -\exp(ika)\beta\{\exp(ika)\beta + ik\exp(ika)\}$$

$$-ik\exp(-ika)\{\exp(-ika)\beta - ik\exp(-ika)\} -ik\exp(ika)\{\exp(ika)\beta + ik\exp(ika)\}$$

これを整理すると

$$\exp(-2ika)(\beta^2 - ik\beta) - \exp(2ika)(\beta^2 + ik\beta)$$
$$-\exp(-2ika)(ik\beta + k^2) - \exp(2ika)(ik\beta - k^2) = 0$$

となり、結局、本文で示した

$$\beta^2 \left\{ \exp(-2ika) - \exp(2ika) \right\} - ik\beta \left\{ \exp(-2ika) + \exp(2ika) + \exp(-2ika) + \exp(2ika) \right\}$$

$$+ k^2 \left\{ \exp(2ika) - \exp(-2ika) \right\} = 0$$

という式が得られる。

第5章　トンネル効果

　前章で、有限井戸では量子力学的効果として、ミクロ粒子のエネルギーより
も高い障壁があっても波動関数の染み出しがあることを紹介した。

　本章では、量子力学的効果として、有限厚さのポテンシャル障壁であれば、
たとえ粒子のエネルギーがポテンシャルよりも低い場合でも、障壁をすり抜け
ることを紹介する。これを**トンネル効果** (tunneling effect) と呼んでいる。

　図 5-1 に示すような幅が a で高さが V である障壁を考えてみよう。ただし、V
は電子のエネルギー E よりも高いとする。この場合、古典粒子であれば、障壁
に跳ね返されるが、ここでは、ミクロ粒子の挙動がどうなるかをシュレーディ
ンガー方程式を基本に解析してみる。

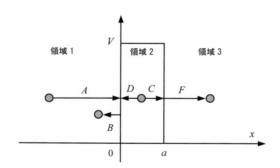

図 5-1　ポテンシャル障壁の模式図

　電子は、図の左方向より右に進むものとする。すると $0 \leq x \leq a$ の範囲（領
域 2）におけるシュレーディンガー方程式は

$$-\frac{h^2}{8\pi^2 m}\frac{d^2\psi(x)}{dx^2}+V\psi(x)=E\psi(x)$$

となる。また、領域 1 および領域 3 では

$$-\frac{h^2}{8\pi^2 m}\frac{d^2\psi(x)}{dx^2}=E\psi(x)$$

となる。

　ここで、入射する電子の波数を k とすると、そのエネルギーは

$$E=\frac{p^2}{2m}=\frac{\hbar^2 k^2}{2m}=\frac{h^2 k^2}{8\pi^2 m}$$

となる。

演習 5-1　領域 1 における波動関数 $\psi_1(x)$ を求めよ。

　解）　　領域 1 におけるシュレーディンガー方程式は

$$-\frac{h^2}{8\pi^2 m}\frac{d^2\psi_1(x)}{dx^2}=E\psi_1(x)$$

となり、エネルギー E は

$$E=\frac{\hbar^2 k^2}{2m}=\frac{h^2 k^2}{8\pi^2 m}$$

である。したがって

$$-\frac{h^2}{8\pi^2 m}\frac{d^2\psi_1(x)}{dx^2}-\frac{h^2 k^2}{8\pi^2 m}\psi_1(x)=0$$

から

$$\frac{d^2\psi_1(x)}{dx^2}+k^2\psi_1(x)=0$$

となる。この方程式の解は

$$\psi_1(x)=A\exp(ikx)+B\exp(-ikx)$$

と与えられる。

　ここで、波数 k は右方向に進行する波に相当し、$-k$ は反射波に相当する。

演習 5-2　領域 2 における波動関数 $\psi_2(x)$ を求めよ。

解）　領域 2 におけるシュレーディンガー方程式は

$$-\frac{h^2}{8\pi^2 m}\frac{d^2\psi_2(x)}{dx^2} + V\psi_2(x) = E\psi_2(x)$$

から

$$\frac{h^2}{8\pi^2 m}\frac{d^2\psi_2(x)}{dx^2} = (V - E)\psi_2(x)$$

となる。ここで $V > E$ であるから

$$V - E = \frac{\hbar^2\alpha^2}{2m} = \frac{h^2\alpha^2}{8\pi^2 m} \quad (> 0)$$

と置いてみよう。すると

$$\frac{d^2\psi_2(x)}{dx^2} = \alpha^2\psi_2(x)$$

となる。この方程式の解は、C, D を任意定数とすると

$$\psi_2(x) = C\exp(\alpha x) + D\exp(-\alpha x)$$

となる。

　領域 3 は領域 1 と同じ微分方程式となるが、反射がないので、F を任意定数として

$$\psi_3(x) = F\exp(ikx)$$

となる。

　それでは、これら未定係数を求めていこう。そのために境界条件を利用する。まず、境界で波動関数は連続している必要があるので

$$\psi_1(0) = A + B = \psi_2(0) = C + D$$

$$\psi_2(a) = C\exp(\alpha a) + D\exp(-\alpha a) = \psi_3(a) = F\exp(ika)$$

となる。

演習 5-3　波動関数が、境界で滑らかにつながるためには、導関数の値も一致する必要がある。その境界条件を求めよ。

　解）　それぞれの導関数は

$$\psi_1'(x) = ikA\exp(ikx) - ikB\exp(-ikx) \qquad \psi_2'(x) = \alpha C\exp(\alpha x) - \alpha D\exp(-\alpha x)$$

$$\psi_3'(x) = ikF\exp(ikx)$$

したがって、境界条件は

$$\psi_1'(0) = \psi_2'(0) \qquad\qquad \psi_2'(a) = \psi_3'(a)$$

から

$$ikA - ikB = \alpha C - \alpha D$$

$$\alpha C\exp(\alpha a) - \alpha D\exp(-\alpha a) = ikF\exp(ika)$$

となる。

以上の条件をまとめて整理すると

$$A + B = C + D \tag{1}$$

$$ikA - ikB = \alpha C - \alpha D \tag{2}$$

$$C\exp(\alpha a) + D\exp(-\alpha a) = F\exp(ika) \tag{3}$$

$$\alpha C\exp(\alpha a) - \alpha D\exp(-\alpha a) = ikF\exp(ika) \tag{4}$$

となる。変数は 5 個で、方程式は 4 個しかないので、われわれは、残念ながら、すべての値を求めることはできない。求めることができるのは、それぞれの定数の比となる。それでは、定数 A, B, C, D を F について表現してみよう。

演習 5-4　境界条件である (3) 式ならびに (4) 式を利用して、定数 C, D を F で表現せよ。

解）　(3)$\times \alpha$ + (4)より

$$2\alpha C\exp(\alpha a) = (\alpha + ik)F\exp(ika)$$

よって

$$C = \frac{(\alpha + ik)\exp(ika)}{2\alpha \exp(\alpha a)}F$$

となる。

つぎに　(3)$\times \alpha$ −(4) より

$$2\alpha D\exp(-\alpha a) = (\alpha - ik)F\exp(ika)$$

よって

$$D = \frac{(\alpha - ik)\exp(ika)}{2\alpha \exp(-\alpha a)}F$$

となる。

これで、定数 C と D を F で表現することができた。よって、領域 2 における波動関数は

$$\psi_2(x) = C\exp(\alpha x) + D\exp(-\alpha x)$$

$$= \frac{(\alpha + ik)\exp(ika)}{2\alpha \exp(\alpha a)}F\exp(\alpha x) + \frac{(\alpha - ik)\exp(ika)}{2\alpha \exp(-\alpha a)}F\exp(-\alpha x)$$

となる。

つぎに、定数 A, B に着目する。

演習 5-5　境界条件である (1) 式ならびに (2) 式を利用して、定数 A, B を C, D で表現せよ。

解）　(1)$\times ik +$ (2) より

$$2ikA = (ik + \alpha)C + (ik - \alpha)D$$

から

$$A = \frac{ik + \alpha}{2ik}C + \frac{ik - \alpha}{2ik}D$$

となる。つぎに、(1)$\times ik -$ (2) より

$$2ikB = (ik - \alpha)C + (ik + \alpha)D$$

から

$$B = \frac{ik - \alpha}{2ik}C + \frac{ik + \alpha}{2ik}D$$

となる。

それぞれに先ほど求めた C と D の値を代入すると、定数 A と B はつぎのよう

になる。

$$A = \frac{ik + \alpha}{2ik} \frac{(\alpha + ik)\exp(ika)}{2\alpha \exp(\alpha a)} F + \frac{ik - \alpha}{2ik} \frac{(\alpha - ik)\exp(ika)}{2\alpha \exp(-\alpha a)} F$$

$$B = \frac{ik - \alpha}{2ik} \frac{(\alpha + ik)\exp(ika)}{2\alpha \exp(\alpha a)} F + \frac{ik + \alpha}{2ik} \frac{(\alpha - ik)\exp(ika)}{2\alpha \exp(-\alpha a)} F$$

さらに整理すると

$$A = \frac{\exp(ika)}{4ik\alpha} \{-(k - i\alpha)^2 \exp(-\alpha a) + (k + i\alpha)^2 \exp(\alpha a)\} F$$

$$B = \frac{\exp(ika)}{4ik\alpha} (k^2 + \alpha^2)\{\exp(\alpha a) - \exp(-\alpha a)\} F$$

となる。

　ここで、波動関数の定数 A, B, F の意味について少し考えてみよう。領域 1 の波動関数は

$$\psi_1(x) = A\exp(ikx) + B\exp(-ikx)$$

となる。これは、入射と反射の波動関数の和と考えているので

$$\psi_{\mathrm{in}}(x) = A\exp(ikx) \qquad \psi_{\mathrm{ref}}(x) = B\exp(-ikx)$$

としよう。

　すると、領域 3 の波動関数は、透過波に相当するので

$$\psi_3(x) = \psi_{\mathrm{trans}}(x) = F\exp(ikx)$$

となる。

　ところで、量子力学の考えに立てば、これら波動関数は電子の状態に関する情報を含んでいるが、あくまでも物理的な意味を有するのは、波動関数の絶対値の 2 乗であり、電子の確率密度に相当する。

　つまり

$$\left|\psi_{\mathrm{in}}(x)\right|^2 = \psi_{\mathrm{in}}{}^*(x)\,\psi_{\mathrm{in}}(x) = \left\{A\exp(ikx)\right\}^* A\exp(ikx)$$

$$= A^* A\exp(-ikx)\exp(ikx) = A^* A = \left|A\right|^2$$

が入射波の強度を反映することになる。

　同様にして

$$\left|\psi_{\text{ref}}(x)\right|^2 = \left|B\right|^2 \qquad \left|\psi_{\text{trans}}(x)\right|^2 = \left|F\right|^2$$

はポテンシャル障壁で反射される波の強度と、ポテンシャル障壁を透過する波の強度に相当する。よって

$$\left|\frac{B}{A}\right|^2$$ は**反射率** (reflectivity) $$\left|\frac{F}{A}\right|^2$$ は**透過率** (transmissivity)

にそれぞれ対応することになる。それでは、これらの値を求めてみよう。

演習 5-6 *B/A* の値を求めよ。

解）

$$\frac{B}{A} = \frac{(k^2 + \alpha^2)\{\exp(\alpha a) - \exp(-\alpha a)\}}{(k + i\alpha)^2 \exp(\alpha a) - (k - i\alpha)^2 \exp(-\alpha a)}$$

であるから

$$\frac{B}{A} = \frac{(k^2 + \alpha^2)\{\exp(\alpha a) - \exp(-\alpha a)\}}{(k^2 - \alpha^2)\{\exp(\alpha a) - \exp(-\alpha a)\} + 2ik\alpha\{\exp(\alpha a) + \exp(-\alpha a)\}}$$

双曲線関数（コラム参照）

$$\sinh(\alpha a) = \frac{\exp(\alpha a) - \exp(-\alpha a)}{2}$$

$$\cosh(\alpha a) = \frac{\exp(\alpha a) + \exp(-\alpha a)}{2}$$

を使って整理すると

$$\frac{B}{A} = \frac{(k^2 + \alpha^2)\sinh(\alpha a)}{(k^2 - \alpha^2)\sinh(\alpha a) + i2k\alpha \cosh(\alpha a)} = \frac{k^2 + \alpha^2}{(k^2 - \alpha^2) + i2k\alpha \coth(\alpha a)}$$

分母を有理化して

$$\frac{B}{A} = \frac{(k^2 + \alpha^2)[(k^2 - \alpha^2) - i2k\alpha \coth(\alpha a)]}{(k^2 - \alpha^2)^2 + 4k^2\alpha^2 \coth^2(\alpha a)}$$

となる。

コラム　双曲線関数 (hyperbolic function) とは

$$\sinh t = \frac{e^t - e^{-t}}{2} \qquad \cosh t = \frac{e^t + e^{-t}}{2}$$

のように指数関数によって定義できる関数であり

$$\cosh^2 t - \sinh^2 t = 1$$

という関係を有する。$\cosh t = x$, $\sinh t = y$ と置くと

$$x^2 - y^2 = 1$$

のように双曲線となる。これが双曲線関数という名の由来である。

　双曲線関数のグラフを描くと図 5-2 のようになる。

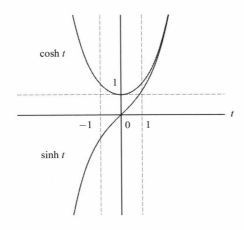

図 5-2 双曲線関数の $\sinh t$ および $\cosh t$ のグラフ

　よって、反射率は

$$\left|\frac{B}{A}\right|^2 = \frac{(k^2 + \alpha^2)^2}{[(k^2 - \alpha^2)^2 + 4k^2\alpha^2 \coth^2(\alpha a)]^2}[(k^2 - \alpha^2)^2 + 4k^2\alpha^2\coth^2(\alpha a)]$$

$$= \frac{(k^2 + \alpha^2)^2}{(k^2 - \alpha^2)^2 + 4k^2\alpha^2 \coth^2(\alpha a)}$$

となる。

　分子分母に $\sinh^2(\alpha a)$ をかけると

$$\left|\frac{B}{A}\right|^2 = \frac{(k^2+\alpha^2)^2 \sinh^2(\alpha a)}{(k^2-\alpha^2)^2\sinh^2(\alpha a)+4k^2\alpha^2\cosh^2(\alpha a)}$$

ここで分母を少し変形してみよう。

すると

$$(k^2-\alpha^2)^2\sinh^2(\alpha a)+4k^2\alpha^2\cosh^2(\alpha a)$$
$$= (k^2+\alpha^2)^2\sinh^2(\alpha a)+4k^2\alpha^2$$

となる。よって

$$\left|\frac{B}{A}\right|^2 = \frac{(k^2+\alpha^2)^2\sinh^2(\alpha a)}{(k^2+\alpha^2)^2\sinh^2(\alpha a)+4k^2\alpha^2}$$

となる。これが反射率である。

演習 5-7　F/A の値を求めよ。

解）　A と F の関係は

$$A = \frac{\exp(ika)}{4ik\alpha}\{(k+i\alpha)^2\exp(\alpha a)-(k-i\alpha)^2\exp(-\alpha a)\}F$$

より

$$\frac{F}{A} = \frac{4ik\alpha \exp(-ika)}{(k+i\alpha)^2\exp(\alpha a)-(k-i\alpha)^2\exp(-\alpha a)}$$

となる。ここで、分母を計算してみよう。

$$(k+i\alpha)^2\exp(\alpha a)-(k-i\alpha)^2\exp(-\alpha a)$$
$$= 2(k^2-\alpha^2)\sinh(\alpha a)+i4k\alpha\cosh(\alpha a)$$

となるので

$$\frac{F}{A} = \frac{2ik\alpha \exp(-ika)}{(k^2-\alpha^2)\sinh(\alpha a)+i2k\alpha\cosh(\alpha a)}$$

分母を有理化すると

$$\frac{F}{A} = \frac{2ik\alpha \exp(-ika)[(k^2-\alpha^2)\sinh(\alpha a)-i2k\alpha\cosh(\alpha a)]}{(k^2-\alpha^2)^2\sinh^2(\alpha a)+4k^2\alpha^2\cosh^2(\alpha a)}$$

となる。

したがって

$$\left|\frac{F}{A}\right|^2 = \frac{4k^2\alpha^2[(k^2-\alpha^2)^2\sinh^2(\alpha a)+4k^2\alpha^2\cosh^2(\alpha a)]}{[(k^2-\alpha^2)^2\sinh^2(\alpha a)+4k^2\alpha^2\cosh^2(\alpha a)]^2}$$

$$= \frac{4k^2\alpha^2}{(k^2-\alpha^2)^2\sinh^2(\alpha a)+4k^2\alpha^2\cosh^2(\alpha a)}$$

となる。

先ほどと同じように分母を変形すると

$$\left|\frac{F}{A}\right|^2 = \frac{4k^2\alpha^2}{(k^2+\alpha^2)^2\sinh^2(\alpha a)+4k^2\alpha^2}$$

これが透過率である。

ここで、k は電子の波数であり

$$E = \frac{h^2k^2}{8\pi^2 m}$$

という関係にあるから、電子のエネルギーの大きさを反映している。

α は

$$V - E = \frac{h^2\alpha^2}{8\pi^2 m} \quad (>0)$$

であるので、電子のエネルギー E と障壁の高さ V の差を反映している。また、a は障壁の厚さである。

$a = 0$ であれば $\sinh^2(\alpha a) = 0$ となり

$$\left|\frac{F}{A}\right|^2 = \frac{4k^2\alpha^2}{4k^2\alpha^2} = 1$$

から、透過率は 1 となる。

これは、障壁のない状態に対応する。また、$\sinh^2(\alpha a) \geq 0$ であり、a の増加とともに単純増加することになる。よって、障壁 (a) が厚く、α が大きいほど、つまり、電子のエネルギー E よりもポテンシャル V が大きいほど、透過率が低くなるということを示している。

ここで、いま求めた反射率と透過率を並べて書くと

$$\left|\frac{B}{A}\right|^2 = \frac{(k^2+\alpha^2)^2\sinh^2(\alpha a)}{(k^2+\alpha^2)^2\sinh^2(\alpha a)+4k^2\alpha^2}$$

$$\left|\frac{F}{A}\right|^2 = \frac{4k^2\alpha^2}{(k^2+\alpha^2)^2\sinh^2(\alpha a)+4k^2\alpha^2}$$

となり

$$\left|\frac{B}{A}\right|^2 + \left|\frac{F}{A}\right|^2 = \frac{(k^2+\alpha^2)^2\sinh^2(\alpha a)}{(k^2+\alpha^2)^2\sinh^2(\alpha a)+4k^2\alpha^2} + \frac{4k^2\alpha^2}{(k^2+\alpha^2)^2\sinh^2(\alpha a)+4k^2\alpha^2}$$

$$= \frac{(k^2+\alpha^2)^2\sinh^2(\alpha a)+4k^2\alpha^2}{(k^2+\alpha^2)^2\sinh^2(\alpha a)+4k^2\alpha^2} = 1$$

から、反射率と透過率を足したものが 1 になることがわかる。

　最後に、トンネル効果の意味を少し考えてみたい。われわれは、電子の波動性を前面に押し出して、あたかも波の伝播を想定しながらトンネル効果を考察してきた。しかし、波動関数は電子波を示したものではない。あくまでも、物理的意味を有するのは、波動関数の絶対値の 2 乗であり、電子の存在確率に相当する。

　つまり、電子波が波のように反射波と透過波に分離するという描像は正しくない。あくまでも電子を観察したときに、電子を壁の手前と後方に見出す確率が、上記の計算によって与えられるにすぎない。つまり、1 個の電子を観測したときに、ある時は電子が透過し、ある時は、電子が反射されるという奇妙な結果になる。結果は、まさに神のみぞ知る。量子力学にはじめて出会うと戸惑いを覚える一因であろう。アインシュタインは「神はサイコロを振らない」として、この考えに反対している。

　ただし、1 個ではなく数多くの電子を障壁に照射したときには、統計的な現象として、反射するものと透過するものが上記の確率で与えられると考えることもできる。

第6章　演算子

　ハイゼンベルクらによって創始された行列力学では、古典力学の常識では考えられない概念が数多く登場する。そのひとつが、電子の運動量、位置、エネルギーなどの物理量が行列で与えられるというものである。

　ただし、量子力学への理解が進むにしたがって、物理量が行列に直接対応するという表現は正確ではないことがわかってきた。いわば、行列は、電子の物理量を与える情報が複素数のかたちで詰まったものである。そして、この行列に**状態ベクトル** (state vector) を作用させると、求める物理量が実数値で与えられるのである。この実数値を**固有値** (eigenvalue) と呼んでいる。

　行列力学で得られた量子の世界の概念は、波動力学に引き継がれている。その過程で、行列力学における行列が、波動力学では**演算子** (operator) に、また、行列力学における状態ベクトルが、波動力学では**波動関数** (wave function) に対応することがわかったのである。つまり

行列力学の表式

[行列] × [状態ベクトル] = （固有値）× [状態ベクトル]

波動力学の表式

演算子 [波動関数] = （固有値）× [波動関数]

という対応関係にあり、いずれの場合にも固有値が**実測可能な物理量** (observable) に対応することになる。

　したがって、行列力学において物理量に対応した行列があるように、波動力学でも、物理量に対応した演算子が存在することになる。行列力学が忘れ去られた今、量子力学の教科書の多くでは、その数学的な道具として演算子が突然登場するので、多くの初学者は戸惑うことになる。実際には、行列力学で培われた概念が波動力学へ引き継がれたという歴史的経緯があることを覚えておいてほしい。

　実は、シュレーディンガー方程式そのものが、この表式となっている。それ

を確かめてみよう。時間に依存しない1次元のシュレーディンガー方程式は

$$-\frac{\hbar^2}{2m}\frac{d^2\phi(x)}{dx^2}+V\phi(x)=E\phi(x)$$

というかたちをしている。

これを少し変形すると

$$\left(-\frac{\hbar^2}{2m}\frac{d^2}{dx^2}+V\right)\phi(x)=E\phi(x)$$

となる。このとき

$$\hat{H}=-\frac{\hbar^2}{2m}\frac{d^2}{dx^2}+V$$

を演算子とみなせば、$\phi(x)$ が、その固有関数、エネルギー E がその固有値ということになる。エネルギー演算子 $\hat{H}$ のことをハミルトン演算子あるいは**ハミルトニアン** (Hamiltonian) と呼んでいる。

この章では、量子力学において、物理量に対応した演算子とは何か、そして、その固有値とはどういうものかを考えてみたい。

6.1. 量子力学における演算子

波動力学では、物理量に対応した演算子があり、固有関数である波動関数に、この演算子を作用させると、その物理量が固有値として得られる。そして、演算子や波動関数に虚数が含まれる複素関数でも構わないが、物理量として意味のある固有値は実数でなければならないとされている。

また、固有値が実数となる演算子を**エルミート演算子** (Hermitian operator) と呼んでいる。したがって、量子力学で物理量に対応した演算子はすべてエルミート演算子である。実は、エルミートという名前も、もともとは行列から来ている。

行列力学において、物理量に対応した行列は、その成分は複素数でも構わないが、その固有値は実数となる。このように、固有値が実数となる複素成分からなる行列を、それを研究していた数学者の**エルミート** (Charles Hermite) にち

なんでエルミート行列と呼ばれるのである[11]。エルミート行列では、その複素共役の転置行列が、それ自身になるという性質がある。

演算子のほうは、その名前を引き継いだものである。それでは、実際に、物理量に対応した演算子をみていこう。

6.2. 運動量演算子

量子力学あるいは波動力学における演算子が作用する関数は、**波動関数**(wave function) である。ここで、波動関数として

$$\phi(x) = A \exp(ikx)$$

を考える。

演習 6-1　波動関数 $\phi(x) = A \exp(ikx)$ に対し、つぎの微分演算子を作用せよ。

$$\hat{p} = \frac{\hbar}{i} \frac{\partial}{\partial x}$$

解）

$$\hat{p}[\phi(x)] = \frac{\hbar}{i} \frac{\partial}{\partial x} \phi(x) = \frac{\hbar}{i} \frac{d\{A \exp(ikx)\}}{dx} = \hbar k A \exp(ikx) = \hbar k \phi(x)$$

と計算できる[12]。

したがって

$$\hat{p}\,\phi(x) = \hbar k \phi(x)$$

という関係が得られる。

このように、波動関数に $\hat{p}$ という演算子を作用させると、得られる関数は、もとの波動関数の定数倍になっている。よって、波動関数 $\phi(x)$ は演算子 $\hat{p}$ の固有関数であり、その固有値が $\hbar k$ ということになる。

ここで、電子を波とみなしたときの、波数と運動量の関係を思い出してみよ

---

[11] エルミートは第8章の調和振動子においても微分方程式や、その解としてのエルミート多項式にその名が冠されている。

[12] 運動量演算子は偏微分であるが、いまの場合、作用をうける波動関数が x のみの関数 $A \exp(ikx)$ であるので、常微分となる。

う。それは

$$p = \hbar k$$

であった。

　つまり、演算子 $\hat{p}$ を波動関数に作用させると、そのとき、得られる固有値は運動量になる。よって、$\hat{p}$ を**運動量演算子** (momentum operator) と呼んでいる。これは、行列力学で言えば、運動量行列に対応する。

6.3.　位置演算子

　行列力学では、運動量行列とともに、位置行列が重要であった。とすれば、波動力学においても**位置演算子** (position operator) というものが存在するはずである。実際に、量子力学では、すべての物理量に対応した演算子が存在する。

　それでは、位置演算子はどのようなものであろうか。この演算子の固有値は、電子の位置を与えるものである。

　一方で、固有関数は波動関数でなければならない。つまり波である。波は空間的に広がったものであるから、粒子と異なり、その位置を指定するということ自体に矛盾が生じる。つまり、波とは言いながら、位置をひとつの点に指定するためには、位置演算子の固有関数になり得るものは図 6-1 に示したように、1 点に集中する波となる。

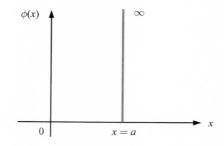

図 6-1　位置を指定するためには、1 点に集中した波が必要となる。

　このような形状のものを波と呼んでよいかどうかという疑問もあるが、位置を指定するためには、$x = a$ という点に集中した波を考えるしかない。ただし、

電気工学という分野では、このような波が普通に登場する。それは**パルス波** (pulse wave) と呼ばれるものである。実際に量子力学は、この電気工学の考え方をもとに発展することになる。

　その前に、位置演算子の固有値および固有関数を定義に戻って考えてみよう。いま位置演算子を $\hat{x}$、固有値を a、固有関数を $f(x)$ とすると、位置に関する固有方程式は

$$\hat{x} f(x) = a f(x)$$

という関係を満足しなければならない。

　そして、特定の位置座標 $x = a$ を固有値として与えるものが図 6-1 のパルス波となる。しかし、その固有関数とはどんな関数なのだろうか。量子力学の建設において重要な役割をはたした**ディラック** (Paul Dirac, 1902-1984) は、電気工学に対する造詣も深かった。そして、彼は、数学者では思いもよらない**デルタ関数** (delta function) と呼ばれるつぎの関数を導入したのである。

　その定義は

$$\begin{cases} \delta(x-a) = 0 & x \neq a \\ \delta(x-a) = \infty & x = a \end{cases}$$

である。

　ただしデルタ関数の値は $x = a$ で ∞ であっても

$$\int_{a-\xi}^{a+\xi} \delta(x-a)\,dx = 1$$

のように、積分すれば 1 となると定義している。

　積分範囲には $x = a$ が含まれていればよいので

$$\int_{-\infty}^{+\infty} \delta(x-a)\,dx = 1$$

としてもよい。

　これは図 6-1 に示したパルス的な信号に対応した仮想的な関数であり、初等関数では表現できない超関数である。ここで、適当な関数 $f(x)$ を考えると

$$\int_{-\infty}^{+\infty} f(x)\delta(x-a)\,dx = f(a)$$

となる。

　以上の議論を踏まえて $f(x) = x$ という関数を考えてみよう。すると $f(a) = a$

であるから

$$\int_{-\infty}^{+\infty} x\delta(x-a)dx = a$$

となる。一方、被積分関数を $a\delta(x-a)$ とすると

$$\int_{-\infty}^{+\infty} a\delta(x-a)dx = a\int_{-\infty}^{+\infty} \delta(x-a)dx = a$$

となることから、これら被積分関数が一致することがわかる。

よって

$$x\delta(x-a) = a\delta(x-a)$$

という関係にあることがわかる。つまりデルタ関数を使うと、位置 a を固有値として与える固有方程式が得られるのである。

したがって、位置演算子は

$$\hat{x} = x$$

であり、固有関数はデルタ関数ということになる。このような奇妙な方程式が現れるのは、波動関数は本来、波を表すものであり、粒子のような位置を特定するということには不向きなためである。

しかし、このような奇妙なことは行列力学では生じなかった[13]。それは、行列力学における行列と状態ベクトルの関係に由来する。行列力学では、位置行列に、位置に関する情報がつまっており、状態ベクトルは、その情報を特定する働きをしていた。一方、波動力学では、波動関数の方に情報がつまっており、演算子は、その情報を特定する働きをするという違いがあるからである。

6.4. 正準交換関係

行列力学においては、行列どうしの掛け算が、一般には可換ではないという特徴がある。たとえば、運動量行列と位置行列では

$$\tilde{p}\tilde{q} - \tilde{q}\tilde{p} \neq \tilde{O}$$

となる。

このままでは、非可換で終わりであるが、実は

---

[13] 行列力学については『量子力学 I—行列力学入門』村上、飯田、小林著（飛翔舎、2023）を参照いただきたい。

$$\tilde{p}\tilde{q} - \tilde{q}\tilde{p} = \frac{h}{2\pi i}\tilde{E} = \frac{\hbar}{i}\tilde{E}$$

という**正準交換関係** (canonical commutation relation) が成立する。この関係を利用すると、行列演算においても解析力学で培われた計算が矛盾なく展開できることがわかったのである。ちなみに、正準交換関係は、電子軌道の量子化を反映したものである。

　シュレーディンガーは、自分が創始した波動力学は、行列力学を包含するものであると主張していた。もし、そうであるならば、行列に対応した演算子においても、同様の関係が成立するはずである。それを確かめてみよう。

演習 6-2　演算子の積 $\hat{p}\hat{x}$ と $\hat{x}\hat{p}$ が非可換であることを示し、その際の交換関係を求めよ。

　解）　波動関数 $\phi(x)$ に演算子 $\hat{x}$ ならびに $\hat{p}$ 作用させると

$$\hat{x}\,\phi(x) = x\,\phi(x) \qquad \hat{p}\,\phi(x) = \hbar k\,\phi(x)$$

となる。ここで

$$\hat{x}\,\hat{p}\,\phi(x) = \hat{x}\{\hbar k\,\phi(x)\} = \hbar k\,\hat{x}\phi(x) = \hbar k\,x\phi(x)$$

$$\hat{p}\,\hat{x}\phi(x) = \hat{p}(x\phi(x)) = \frac{\hbar}{i}\frac{\partial(x\phi(x))}{\partial x} = \frac{\hbar}{i}\phi(x) + x\hbar k\,\phi(x)$$

となり、演算子が非可換であることが確かめられる。
　さらに

$$(\hat{p}\,\hat{x} - \hat{x}\,\hat{p})\phi(x) = \frac{\hbar}{i}\phi(x)$$

となる。

　したがって、演算子においても、行列の正準交換関係

$$\tilde{p}\tilde{q} - \tilde{q}\tilde{p} = \frac{\hbar}{i}\tilde{E}$$

と同様の関係が得られることがわかる。さらに、交換子 $\hat{p}\hat{x} - \hat{x}\hat{p}$ を量子力学に

おける演算子と考えると、その固有関数は $\phi(x)$ であり、固有値は $\hbar/i$ となることを示している。

6.5. エネルギー演算子

物理量として、もうひとつ重要なものはエネルギーである。エネルギー演算子については、冒頭で簡単に紹介したが、あらためて、どのような演算子かを考えてみよう。まず、エネルギーは

$$H = \frac{p^2}{2m} + V$$

と与えられる。ただし、m は質量、V はポテンシャルエネルギーである。
ここで、演算子として

$$\hat{H} = \frac{\hat{p}^2}{2m} + \hat{V}$$

を考える。運動量演算子は

$$\hat{p} = \frac{\hbar}{i} \frac{\partial}{\partial x}$$

であり、ポテンシャルに対応する演算子は $\hat{V} = V(\hat{x}) = V(x) = V$ となるから

$$\hat{H} = -\frac{\hbar^2}{2m} \frac{\partial^2}{\partial x^2} + V$$

となる。

演習 6-3　演算子 $\hat{H}$ を波動関数
$$\phi(x) = A \exp(ikx)$$
に作用させよ。

解)　$\phi(x)$ に演算子 $\hat{H}$ を作用させると

$$\hat{H}\phi(x) = -\frac{\hbar^2}{2m} \frac{\partial^2 \phi(x)}{\partial x^2} + V\phi(x)$$

となる。右辺の第 1 項を計算しよう。すると

$$\frac{\partial \phi(x)}{\partial x} = \frac{d\phi(x)}{dx} = iAk\exp(ikx)$$

$$\frac{\partial^2 \phi(x)}{\partial x^2} = \frac{d^2\phi(x)}{dx^2} = -Ak^2\exp(ikx)$$

であるので

$$-\frac{\hbar^2}{2m}\frac{\partial^2}{\partial x^2}\phi(x) = \frac{\hbar^2}{2m}\left\{Ak^2\exp(ikx)\right\} = \frac{\hbar^2 k^2}{2m}\left\{A\exp(ikx)\right\} = \frac{\hbar^2 k^2}{2m}\phi(x)$$

となるから

$$\hat{H}\phi(x) = \left(\frac{\hbar^2 k^2}{2m} + V\right)\phi(x)$$

となる。

したがって、この演算子の固有値は

$$\frac{\hbar^2 k^2}{2m} + V = \frac{p^2}{2m} + V = E$$

となって、まさにエネルギーとなる。つまり

$$\hat{H}\phi(x) = E\phi(x)$$

という関係にある。

これは、シュレーディンガー方程式そのものである。つまり、シュレーディンガー方程式は、演算子という観点では、波動関数からエネルギー固有値を取り出す固有方程式と考えられるのである。すでに紹介したように、エネルギー演算子を**ハミルトニアン** (Hamiltonian) と呼んでいる。

6.6.　固有値と期待値

線形代数において固有値を求める方法を思い出してみよう。

$$\tilde{A}\vec{u} = \lambda\vec{u}$$

という関係を考える。このとき $\tilde{A}$ が行列であり、λ が**固有値** (eigenvalue) であ

る。また、ベクトル $\vec{u}$ を**固有ベクトル** (eigenvector) と呼んでいる。

この等式の左側から、ベクトルの共役ベクトルを掛けてみる。

すると

$$\vec{u}^{*}\tilde{A}\vec{u} = \vec{u}^{*}\lambda\vec{u} = \lambda\vec{u}^{*}\vec{u} = \lambda\left|\vec{u}\right|^{2}$$

ここで、状態ベクトルが規格化されていれば、$\left|\vec{u}\right|^{2} = 1$ から

$$\vec{u}^{*}\tilde{A}\vec{u} = \lambda$$

となる。ディラックの表示を使うと

$$\langle u|\tilde{A}|u\rangle = \lambda\langle u|u\rangle = \lambda$$

となる。

行列力学では、この操作によって観測される物理量に対応した固有値を求めることができる。

それでは、波動力学では、どのようにして固有値を求めればよいのだろうか。ここで、ベクトルにおける内積と、関数における内積の対応関係を考えてみる。いま、波動関数を $\psi(x)$ とすると

$$\int_{-\infty}^{+\infty}\psi^{*}(x)\psi(x)\,dx = \int_{-\infty}^{+\infty}\left|\psi(x)\right|^{2}dx = 1$$

が規格化条件であった。これは、波動関数の絶対値の 2 乗が、電子の確率密度と対応することによる。ただし、ここでは、時間に関する項は省略している。

これは、ディラックの表現では

$$\int_{-\infty}^{+\infty}\psi^{*}(x)\psi(x)\,dx = \langle\psi|\psi\rangle$$

となり、規格化条件は

$$\int_{-\infty}^{+\infty}\psi^{*}(x)\psi(x)\,dx = \langle\psi|\psi\rangle = 1$$

となる。

この表式を、状態ベクトルの場合と同様に波動関数 $\psi(x)$ に対応させる。演算子を $\hat{A}$ 、固有値を λ とすると

$$\hat{A}\psi(x) = \lambda\psi(x)$$

という関係にある。

ここで

$$\int_{-\infty}^{+\infty} \psi^*(x)\,\hat{A}\,\psi(x)\,dx = \int_{-\infty}^{+\infty} \psi^*(x)\,\lambda\,\psi(x)\,dx = \lambda\int_{-\infty}^{+\infty} \psi^*(x)\psi(x)\,dx$$

となり、波動関数が規格化されていれば

$$\int_{-\infty}^{+\infty} \psi^*(x)\,\hat{A}\,\psi(x)\,dx = \lambda$$

という積分によって固有値が得られることになる。

ディラックによる表記を採用すると

$$\langle\psi|\hat{A}|\psi\rangle = \lambda\langle\psi|\psi\rangle = \lambda$$

となる。

演習 6-4　運動量演算子において、下記の積分

$$\int_{-\infty}^{+\infty} \psi^*(x)\,\hat{A}\,\psi(x)\,dx = \int_{-\infty}^{+\infty} \psi^*(x)\,\hat{p}\,\psi(x)\,dx$$

を実行せよ。

解）　運動量演算子は

$$\hat{p} = \frac{\hbar}{i}\frac{\partial}{\partial x}$$

であった。ここで波動関数として

$$\psi(x) = C\exp(ikx)$$

を考える。すると、偏微分は常微分となり

$$\hat{p}\,\psi(x) = C\frac{\hbar}{i}\frac{d\exp(ikx)}{dx} = \hbar k\,C\exp(ikx) = \hbar k\,\psi(x)$$

となる。したがって

$$\int_{-\infty}^{+\infty} \psi^*(x)\,\hat{p}\,\psi(x)\,dx = \hbar k\int_{-\infty}^{+\infty} \psi^*(x)\psi(x)\,dx = \hbar k\,\langle\psi|\psi\rangle$$

となり、波動関数が規格化されていて

$$\int_{-\infty}^{+\infty} \psi^*(x)\psi(x)\,dx = \langle\psi|\psi\rangle = 1$$

という関係にあれば

$$\int_{-\infty}^{+\infty} \psi^*(x)\,\hat{p}\,\psi(x)\,dx = \hbar k$$

となる。

このように、この積分によって、固有値である運動量を得ることができる。同様に、ある物理量に対応した演算子に固有関数と固有値があれば、以上の方法で、固有値を求めることで物理量が確定する。

ところで、波動関数が、演算子の固有関数ではない場合には、どうなるだろうか。その場合、固有値も得られない。ここで、期待値という考え方が重要となる。

6.7. 期待値

ある物理量に対応した演算子を $\hat{A}$ としよう。この演算子に対して、固有関数ではない $\phi(x)$ が波動関数として与えられているとする。この場合、固有値がないので、物理量は確定しないということになる。これでは、ある特定の波動関数でしか物理量は得られないということになるが、それでは不便である。実は、これには対処方法がある。

それは、以下の積分によって、物理量の**期待値** (expectation value) を求めることができるということである。それは

$$<A> = \int_{-\infty}^{+\infty} \psi^*(x)\,\hat{A}\,\psi(x)\,dx = \langle\psi|A|\psi\rangle$$

という操作である。実際の例で確かめてみよう。

ここでは、第 3 章で取り扱った無限井戸を例にとろう。その規格化された波動関数として n が奇数の場合の

$$\psi_n(x) = \frac{1}{\sqrt{a}}\cos\left(n\frac{\pi}{2a}x\right) \quad (n = 1, 3, 5, ...)$$

を選ぶ。

演習 6-5　上記の波動関数が、運動量演算子

$$\hat{p} = \frac{\hbar}{i}\frac{\partial}{\partial x}$$

の固有関数とはならないことを確かめよ。

解）　波動関数に運動量演算子を作用させると

$$\hat{p}\,\psi_n(x) = \frac{\hbar}{i}\frac{d}{dx}\left\{\frac{1}{\sqrt{a}}\cos\left(n\frac{\pi}{2a}x\right)\right\} = -\frac{n\hbar\pi}{2ia\sqrt{a}}\sin\left(n\frac{\pi}{2a}x\right)$$

となり

$$\hat{p}\,\psi_n(x) \neq \hbar k\,\psi_n(x)$$

であるから $\psi_n(x)$ は、運動量演算子の固有関数ではないことが確かめられる。

それでは、期待値はどうなるであろうか。

$$<p> = \int_{-\infty}^{+\infty}\psi^*(x)\hat{p}\,\psi(x)dx = \int_{-a}^{+a}\frac{1}{\sqrt{a}}\cos\left(n\frac{\pi}{2a}x\right)\left\{-\frac{n\hbar\pi}{2ia\sqrt{a}}\sin\left(n\frac{\pi}{2a}x\right)\right\}dx$$

$$= i\frac{n\hbar\pi}{4a^2}\int_{-a}^{+a}\sin\left(n\frac{\pi}{a}x\right)dx = -i\frac{\hbar}{4a}\left[\cos\left(n\frac{\pi}{a}x\right)\right]_{-a}^{+a} = 0$$

となって、運動量の期待値は 0 となる。このように固有値がない場合でも、期待値として物理量が与えられる。

ところで運動量の期待値が 0 となるのは、波動関数を指数関数に直すと

$$\psi(x) = \frac{1}{2\sqrt{a}}\exp\left(i\frac{n\pi}{2a}x\right) + \frac{1}{2\sqrt{a}}\exp\left(-i\frac{n\pi}{2a}x\right)$$

となり、波数が正と負で打ち消しあうからである。

演習 6-6　無限井戸に閉じ込められた電子の波動関数において、その運動エネルギーの期待値を求めよ。

解）　運動エネルギーは古典力学では

$$K = \frac{p^2}{2m}$$

となるから、対応する演算子は

$$\hat{K} = \frac{\hat{p}^2}{2m} = \frac{1}{2m}\frac{\hbar}{i}\frac{\partial}{\partial x}\left(\frac{\hbar}{i}\frac{\partial}{\partial x}\right) = -\frac{\hbar^2}{2m}\frac{\partial^2}{\partial x^2}$$

と与えられる。よって、その期待値は

$$<K> = \int_{-\infty}^{+\infty} \psi^*(x)\hat{K}\psi(x)dx$$

$$= -\frac{\hbar^2}{2m}\int_{-a}^{+a}\frac{1}{\sqrt{a}}\cos\left(n\frac{\pi}{2a}x\right)\frac{\partial^2}{\partial x^2}\left\{\frac{1}{\sqrt{a}}\cos\left(n\frac{\pi}{2a}x\right)\right\}dx$$

ここで

$$\frac{\partial^2}{\partial x^2}\left\{\frac{1}{\sqrt{a}}\cos\left(n\frac{\pi}{2a}x\right)\right\} = \frac{d^2}{dx^2}\left\{\frac{1}{\sqrt{a}}\cos\left(n\frac{\pi}{2a}x\right)\right\} = -\frac{n^2\pi^2}{4a^2\sqrt{a}}\cos\left(n\frac{\pi}{2a}x\right)$$

であるから

$$<K> = \frac{n^2\pi^2\hbar^2}{8ma^3}\int_{-a}^{+a}\cos^2\left(n\frac{\pi}{2a}x\right)dx = \frac{n^2\pi^2\hbar^2}{16ma^3}\int_{-a}^{+a}\left[1+\cos\left(n\frac{\pi}{a}x\right)\right]dx$$

$$= \frac{n^2\pi^2\hbar^2}{16ma^3}\left[x+\frac{a}{n\pi}\sin\left(n\frac{\pi}{a}x\right)\right]_{-a}^{+a} = \frac{n^2\pi^2\hbar^2}{16ma^3}2a = \frac{n^2\pi^2\hbar^2}{8ma^2}$$

となり、運動エネルギーの期待値は

$$<K> = n^2\frac{\pi^2\hbar^2}{8ma^2}$$

となる。

演習 6-7　無限井戸の波動関数において、電子の位置の期待値を求めよ。

　　解）　　波動関数は $\psi_n(x) = \frac{1}{\sqrt{a}}\cos\left(n\frac{\pi}{2a}x\right)$ であり期待値は

$$<x> = \int_{-\infty}^{+\infty}\psi^*(x)x\psi(x)dx$$

によって与えられる。したがって

$$<x> = \int_{-\infty}^{+\infty} \psi^*(x) x \psi(x)\, dx = \frac{1}{a} \int_{-a}^{+a} x \cos^2\left(n\frac{\pi}{2a}x\right) dx$$

$$= \frac{1}{a} \int_{-a}^{+a} \frac{x}{2}\left\{1 + \cos\left(n\frac{\pi}{a}x\right)\right\} dx = \frac{1}{2a} \int_{-a}^{+a}\left\{x + x\cos\left(n\frac{\pi}{a}x\right)\right\} dx$$

部分積分を使うと

$$\int_{-a}^{+a}\left\{x\cos\left(n\frac{\pi}{a}x\right)\right\} dx = \left[\frac{ax}{n\pi}\sin\left(n\frac{\pi}{a}x\right)\right]_{-a}^{+a} - \int_{-a}^{+a} \frac{a}{n\pi}\sin\left(n\frac{\pi}{a}x\right) dx$$

$$= \left[\frac{a^2}{n^2\pi^2}\cos\left(n\frac{\pi}{a}x\right)\right]_{-a}^{+a} = 0$$

となり、また

$$\int_{-a}^{+a} x\, dx = \left[\frac{x^2}{2}\right]_{-a}^{+a} = 0$$

であるので、結局

$$<x> = 0$$

となる。

　よって、電子の位置の期待値は $x = 0$ となる。この結果も納得できる。無限井戸は $-a \leq x \leq a$ という幅を持つが、平均すれば、電子はその中間点である $x = 0$ に位置すると考えられるからである。

　それでは、x^2 はどうであろうか。この期待値を求める作業は、位置の分散を求める場合に重要となる。

$$<x^2> = \int_{-\infty}^{+\infty} \phi^*(x) x^2 \phi(x)\, dx = \frac{1}{a} \int_{-a}^{+a} x^2 \cos^2\left(n\frac{\pi}{2a}x\right) dx$$

これは偶関数であるから、積分範囲を変えて

$$<x^2> = \frac{2}{a} \int_{0}^{a} x^2 \cos^2\left(n\frac{\pi}{2a}x\right) dx = \frac{1}{a} \int_{0}^{a} x^2\left\{1 + \cos\left(n\frac{\pi}{a}x\right)\right\} dx$$

$$= \frac{1}{a} \int_0^a \left\{ x^2 + x^2 \cos\left(n\frac{\pi}{a}x\right) \right\} dx$$

部分積分を使うと

$$\int_0^a \left\{ x^2 \cos\left(n\frac{\pi}{a}x\right) \right\} dx = \left[\frac{ax^2}{n\pi} \sin\left(n\frac{\pi}{a}x\right) \right]_0^a - \int_0^a \frac{2ax}{n\pi} \sin\left(n\frac{\pi}{a}x\right) dx$$

$$= -\frac{2a}{n\pi} \int_0^a x \sin\left(n\frac{\pi}{a}x\right) dx$$

となる。

もう一回、部分積分を使い、 $n = 1, 3, 5, \ldots$ であるから

$$\int_0^a x \sin\left(n\frac{\pi}{a}x\right) dx = -\left[\frac{ax}{n\pi} \cos\left(n\frac{\pi}{a}x\right) \right]_0^a + \frac{a}{n\pi} \int_0^a \cos\left(n\frac{\pi}{a}x\right) dx = \frac{a^2}{n\pi}$$

となり

$$\int_0^a x^2 dx = \left[\frac{x^3}{3} \right]_0^a = \frac{a^3}{3}$$

であるので、結局

$$<x^2> = \frac{a^2}{3} - \frac{2a^2}{n^2\pi^2}$$

と与えられる。

　以上のように、期待値という考えを導入すれば、固有関数および固有値がない場合であっても、任意の波動関数に対して、物理量の期待値を求めることができるのである。

6.8. エルミート演算子

　量子力学では、突如、演算子という概念が登場し、初学者が戸惑うことも多いと聞く。そして、位置や運動量、エネルギーなどの物理量に対応した演算子があり、波動関数に演算子を作用させると、物理的実態に対応した実数の固有値が得られると教えられる。

　このとき、波動関数も演算子も複素数で構わないが、物理的に意味のある固有値は実数となる。さらに、実数の固有値を与える演算子を**エルミート演算子** (Hermite operator) と呼ぶ。

　しかし、エルミート演算子と言われても、その意味が不明の初心者が多いのではなかろうか。実は、その背景には行列力学がある。その説明がないと、演算子の登場は唐突感を免れない。

　実は、量子力学建設の初期は、ハイゼンベルクらが創設した行列力学が主役であった。それが、シュレーディンガー方程式の登場によって、主役の座が波動力学へと移っていったのである。

　この移行過程で、両者のかなりはげしい戦いがあったと伝えられている。たとえば、シュレーディンガーは、波動方程式を解いて得られる波動関数が電子のかたちを表現していると主張したが、ハイゼンベルクたちから激しい攻撃を受けることになる。

　一方、シュレーディンガーは、行列力学は波動力学で駆逐できると考えていた。そして行列で構築された概念は、すべて微分方程式を基本とする波動力学で包含できると考え、それを展開していった。そのため、波動力学は、行列力学の形式を引き継いでいるのである。

　行列力学では、物理量は行列で表現される。これに状態ベクトルを作用させると、実数の固有値が得られ、これが物理量を与える。この考えを波動力学に適用すると、物理量は演算子で表現され、波動関数に演算子を作用させると、実数の固有値が得られるという図式となる。

　この際、物理量に対応した行列は、複素共役がそれ自身になるというエルミート行列となる。波動力学では、実数の固有値を与える演算子をエルミート演算子と呼んでいるのである。つまり、エルミートはもともと行列の呼称であった。それを波動力学が、演算子として引き継いだのである。それでは、エルミート演算子とはどのような演算子なのだろうか。それは

$$\left\langle \psi \middle| \hat{A}\psi \right\rangle = \left\langle \hat{A}\psi \middle| \psi \right\rangle$$

という関係が成立する演算子である。積分を使えば

$$\int_{-\infty}^{+\infty} \psi^*(x)\hat{A}\psi(x)\,dx = \int_{-\infty}^{+\infty} \left(\hat{A}\,\psi(x)\right)^* \psi^*(x)\,dx$$

となる。ここで、波動関数の演算子に属する固有値を u としよう。すると

$$\hat{A}\psi(x) = u\,\psi(x)$$

となる。u は複素数でも構わないとする。このとき

$$(\hat{A}\psi(x))^* = u^*\,\psi^*(x)$$

となる。したがって

$$\int_{-\infty}^{+\infty} \psi^*(x)\hat{A}\psi(x)\,dx = \int_{-\infty}^{+\infty} \psi^*(x)u\psi(x)\,dx = u\int_{-\infty}^{+\infty} \psi^*(x)\psi(x)\,dx = u\langle\psi|\psi\rangle$$

$$\int_{-\infty}^{+\infty} (\hat{A}\psi(x))^*\psi(x)\,dx = \int_{-\infty}^{+\infty} u^*\psi^*(x)\psi(x)\,dx = u^*\int_{-\infty}^{+\infty} \psi^*(x)\psi(x)\,dx = u^*\langle\psi|\psi\rangle$$

となる。

したがって、エルミート演算子においては

$$u\langle\psi|\psi\rangle = u^*\langle\psi|\psi\rangle$$

から

$$u = u^*$$

となり、固有値 u は実数となる。

このように、エルミート演算子の固有値は必ず実数となる。量子力学では、物理量に対応する演算子はすべてエルミートであり、その結果、物理的実態を与える物理量に対応した固有値が実数となるという背景がある。

第7章　不確定性原理

　量子力学の概念として一般常識では受け入れがたいものに、**不確定性原理**
(uncertainty principle) がある。この原理によると、ミクロの世界では粒子の位置
と運動量を同時に決めることはできないとされている。

　古典力学では、位置と速度が確定するからこそ物体の運動が予測できるので
ある。列車が時刻表どおりに運行できるのも、飛行機が予定通り離着陸できる
のも、位置と速度が確定しているからに違いない。それが、不確定となると、
世の中すべての活動がマヒしてしまう。

　不確定性原理の考え方は、哲学にも大きな影響を与えている。もし、古典力
学の考えが正しいとし、すべての物質の位置と速度が確定してしまうと、運動
方程式によって、初期条件が与えられれば、すべて未来は決定されることにな
る。これは、本人の努力に関わらず、その未来は確定することを示しており、
努力しても報われないという厭世観を世にもたらす一因となった。

　しかし、不確定性原理が正しいとすれば、われわれの未来は確定していない
ことになる。それは、本人の努力によって、未来は開かれるということにも繋
がる。

　ただし、不確定性原理には、その解釈に関して、誤解をまねく問題が内在し
ている。それは、不確定性原理が、本質的なものであるのか、あるいは観測に
関わる問題なのかという点である。

　当初、不確定性原理は、観測問題として登場した。電子のようなミクロ粒子
の運動を観測しようとすると、その行為によって運動状態を大きく変えてしま
う。たとえば、電子の位置を探ろうとして光を当てると、その状態が観測前と
は大きく変化してしまう。このため、ミクロ粒子の運動を正確に知ることはで
きない。これが不確定性原理というわけである。

　しかし、観測問題とすると、ミクロ粒子の位置と運動量は、本来は確定して
いることを意味している。そして、単にわれわれに有効な観察手段がないため

物理量の測定値が不確定となるだけの話である。

　これに対し、観測するしないに関わらず、本質的に電子の位置と運動量の両方を確定することはできないという考えもある。つまり、ミクロ粒子の基本特性として不確定性原理が成立するという考えである。現在では、こちらの考えが主流である。

　たとえば、第 3 章でも紹介したが、液体ヘリウムが常圧において絶対零度でも凍らないのは不確定性原理によるとされている。ヘリウム原子どうしの凝集力は非常に弱い。このため、絶対零度であっても、不確定性原理に基づく位置のゆらぎによって固体にならないというのである。このため、液体ヘリウムのことを**量子液体** (quantum liquid) と呼んでいる。つまり、量子力学的効果によって液体状態を保っている物質という意味である。

　不確定性原理については、いまだに議論があり、完全に決着したわけではない。しかし、電子の運動に不確定性が現れるのは、そもそも電子を波とみなしたことに根本原因がある。つまり、電子を波と考えた時点で、すでに不確定性は内在されているのである。その事実を確認してみよう。

7.1.　無限井戸による考察

　第 3 章で求めたように、$-a \leq x \leq +a$ という、幅が $2a$ の無限井戸に閉じ込められた電子の波動関数は

$$\psi_n(x) = \frac{1}{\sqrt{a}} \cos\left(n\frac{\pi}{2a}x\right) \quad (n = 1, 3, 5, ...)$$

$$\psi_m(x) = \frac{1}{\sqrt{a}} \sin\left(m\frac{\pi}{2a}x\right) \quad (m = 2, 4, 6, ...)$$

となる。

　第 3 章では、$\psi_m(x)$ を虚数解として、虚数 i を付していたが、実数解も同じ微分方程式の解となるので、本章では、実数解のほうを採用している。

　ここで、$n = 3$ の場合の波動関数を図示すると、図 7-1 のようになる。

　ただし、物理量として重要なのは、電子の確率密度であり

$$|\psi_3(x)|^2 = \frac{1}{a} \cos^2\left(\frac{3\pi}{2a}x\right)$$

と与えられ、その空間分布を図示すると、図 7-2 のようになる。

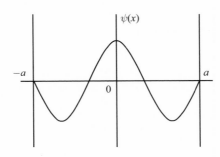

図 7-1　無限井戸に閉じ込められた電子の波動関数 ($n = 3$)

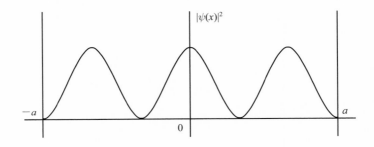

図 7-2　無限井戸の中の電子の確率密度の空間分布 ($n = 3$)

　図からわかるように、1 個の電子の存在確率は無限井戸全体に広がっており、電子の位置を一箇所に特定することはできない。無限井戸の場合に限らず、電子を波と考える限り、その存在確率は考えている空間全体に広がってしまうのである。つまり、電子を波と考えた時点で、言い換えると、電子の運動がシュレーディンガー方程式に従うとした仮定した時点で、位置に関する不確定性が取り込まれていることになる。

　それでは、電子の位置を確定するには、どうしたらよいだろうか。無限井戸

の場合には、$a \to 0$ にすればよいことがわかる。

　しかし、このような極限では、実は、不都合が生じる。それを見てみよう。電子波の波数 k は

$$2ka = n\pi \quad (n = 1, 2, 3, ...)$$

という条件を満たしている。とすると

$$p = \hbar k = \frac{n\pi\hbar}{2a}$$

となるから $a \to 0$ という極限では、運動量が無限大になってしまう。つまり、無限井戸において、井戸の幅を狭めて電子の位置を確定しようとすると、運動量が ∞ に発散してしまうのである。

　ここで、簡単な考察をしてみよう。この井戸では、位置の幅は

$$\Delta x = 2a$$

ということになる。よって

$$\Delta p = \frac{n\pi\hbar}{\Delta x} = \frac{nh}{2\Delta x}$$

となり、運動量は位置の不確定性と密接な関係にあることがわかる。すると

$$\Delta x \Delta p = \frac{nh}{2}$$

となるが、右辺が最小となるのは $n = 1$ のときであるから

$$\Delta x \Delta p \geq \frac{h}{2}$$

という不等式が得られる。

　簡単な考察ではあるが、無限井戸に閉じ込められた電子の運動を考えただけで、不確定性原理を導くことができる。そして、繰り返しになるが、電子を波と考えた時点で、すでに不確定性は内在しているのである。

7.2. 期待値による考察

　前節では、不確定性原理を俯瞰するために、かなり大雑把な見積もりをしたが、第 6 章で導入した期待値という考えを用いて考察してみよう。

　ここで、求めるのは Δp と Δx である。統計的には**標準偏差** (standard deviation)

に相当する。標準偏差を求めるには、**分散** (variation) を求め、その平方根を計算すればよい。運動量の分散は

$$V_p = (p - \overline{p})^2 = p^2 - 2p\overline{p} + \overline{p}^2$$

となる。ただし、$\overline{p}$ は平均値である。

平均値は期待値とみなしてよいから運動量の分散を与える演算子 $\hat{V}_p$ は

$$\hat{V}_p = \hat{p}^2 - 2\hat{p} <p> + <p>^2$$

となる。

演習 7-1　任意の波動関数 $\psi(x)$ に対して運動量の分散 $<V_p>$ の期待値を求めよ。

解）　運動量の分散の期待値は

$$<V_p> = \int_{-\infty}^{+\infty} \psi^*(x)\,\hat{V}_p\,\psi(x)\,dx$$

$$= \int_{-\infty}^{+\infty} \psi^*(x)(\hat{p}^2 - 2\hat{p} <p> + <p>^2)\psi(x)\,dx$$

となる。右辺の積分は

$$\int_{-\infty}^{+\infty} \psi^*(x)\hat{p}^2\psi(x)dx - 2<p> \int_{-\infty}^{+\infty} \psi^*(x)\hat{p}\,\psi(x)dx + <p>^2 \int_{-\infty}^{+\infty} \psi^*(x)\psi(x)dx$$

と分解できる。ここで

$$\int_{-\infty}^{+\infty} \psi^*(x)\hat{p}^2\psi(x)dx = <p^2> \qquad \int_{-\infty}^{+\infty} \psi^*(x)\hat{p}\,\psi(x)dx = <p>$$

$$\int_{-\infty}^{+\infty} \psi^*(x)\psi(x)dx = 1$$

であるから、分散の期待値は

$$<V_p> = <p^2> - 2<p>^2 + <p>^2 = <p^2> - <p>^2$$

となる。したがって、運動量の分散は

$$V_p = <p^2> - <p>^2$$

と与えられる。

このとき、運動量の標準偏差は

$$\Delta p = \sqrt{V_p} = \sqrt{<p^2> - <p>^2}$$

となる。同様にして、位置に関しても、分散は

$$<V_x> = <x^2> - <x>^2$$

と与えられる。よって

$$\Delta x = \sqrt{<x^2> - <x>^2}$$

となる。それでは、無限井戸の場合について、それぞれの分散を計算してみよう。波動関数として

$$\psi_n(x) = \frac{1}{\sqrt{a}}\cos\left(n\frac{\pi}{2a}x\right) \quad (n = 1, 3, 5, ...)$$

を考える。ここで、前章ですでに

$$<p> = 0 \qquad <x> = 0 \qquad <x^2> = \frac{a^2}{3} - \frac{2a^2}{n^2\pi^2}$$

という結果が得られている。そこで、ここでは $<p^2>$ を求める必要がある。これに対応した演算子は

$$\hat{p}^2 = \hat{p}\hat{p} = \frac{\hbar}{i}\frac{d}{dx}\left(\frac{\hbar}{i}\frac{d}{dx}\right) = -\hbar^2\frac{d^2}{dx^2}$$

となる。よって、その期待値は

$$<p^2> = \int_{-\infty}^{+\infty} \psi^*(x)\,\hat{p}^2\,\psi(x)\,dx$$

$$= -\hbar^2 \int_{-a}^{+a} \frac{1}{\sqrt{a}}\cos\left(n\frac{\pi}{2a}x\right)\frac{d^2}{dx^2}\left\{\frac{1}{\sqrt{a}}\cos\left(n\frac{\pi}{2a}x\right)\right\}dx$$

ここで

$$\frac{d^2}{dx^2}\left\{\frac{1}{\sqrt{a}}\cos\left(n\frac{\pi}{2a}x\right)\right\} = -\frac{n^2\pi^2}{4a^2\sqrt{a}}\cos\left(n\frac{\pi}{2a}x\right)$$

であるから

$$< p^2 >= \frac{n^2\pi^2\hbar^2}{4a^3} \int_{-a}^{+a} \cos^2\left(n\frac{\pi}{2a}x\right) dx = \frac{n^2\pi^2\hbar^2}{8a^3} \int_{-a}^{+a}\left[1+\cos\left(n\frac{\pi}{a}x\right)\right] dx$$

$$= \frac{n^2\pi^2\hbar^2}{8a^3}\left[x+\frac{a}{n\pi}\sin\left(n\frac{\pi}{a}x\right)\right]_{-a}^{+a} = \frac{n^2\pi^2\hbar^2}{8a^3}2a = \frac{n^2\pi^2\hbar^2}{4a^2}$$

となり、期待値は

$$< p^2 >= \frac{n^2\pi^2\hbar^2}{4a^2}$$

となる。したがって、運動量と位置の分散は、それぞれ

$$V_p =< p^2 > - < p >^2 = \frac{n^2\pi^2\hbar^2}{4a^2}$$

$$V_x =< x^2 > - < x >^2 = \frac{a^2}{3} - \frac{2a^2}{n^2\pi^2}$$

と与えられる。ここで

$$\Delta x = \sqrt{< x^2 > - < x >^2} = \sqrt{\frac{a^2}{3} - \frac{2a^2}{n^2\pi^2}}$$

$$\Delta p = \sqrt{< p^2 > - < p >^2} = \frac{n\pi\hbar}{2a}$$

となるので

$$\Delta x \Delta p = \frac{1}{2}\sqrt{\frac{a^2}{3} - \frac{2a^2}{n^2\pi^2}}\frac{n\pi\hbar}{a} = \frac{\hbar}{2}\sqrt{\frac{n^2\pi^2}{3} - 2}$$

という関係が得られる。

　右辺の最低値は $n=1$ の場合であるから

$$\Delta x \Delta p \geq \frac{\hbar}{2}\sqrt{\frac{\pi^2}{3} - 2} \cong 0.57\hbar \cong 0.09h$$

となる。前節で求めた関係

$$\Delta x \Delta p \geq \frac{h}{2} = 0.5h$$

より不確定性の大きさは少し小さくなっている。

　実際の不確定性原理における最小値の評価は、**シュワルツの不等式** (Schwarz

inequality) を使って行われる。それをつぎに紹介しよう。

7.3. シュワルツの不等式と不確定性関係

シュワルツの不等式は、ベクトルの内積に関する一般的な不等式であり

$$(\vec{a},\vec{a})\,(\vec{b},\vec{b}) \geq (\vec{a},\vec{b})\,(\vec{a},\vec{b})$$

と与えられる。この関係は内積の定義

$$(\vec{a},\vec{b}) = |\vec{a}||\vec{b}|\cos\theta = \sqrt{(\vec{a},\vec{a})}\sqrt{(\vec{b},\vec{b})}\,\cos\theta$$

から明らかであろう。これを積分に拡張すると

$q>p$ のとき

$$\int_p^q |f(x)|^2\,dx \cdot \int_p^q |g(x)|^2\,dx \geq \left[\int_p^q f(x)g(x)dx\right]^2$$

という関係が成立する。この関係は、関数の内積を

$$(f,g) = \langle f|g \rangle = \int_p^q f(x)g(x)dx$$

と定義すれば、冒頭のシュワルツ不等式からただちに導かれるが、ここでは、別な方法で導入してみる。まず

$$\int_p^q \left[t\,f(x) - g(x)\right]^2\,dx \geq 0$$

という関係は $q>p$ であれば，すべての $f(x)$, $g(x)$, t について成り立つ。

演習 7-2　上記の不等式を t について展開し、シュワルツの不等式が成立することを確かめよ。

解）　被積分関数を t に関して展開すると

$$t^2 \int_p^q \left[f(x)\right]^2\,dx \;-2t \int_p^q f(x)g(x)dx +\int_p^q \left[g(x)\right]^2\,dx \geq 0$$

となる。これは t についての 2 次式である。これは

$$at^2 + 2bt + c \geq 0$$

と置くことができる。ただし

$$a = \int_p^q \left[f(x) \right]^2 dx \qquad b = -\int_p^q f(x)g(x)dx \qquad c = \int_p^q \left[g(x) \right]^2 dx \geq 0$$

と置いている。この不等式が成立するということは

$$f(t) = at^2 + 2bt + c$$

をグラフで考えたときに、この放物線が t 軸の上に位置することになる。つまり、$t = 0$ 以外の実数解を持たないことと等価であり、判別式

$$D = b^2 - ac$$

が負または 0 でなければならない。

よって

$$\left[-\int_p^q f(x)g(x)dx \right]^2 - \int_p^q |f(x)|^2 dx \cdot \int_p^q |g(x)|^2 dx \leq 0$$

から

$$\int_p^q |f(x)|^2 dx \cdot \int_p^q |g(x)|^2 dx \geq \left[\int_p^q f(x)g(x)dx \right]^2$$

となり、シュワルツの不等式が成立することになる。

　この不等式を利用して不確定性関係を調べてみよう。ふたたび、無限井戸の波動関数

$$\psi_n(x) = \frac{1}{\sqrt{a}} \cos\left(n\frac{\pi}{2a}x \right) \quad (n = 1, 3, 5, \ldots)$$

を考える。

演習 7-3　無限井戸に閉じ込められた電子の波動関数 $\psi(x)$ において p^2 の期待値を与える積分形を求めよ。

　解）　$<p^2> = \displaystyle\int_{-\infty}^{+\infty} \psi^*(x)\hat{p}^2\,\psi(x)\,dx$

$$= -\hbar^2 \int_{-a}^{+a} \frac{1}{\sqrt{a}} \cos\left(n\frac{\pi}{2a}x \right) \frac{d^2}{dx^2} \left\{ \frac{1}{\sqrt{a}} \cos\left(n\frac{\pi}{2a}x \right) \right\} dx$$

となる。ここで部分積分を使うと

$$<p^2> = -\hbar^2 \int_{-a}^{+a} \frac{1}{\sqrt{a}} \cos\left(n\frac{\pi}{2a}x\right) \frac{d^2}{dx^2}\left\{\frac{1}{\sqrt{a}} \cos\left(n\frac{\pi}{2a}x\right)\right\} dx$$

$$= -\hbar^2 \left[\frac{1}{\sqrt{a}} \cos\left(n\frac{\pi}{2a}x\right) \frac{d}{dx}\left\{\frac{1}{\sqrt{a}} \cos\left(n\frac{\pi}{2a}x\right)\right\}\right]_{-a}^{+a}$$

$$+\hbar^2 \int_{-a}^{+a} \left[\frac{d}{dx}\left\{\frac{1}{\sqrt{a}} \cos\left(n\frac{\pi}{2a}x\right)\right\}\right]^2 dx$$

ここで第 1 項の [ ] 内は

$$\frac{1}{\sqrt{a}} \cos\left(n\frac{\pi}{2a}x\right) \frac{d}{dx}\left\{\frac{1}{\sqrt{a}} \cos\left(n\frac{\pi}{2a}x\right)\right\} = \frac{n\pi}{2a^2} \cos\left(n\frac{\pi}{2a}x\right)\left\{-\sin\left(n\frac{\pi}{2a}x\right)\right\}$$

$$= -\frac{n\pi}{4a^2} \sin\left(\frac{n\pi}{a}x\right)$$

となるので、0 となる。よって

$$<p^2> = \hbar^2 \int_{-a}^{+a} \left[\frac{d}{dx}\left\{\frac{1}{\sqrt{a}} \cos\left(n\frac{\pi}{2a}x\right)\right\}\right]^2 dx$$

と与えられる。

演習 7-4　無限井戸に閉じ込められた電子の波動関数 $\psi(x)$ において、x^2 の期待値を与える積分形を求めよ。

解）

$$<x^2> = \int_{-\infty}^{+\infty} \psi^*(x)\, \hat{x}^2\, \psi(x)\, dx$$

であるから

$$<x^2> = \frac{1}{a} \int_{-a}^{+a} x^2 \cos^2\left(n\frac{\pi}{2a}x\right) dx = \int_{-a}^{+a} \left|\frac{x}{\sqrt{a}} \cos\left(n\frac{\pi}{2a}x\right)\right|^2 dx$$

となる。

以上をもとに、不確定性関係である $\Delta x \Delta p$ の値を計算してみよう。

無限井戸では $<x>=0$ かつ $<p>=0$ であったから

$$\Delta x \Delta p = \sqrt{<x^2>-<x>^2}\sqrt{<p^2>-<p>^2} = \sqrt{<x^2>}\sqrt{<p^2>}$$

となる。

演習 7-5　シュワルツの不等式を利用して $<x^2><p^2>$ に成立する不等式を導出せよ。

解）　演習 7-3, 7-4 の結果から

$$<x^2> = \int_{-a}^{+a} \left| \frac{x}{\sqrt{a}} \cos\left(n\frac{\pi}{2a}x \right) \right|^2 dx$$

$$<p^2> = \hbar^2 \int_{-a}^{+a} \left| \frac{d}{dx}\left\{ \frac{1}{\sqrt{a}} \cos\left(n\frac{\pi}{2a}x \right) \right\} \right|^2 dx$$

であるので

$$<x^2><p^2> = \int_{-a}^{+a} \left| \frac{x}{\sqrt{a}} \cos\left(n\frac{\pi}{2a}x \right) \right|^2 dx \cdot \int_{-a}^{+a} \left| \frac{d}{dx}\left\{ \frac{\hbar}{\sqrt{a}} \cos\left(n\frac{\pi}{2a}x \right) \right\} \right|^2 dx$$

となる。ここで、シュワルツの不等式から

$$<x^2><p^2> \geq \left[\int_{-a}^{+a} \frac{x}{\sqrt{a}} \cos\left(n\frac{\pi}{2a}x \right) \frac{d}{dx}\left\{ \frac{\hbar}{\sqrt{a}} \cos\left(n\frac{\pi}{2a}x \right) \right\} dx \right]^2$$

となる。右辺の [ ] 内は

$$\int_{-a}^{+a} \frac{x}{\sqrt{a}} \cos\left(n\frac{\pi}{2a}x \right) \frac{d}{dx}\left\{ \frac{\hbar}{\sqrt{a}} \cos\left(n\frac{\pi}{2a}x \right) \right\} dx$$

$$= \frac{n\pi\hbar}{2a^2} \int_{-a}^{+a} x \cos\left(n\frac{\pi}{2a}x \right)\left\{ -\sin\left(n\frac{\pi}{2a}x \right) \right\} dx = -\frac{n\pi\hbar}{4a^2} \int_{-a}^{+a} x \left\{ \sin\left(\frac{n\pi}{a}x \right) \right\} dx$$

と変形できる。部分積分を使うと

$$\int_{-a}^{+a} x\left\{\sin\left(\frac{n\pi}{a}x\right)\right\}dx = \left[-\frac{a}{n\pi}x\cos\left(\frac{n\pi}{a}x\right)\right]_{-a}^{+a} + \frac{a}{n\pi}\int_{-a}^{+a}\cos\left(\frac{n\pi}{a}x\right)dx$$

となる。n は奇数であったので

$$\int_{-a}^{+a} x\left\{\sin\left(\frac{2n\pi}{a}x\right)\right\}dx = \frac{2a^2}{n\pi} + \frac{a^2}{n^2\pi^2}\left[\sin\frac{n\pi}{a}x\right]_{-a}^{+a} = \frac{2a^2}{n\pi}$$

したがって

$$\int_{-a}^{+a} \frac{x}{\sqrt{a}}\cos\left(n\frac{\pi}{a}x\right)\frac{d}{dx}\left\{\frac{\hbar}{\sqrt{a}}\cos\left(n\frac{\pi}{a}x\right)\right\}dx = -\frac{\hbar}{2}$$

結局

$$<x^2><p^2> \geq \left(\frac{\hbar}{2}\right)^2$$

となる。

これは

$$(\Delta x)^2(\Delta p)^2 \geq \left(\frac{\hbar}{2}\right)^2$$

と等価であり、結局

$$\Delta x \Delta p \geq \frac{\hbar}{2}$$

という関係が得られる。これは、まさに不確定性関係である。

以上のように、シュワルツの不等式を利用することで、無限井戸に閉じ込められた電子に対して不確定性関係を導くことができる。これを h で書くと

$$\Delta x \Delta p \geq \frac{\hbar}{2} = \frac{h}{4\pi} \cong 0.08h$$

となる。

今回は、無限井戸に閉じ込められた電子の波動関数に対して、この関係を確かめたが、シュワルツの不等式を利用すると、すべての波動関数に対して、上記の不確定性原理が成立することが証明できる。

演習 7-6 シュワルツの不等式を利用して、一般の波動関数においても、不確定性原理が成立することを証明せよ。

解) シュワルツの積分不等式の証明を使った方法を利用する。まず、t を実数とすると、つぎの関係が成立する。

$$\int_{-\infty}^{+\infty} \left| x\psi(x) + t\hbar \frac{d\psi(x)}{dx} \right|^2 dx \geq 0$$

被積分関数は常に正または 0 であるので、この不等式が成立するのは明らかであろう。また $\psi(x)$ は規格化された波動関数とする。

ここで被積分関数を変形すると

$$\left| x\psi(x) + t\hbar \frac{d\psi(x)}{dx} \right|^2 = \left(x\psi^*(x) + t\hbar \frac{d\psi^*(x)}{dx} \right)\left(x\psi(x) + t\hbar \frac{d\psi(x)}{dx} \right)$$

$$= \psi^*(x)x^2\psi(x) + t\hbar\left(x\psi^*(x)\frac{d\psi(x)}{dx} + \frac{d\psi^*(x)}{dx}x\psi(x) \right) + t^2\hbar^2\left(\frac{d\psi^*(x)}{dx}\frac{d\psi(x)}{dx} \right)$$

ここで

$$\int_{-\infty}^{+\infty} \psi^*(x)x^2\psi(x)\, dx = <x^2>$$

となる。つぎに

$$x\psi^*(x)\frac{d\psi(x)}{dx} + \frac{d\psi^*(x)}{dx}x\psi(x) = x\frac{d\left[\psi^*(x)\psi(x)\right]}{dx} = x\frac{d\left|\psi(x)\right|^2}{dx}$$

であり、部分積分を使うと

$$\int_{-\infty}^{+\infty} x\frac{d\left|\psi(x)\right|^2}{dx}dx = \left[x\left|\psi(x)\right|^2 \right]_{-\infty}^{+\infty} - \int_{-\infty}^{+\infty} \left|\psi(x)\right|^2 dx = -1$$

ここでは、波動関数は無限遠で発散しないから、第 1 項は 0 となることを使っている。最後の項にも部分積分を使うと

$$\hbar^2\int_{-\infty}^{+\infty} \frac{d\psi^*(x)}{dx}\frac{d\psi(x)}{dx}dx = \hbar^2\left[\psi^*(x)\frac{d\psi(x)}{dx} \right]_{-\infty}^{+\infty} + \int_{-\infty}^{+\infty} \psi^*(x)\left(-\hbar^2\frac{d^2\psi(x)}{dx^2} \right)dx$$

$$= \int_{-\infty}^{+\infty} \psi^*(x)\left(-\frac{\hbar}{i}\frac{d}{dx} \right)^2\psi(x)\, dx = \int_{-\infty}^{+\infty} \psi^*(x)\hat{p}^2\psi(x)\, dx = <p^2>$$

したがって

$$\left| x\psi(x) + t\hbar \frac{d\psi(x)}{dx} \right|^2 = <x^2> - t\hbar + t^2 <p^2> \geq 0$$

これを t の 2 次式と考えると。シュワルツの不等式の証明で行ったように、この判別式が

$$\hbar^2 - 4 <p^2><x^2> \leq 0$$

となり、ただちに

$$\Delta x \Delta p \geq \frac{\hbar}{2}$$

という関係が得られる。

7.4. 演算子の可換性と不確定性

　実は、運動量と位置を同時に正確に決められないということは、それぞれの演算子が非可換であるということと対応している。これは、別な表現では、同じ固有関数を持たないと言い換えることができる。

　いま、任意の波動関数 $\psi(x)$ を考える。ここで運動量と位置の演算子を作用してみよう。すると

$$\hat{p}\psi(x) = \hbar k \psi(x) \qquad \hat{x}\psi(x) = x\psi(x)$$

となる。つぎに、運動量演算子を作用した後、位置の演算子を作用させると

$$\hat{x}(\hat{p}\psi(x)) = \hat{x}(\hbar k \psi(x)) = \hbar k(\hat{x}\psi(x)) = \hbar k\, x\psi(x)$$

となる。つぎに演算子の順序を変えると

$$\hat{p}(\hat{x}\psi(x)) = \hat{p}(x\psi(x)) = \frac{\hbar}{i}\frac{\partial(x\psi(x))}{\partial x} = \frac{\hbar}{i}\psi(x) + x\hbar k \psi(x)$$

となって、演算子の順序を変えると、結果が異なる。このような演算子を非可換と呼んでいる。つまり

$$\hat{p}\,\hat{x} \neq \hat{x}\,\hat{p}$$

いう関係にある。あるいは

$$(\hat{p}\,\hat{x} - \hat{x}\,\hat{p})\,\psi(x) = \frac{\hbar}{i}\psi(x)$$

となる。

これを一般の場合で考えてみる。

$$\hat{A}\psi(x) = a\psi(x) \qquad \hat{B}\psi(x) = b\psi(x)$$

のように、二つの異なる演算子が、同じ固有関数を有するとする。

すると

$$\hat{A}\hat{B}\psi(x) = \hat{A}\left(\hat{B}\psi(x)\right) = \hat{A}\left(b\psi(x)\right) = b\left(\hat{A}\psi(x)\right) = ba\psi(x)$$

$$\hat{B}\hat{A}\psi(x) = \hat{B}\left(\hat{A}\psi(x)\right) = \hat{B}\left(a\psi(x)\right) = a\left(\hat{B}\psi(x)\right) = ab\psi(x)$$

となって演算子は可換となる。

　物理量に対応した演算子が固有関数を有する場合、その物理量は固有値によって確定する。つまり、物理量に対応した演算子が 2 つあり、同じ固有関数を有する場合に、物理量が同時に確定することになる。一方、位置演算子と運動量演算子は、同じ固有関数を持たないので、片方の物理量が確定した場合には、もう片方の物理量が確定しないことになる。

第 8 章 調和振動子

　本章では、**調和振動子** (harmonic oscillator) あるいはミクロ粒子の**単振動** (simple harmonic motion) に対応したシュレーディンガー方程式の解法を紹介する。単振動は、円運動や固体内の原子の振動など、数多くの物理現象の基礎を与えるものであり、量子力学にとっても重要な位置を占めている。

8.1. 調和振動子のシュレーディンガー方程式

　ミクロ粒子に原点からの距離に比例して復元力が働く場合、距離を x、比例定数（バネ定数）を k とすると、復元力はフックの法則に従い

$$F(x) = -kx$$

となる。そのポテンシャルエネルギーは、$x = 0$ において $V = 0$ とすると

$$V(x) = -\int F(x)dx = \int kx\,dx = \frac{1}{2}kx^2$$

と与えられる。

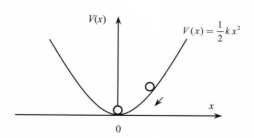

図 8-1　ミクロ粒子が原点から距離に比例した
復元力を感じるポテンシャル場

　つまり、図 8-1 のような形状をしたポテンシャルの中でのミクロ粒子の運動

に対応する。したがって、質量が m で、エネルギーが E の調和振動子が従うシュレーディンガー方程式は

$$-\frac{h^2}{8\pi^2 m}\frac{d^2\psi(x)}{dx^2}+V(x)\psi(x)=E\psi(x)$$

において、ポテンシャルエネルギーを

$$V(x)=(1/2)kx^2$$

と置いたものとなり

$$-\frac{h^2}{8\pi^2 m}\frac{d^2\psi(x)}{dx^2}+\frac{kx^2}{2}\psi(x)=E\psi(x)$$

となる。ここで、単振動の角周波数を ω とすると

$$\omega=\sqrt{\frac{k}{m}}$$

という関係にあるから

$$-\frac{h^2}{8\pi^2 m}\frac{d^2\psi(x)}{dx^2}+\frac{m\omega^2 x^2}{2}\psi(x)=E\psi(x)$$

となる。変形すると

$$\frac{d^2\psi(x)}{dx^2}-\frac{4\pi^2 m^2\omega^2}{h^2}x^2\psi(x)=-\frac{8\pi^2 mE}{h^2}\psi(x)$$

演習 8-1　表記の微分方程式を

$$\frac{h}{2\pi m\omega}\frac{d^2\psi(x)}{dx^2}-\frac{2\pi m\omega}{h}x^2\psi(x)=-\frac{4\pi E}{h\omega}\psi(x)$$

と変形したうえで、$\xi=\sqrt{\dfrac{2\pi m\omega}{h}}\,x$ という変数変換を施せ。

解）　　　$d\xi=\sqrt{\dfrac{2\pi m\omega}{h}}\,dx$ であるから

$$\frac{d\psi(x)}{dx}=\frac{d\psi(x)}{d\xi}\frac{d\xi}{dx}=\sqrt{\frac{2\pi m\omega}{h}}\frac{d\psi(\xi)}{d\xi}$$

となるので

$$\frac{d^2\psi(x)}{dx^2} = \frac{2\pi m\omega}{h}\frac{d^2\psi(\xi)}{d\xi^2}$$

また

$$\xi^2 = \frac{2\pi m\omega}{h}x^2$$

となるから、表記の微分方程式は

$$\frac{d^2\psi(\xi)}{d\xi^2} - \xi^2\psi(\xi) = -\frac{4\pi E}{h\omega}\psi(\xi)$$

となる。

さらに

$$\varepsilon = \frac{4\pi E}{h\omega}\ \left(= \frac{2E}{\hbar\omega} = \frac{2E}{h\nu}\right)$$

と置きなおす[14]と

$$\frac{d^2\psi(\xi)}{d\xi^2} - \xi^2\psi(\xi) = -\varepsilon\psi(\xi)$$

から

$$\frac{d^2\psi(\xi)}{d\xi^2} + (\varepsilon - \xi^2)\psi(\xi) = 0$$

という簡単なかたちをした微分方程式が得られる。

これは、**変係数の 2 階同次線形微分方程式** (homogeneous linear differential equation of second order with variable coefficients) である。ただし、このかたちのままでは、簡単に解法することはできず工夫が必要となる。ここでは

$$\psi(\xi) = f(\xi)\exp\left(-\frac{\xi^2}{2}\right)$$

というかたちの解を仮定する。$\exp(-\xi^2/2)$ は、左右対称であり、さらに距離に相当する ξ とともに減衰することに対応している。

---

[14] これは、エネルギーをエネルギー量子という単位の $h\nu$ で規格化して無次元化したものとみなすことができる。また $\hbar = h/2\pi$ であるから $\hbar\omega = h\nu$ となる。

演習 8-2　微分方程式

$$\frac{d^2\psi(\xi)}{d\xi^2} + (\varepsilon - \xi^2)\psi(\xi) = 0$$

に $\psi(\xi) = f(\xi)\exp(-\xi^2/2)$ を代入し、$f(\xi)$ に関する方程式を導出せよ。

解）
$$\frac{d\psi(\xi)}{d\xi} = \frac{df(\xi)}{d\xi}\exp\left(-\frac{\xi^2}{2}\right) - \xi f(\xi)\exp\left(-\frac{\xi^2}{2}\right)$$

となる。さらに右辺を ξ に関して微分すると

$$\frac{d^2\psi(\xi)}{d\xi^2} = \frac{d^2 f(\xi)}{d\xi^2}\exp\left(-\frac{\xi^2}{2}\right) - 2\xi\frac{df(\xi)}{d\xi}\exp\left(-\frac{\xi^2}{2}\right)$$
$$- f(\xi)\exp\left(-\frac{\xi^2}{2}\right) + \xi^2 f(\xi)\exp\left(-\frac{\xi^2}{2}\right)$$

となる。表記の微分方程式に代入すると

$$\frac{d^2 f(\xi)}{d\xi^2}\exp\left(-\frac{\xi^2}{2}\right) - 2\xi\frac{df(\xi)}{d\xi}\exp\left(-\frac{\xi^2}{2}\right) + (\varepsilon - 1)f(\xi)\exp\left(-\frac{\xi^2}{2}\right) = 0$$

となり、結局

$$\frac{d^2 f(\xi)}{d\xi^2} - 2\xi\frac{df(\xi)}{d\xi} + (\varepsilon - 1)f(\xi) = 0$$

という $f(\xi)$ に関する微分方程式が得られる。

したがって、表記の微分方程式を満足する解 $f(\xi)$ が得られれば

$$\psi(\xi) = f(\xi)\exp\left(-\frac{\xi^2}{2}\right)$$

が調和振動子の微分方程式の解となることがわかる。よって、問題は、この $f(\xi)$ に関する新しい微分方程式を解くことにある。

8.2.　エルミートの微分方程式

実は、調和振動子に関する微分方程式は

$$2m = \varepsilon - 1$$

と置くと**エルミートの微分方程式** (Hermite's differential equation)

$$\frac{d^2 f(\xi)}{d\xi^2} - 2\xi \frac{df(\xi)}{d\xi} + 2m\,f(\xi) = 0$$

となる[15]。

この方程式は数学者の間ではよく知られており、その解も一般式も導出されていて、**エルミート多項式** (Hermite polynomials) と呼ばれている。われわれは、その数学的所産を利用することにする。

ただし、ここでは、実際に級数展開法により解を求めてみよう。

演習 8-3 微分方程式

$$\frac{d^2 f(\xi)}{d\xi^2} - 2\xi \frac{df(\xi)}{d\xi} + 2m\,f(\xi) = 0$$

の解を級数

$$f(\xi) = a_0 + a_1 \xi^1 + a_2 \xi^2 + ... + a_n \xi^n + ...$$

と仮定して解法せよ。

解）
$$\frac{df(\xi)}{d\xi} = a_1 + 2a_2 \xi + ... + na_n \xi^{n-1} + ...$$

$$\frac{d^2 f(\xi)}{d\xi^2} = 2 \cdot 1 a_2 + 3 \cdot 2 a_3 \xi + ... + n(n-1)a_n \xi^{n-2} + ...$$

であるから、これらを微分方程式に代入すると

$$2 \cdot 1 a_2 + 3 \cdot 2 a_3 \xi + ... + n(n-1)a_n \xi^{n-2} + ... -2a_1 \xi - 4a_2 \xi^2 - ... - 2na_n \xi^n - ...$$
$$+ 2ma_0 + 2ma_1 \xi + 2ma_2 \xi^2 + ... + 2ma_n \xi^n + ... = 0$$

となる。この方程式が恒等的に成立するためには、それぞれのべき項の係数が0でなければならない。

すると、定数項は

$$2 \cdot 1 a_2 + 2ma_0 = 0$$

のように0となる。よって

---

[2] エルミートという名称は、フランスの数学者である Charles Hermite (1822-1901) にちなんだものである。エルミートは数多くの業績を残しているが、特に量子力学への影響が大きいエルミート行列やエルミート演算子などが有名である。

$$a_2 = -\frac{2m}{2\cdot 1}a_0 = \frac{2(-m)}{2\cdot 1}a_0$$

という関係が得られる。つぎに ξ の係数は

$$3\cdot 2a_3 - 2a_1 + 2ma_1 = 0$$

から

$$a_3 = \frac{2(1-m)}{3\cdot 2}a_1$$

という関係が得られる。つぎに ξ^2 の係数は

$$4\cdot 3a_4 - 4a_2 + 2ma_2 = 0$$

から

$$a_4 = \frac{2(2-m)}{4\cdot 3}a_2 = \frac{2(2-m)}{4\cdot 3}\frac{2(-m)}{2\cdot 1}a_0 = \frac{2^2(2-m)(0-m)}{4!}a_0$$

という関係が得られる。つぎに ξ^3 の係数は

$$5\cdot 4a_5 - 6a_3 + 2ma_3 = 0$$

$$a_5 = \frac{6-2m}{5\cdot 4}a_3 = \frac{2(3-m)}{5\cdot 4}\frac{2(1-m)}{3\cdot 2}a_1 = \frac{2^2(3-m)(1-m)}{5!}a_1$$

という関係が得られる。以下、同様にして

$$a_6 = \frac{2^3(4-m)(2-m)(0-m)}{6!}a_0$$

$$a_7 = \frac{2^3(5-m)(3-m)(1-m)}{7!}a_1$$

となる。

　したがって求める解は

$$f(\xi) = a_0\left\{1 + \frac{2(0-m)}{2!}\xi^2 + \frac{2^2(2-m)(0-m)}{4!}\xi^4 + \frac{2^3(4-m)(2-m)(0-m)}{6!}\xi^6 + ...\right\}$$

$$+ a_1\left\{\xi + \frac{2(1-m)}{3!}\xi^3 + \frac{2^2(3-m)(1-m)}{5!}\xi^5 + \frac{2^3(5-m)(3-m)(1-m)}{7!}\xi^7 + ...\right\}$$

のような無限級数となる。

　これが、エルミートの微分方程式の一般解であり、a_0 および a_1 の 2 個が任意定数となる。ただし、調和振動子の解としては、このままでは問題がある。こ

の式は無限級数であるため、いくらでも高次の ξ^n が現れる。ξ は距離に対応する変数であるから、このままでは、単振動が無限遠で大きくなってしまう。それでは、どうすればよいのであろうか。

演習 8-4　$m = 4$ のとき、発散しないエルミートの微分方程式の解を求めよ。

解）　まず、$m = 4$ とすると、a_0 の項の第 3 項以上の係数がすべて 0 となる。一方、a_1 の項は発散してしまう。そこで、$a_1 = 0$ と置く。

すると

$$f(\xi) = a_0 \left\{ 1 + \frac{2(0-4)}{2!}\xi^2 + \frac{2^2(2-4)(0-4)}{4!}\xi^4 + \frac{2^3(4-4)(2-4)(0-4)}{6!}\xi^6 + ... \right\}$$

$$= a_0 \left(1 - \frac{8}{2!}\xi^2 + \frac{32}{4!}\xi^4 \right)$$

となり、多項式が得られる。

これをエルミート多項式と呼んでいる。一般には、$m = 4$ を添え字にして

$$H_4(\xi) = a_0 \left(1 - \frac{8}{2!}\xi^2 + \frac{32}{4!}\xi^4 \right) = a_0 \left(1 - 4\xi^2 + \frac{4}{3}\xi^4 \right)$$

と表記する。一方、m が奇数の場合には、$a_0 = 0$ と置けばよいことになる。たとえば、$m = 5$ の場合には

$$H_5(\xi) = a_1 \left(\xi - \frac{8}{3!}\xi^3 + \frac{32}{5!}\xi^5 \right) = a_1 \left(\xi - \frac{4}{3}\xi^3 + \frac{4}{15}\xi^5 \right)$$

という多項式となる。

演習 8-5　$m = 0, 1, 2, 3$ に対応したエルミート多項式を求めよ。

解）

$$H_0(\xi) = a_0 \qquad H_1(\xi) = a_1\xi \qquad H_2(\xi) = a_0(1 - 2\xi^2)$$

$$H_3(\xi) = a_1 \left(\xi - \frac{2}{3}\xi^3 \right)$$

と与えられる。ただし、a_0 および a_1 は任意定数である。

　定数は任意として、エルミート多項式の一般式を示すと

$$H_m(\xi) = \sum_{r=0}^{[m/2]} \frac{(-1)^r \, m!}{(m-2r)! \, r!} (2\xi)^{m-2r}$$

となる。 $[m/2]$ はガウス記号であって、$m/2$ を超えない整数値という意味である。

演習 8-6　上記の公式を利用して、エルミート多項式 $H_m(\xi)$ の $m = 0, 1, 2, 3, 4,$ 5 に対応した式を計算せよ。

　解）　一般式に m の値を代入すると

$$H_0(\xi) = \sum_{r=0}^{0} \frac{(-1)^r \, 0!}{(0-2r)! \, r!} (2\xi)^{0-2r} = 1$$

$$H_1(\xi) = \sum_{r=0}^{0} \frac{(-1)^r \, 1!}{(1-2r)! \, r!} (2\xi)^{1-2r} = 2\xi$$

$$H_2(\xi) = \sum_{r=0}^{1} \frac{(-1)^r \, 2!}{(2-2r)! \, r!} (2\xi)^{2-2r} = 4\xi^2 - 2 = -2(1-2\xi^2)$$

$$H_3(\xi) = \sum_{r=0}^{1} \frac{(-1)^r \, 3!}{(3-2r)! \, r!} (2x)^{3-2r} = 8\xi^3 - 12\xi = -12\left(\xi - \frac{2}{3}\xi^3\right)$$

$$H_4(\xi) = \sum_{r=0}^{2} \frac{(-1)^r \, 4!}{(4-2r)! \, r!} (2\xi)^{4-2r} = 16\xi^4 - 48\xi^2 + 12 = 12\left(1 - 4\xi^2 + \frac{4}{3}\xi^4\right)$$

$$H_5(\xi) = \sum_{r=0}^{2} \frac{(-1)^r \, 5!}{(5-2r)! \, r!} (2\xi)^{5-2r} = 32\xi^5 - 160\xi^3 + 120\xi = 120\left(\xi - \frac{4}{3}\xi^2 + \frac{4}{15}\xi^4\right)$$

と与えられる。

　よって、任意定数 a_0, a_1 を上記のように置けば、先ほど求めた値と一致していることがわかる。

　エルミートの微分方程式の一般解は、エルミート多項式を使うと

$$f_n(\xi) = C_n H_n(\xi)$$

となる。ただし、C_n は任意定数である。実は、調和振動子を考えると、n には
ミクロ粒子のエネルギー準位という意味がある。

$$2n = \varepsilon - 1 \quad \text{から} \quad \varepsilon = 2n + 1$$

となるが $\varepsilon = 2E/\hbar\omega$ であったから

$$E = \left(n + \frac{1}{2} \right) \hbar\omega$$

という関係が得られる。これが調和振動子のエネルギー固有値である。このと
き、$n = 0$ というエネルギー準位に対して

$$E_0 = \left(0 + \frac{1}{2} \right) \hbar\omega = \frac{1}{2} \hbar\omega$$

というエネルギーが対応する。これが**基底状態 (ground state)** であり、E_0 は**ゼロ
点エネルギー (zero-point energy: ZPE)** と呼ばれている[16]。これより、高いエネル
ギーレベルは

$$E_1 = \frac{3}{2} \hbar\omega \quad E_2 = \frac{5}{2} \hbar\omega \quad E_3 = \frac{7}{2} \hbar\omega \quad E_4 = \frac{9}{2} \hbar\omega \quad ...$$

となる。このように、量子力学で扱う調和振動子のエネルギーは飛び飛びの値
をとり、量子化されているのである。

　ところで、調和振動子の波動関数は

$$\psi(\xi) = f(\xi) \exp\left(-\frac{\xi^2}{2} \right)$$

であったので、エネルギー準位 n に対応した波動関数は

$$\psi_n(\xi) = f_n(\xi) \exp\left(-\frac{\xi^2}{2} \right) = C_n H_n(\xi) \exp\left(-\frac{\xi^2}{2} \right)$$

と与えられることになる。

　ただし、このままでは C_n は任意定数のままである。この値は、波動関数の規
格化条件から求めることができる。それを紹介しよう。

---

[16] 古典力学では、基底とは完全に静止した状態であり、$\Delta x = 0, \Delta p = 0$ の状態と考えられ
る。一方、量子力学では、第7章で紹介した不確定性原理により $\Delta x \Delta p \geq \hbar/2$ という関係
にあり、$\Delta x = 0, \Delta p = 0$ の状態は存在できない。この結果、ゼロ点エネルギー $\hbar\omega/2$ が存
在すると考えられている。

8.3.　波動関数の規格化

波動関数の規格化条件は

$$\int_{-\infty}^{+\infty} \left| \psi_n(x) \right|^2 dx = 1$$

であった。

演習 8-7　変数変換

$$\xi = \sqrt{\frac{2\pi m \omega}{h}}\, x$$

によって、上記の規格化条件の積分変数を x から ξ に変換せよ。

　解）　　この変数変換によって積分範囲は変わらない。

$$dx = \sqrt{\frac{h}{2\pi m \omega}}\, d\xi$$

であるから

$$\int_{-\infty}^{+\infty} \left| \psi_n(x) \right|^2 dx = \left| C_n \right|^2 \sqrt{\frac{h}{2\pi m \omega}} \int_{-\infty}^{+\infty} \left| H_n(\xi) \right|^2 \exp(-\xi^2)\, d\xi = 1$$

となる。

　ここで、規格化定数を求めるために、ふたたび数学的所産を利用することにしよう。エルミート多項式には

$$\int_{-\infty}^{+\infty} \left| H_n(x) \right|^2 \exp(-x^2)\, dx = \sqrt{\pi}\, 2^n n!$$

という性質がある[17]。

演習 8-8　上記のエルミート多項式の性質を利用して、規格化条件から定数 C_n の値を求めよ。

---

[17] この式の導出過程は、補遺 8-1 の A8.3 節で紹介するので参照いただきたい。

解）　規格化条件である

$$|C_n|^2 \sqrt{\frac{h}{2\pi m\omega}} \int_{-\infty}^{+\infty} |H_n(\xi)|^2 \exp(-\xi^2) d\xi = 1$$

において

$$\int_{-\infty}^{+\infty} |H_n(\xi)|^2 \exp(-\xi^2) \, d\xi = \sqrt{\pi} \, 2^n n!$$

を代入すると

$$|C_n|^2 \sqrt{\frac{h}{2\pi m\omega}} \sqrt{\pi} \, 2^n n! = 1$$

という関係が得られる。したがって

$$|C_n|^2 = \sqrt{\frac{2m\omega}{h}} \frac{1}{2^n n!}$$

となり、定数項として正の値をとれば

$$C_n = \sqrt[4]{\frac{2m\omega}{h}} \frac{1}{\sqrt{2^n n!}}$$

が規格化定数となる。

したがって、調和振動子に対応した規格化された波動関数は

$$\psi_n(x) = \sqrt[4]{\frac{2m\omega}{h}} \frac{1}{\sqrt{2^n n!}} H_n\left(\sqrt{\frac{2\pi m\omega}{h}} x\right) \exp\left(-\frac{\pi m\omega}{h} x^2\right)$$

と与えられることになる。

演習 8-9　基底状態の $n = 0$ に対応した調和振動子の規格化された波動関数を求めよ。

解）　$n = 0$ に対応した波動関数は

$$\psi_0(x) = \sqrt[4]{\frac{2m\omega}{h}} H_0\left(\sqrt{\frac{2\pi m\omega}{h}} x\right) \exp\left(-\frac{\pi m\omega}{h} x^2\right)$$

となる。

　ここで、エルミート多項式は $H_0(\xi) = 1$ であったので

$$\psi_0(x) = \sqrt[4]{\frac{2m\omega}{h}}\exp\left(-\frac{\pi m\omega}{h}x^2\right)$$

となる。

　これが、エネルギーの最も低い基底状態の調和振動子の波動関数である。グラフにすると図 8-2 のようになる。

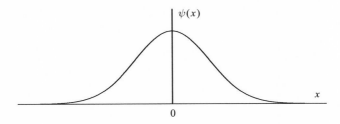

図 8-2　エネルギーが最も低い調和振動子 $(n = 0)$ の波動関数

　ただし、すでに紹介したように物理的意味を有するのは波動関数ではない。波動関数の絶対値の 2 乗によって与えられる確率密度関数 $R_0(x) = \left|\psi_0(x)\right|^2$ である。このとき、x と $x+dx$ の間にミクロ粒子見いだす確率は $R_0(x)dx$ と与えられ、これが、物理的実態となる。いまの場合

$$R_0(x) = \left|\psi_0(x)\right|^2 = \sqrt{\frac{2m\omega}{h}}\exp\left(-\frac{2\pi m\omega}{h}x^2\right)$$

となる。

　これは、ガウス関数となり、基本的には図 8-2 と同様に、中心部にピークがあり、距離の増加とともに存在確率が減少するという分布を示す。単振動という古典的描像から想像しやすい分布である。

　それでは、つぎのエネルギー準位では、どうなるだろうか。$n = 1$ に対応した波動関数は

$$\psi_1(x) = \sqrt[4]{\frac{2m\omega}{h}}\frac{1}{\sqrt{2}}H_1\left(\sqrt{\frac{2\pi m\omega}{h}}x\right)\exp\left(-\frac{\pi m\omega}{h}x^2\right)$$

となる。

　エルミート多項式は、$H_1(\xi) = 2\xi$ であったので

$$H_1\left(\sqrt{\frac{2\pi m\omega}{h}}x\right) = 2\sqrt{\frac{2\pi m\omega}{h}}\ x$$

よって

$$\psi_1(x) = \sqrt[4]{\frac{2m\omega}{h}}\ \frac{1}{\sqrt{2}}2\sqrt{\frac{2\pi m\omega}{h}}\ x\exp\left(-\frac{\pi m\omega}{h}x^2\right)$$

$$= \sqrt[4]{\frac{2m\omega}{h}}\ \sqrt{\frac{4\pi m\omega}{h}}\ x\exp\left(-\frac{\pi m\omega}{h}x^2\right)$$

となる。

　ここで、エネルギー準位が $n = 1$ に対応した波動関数 $\psi_1(x)$ のグラフを示すと図 8-3 のようになる。

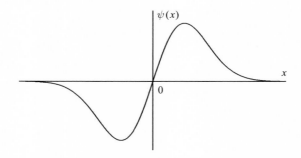

図 8-3　$n = 1$ の調和振動子の波動関数

　この波動関数に対応した確率密度関数 $R_1(x)$ は

$$R_1(x) = |\psi_1(x)|^2 = \sqrt{\frac{2m\omega}{h}}\ \frac{4\pi m\omega}{h}x^2\exp\left(-\frac{2\pi m\omega}{h}x^2\right)$$

となる。

　この確率密度関数をグラフ化すると図 8-4 のようになる。これが、調和振動子の確率密度の空間分布を与えることになる。

　この図からわかるように、面白いことに、エネルギー準位が $n = 1$ の場合は、単振動の中心位置におけるミクロ粒子の存在確率は 0 となる。不思議ではあるが、これも電子の波動性を反映した結果である。

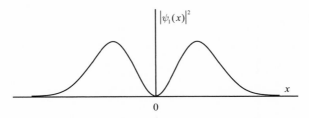

図 8-4　$n = 1$ の調和振動子の確率密度の空間分布

演習 8-10　つぎの積分を計算せよ。

$$\int_{-\infty}^{+\infty} |\psi_1(x)|^2\, dx$$

解）

$$\sqrt{\frac{2m\omega}{h}}\,\frac{4\pi m\omega}{h}\int_{-\infty}^{+\infty} x^2 \exp\left(-\frac{2\pi m\omega}{h}x^2\right)dx$$

という積分となる。

　この積分は、つぎのガウス積分から求めることができる。

$$\int_{-\infty}^{\infty} \exp(-ax^2)\,dx = \sqrt{\frac{\pi}{a}}$$

この両辺を a の関数と考え、a で微分してみよう。すると、左辺は

$$\frac{d}{da}\left\{\int_{-\infty}^{\infty} \exp(-ax^2)\,dx\right\} = -\int_{-\infty}^{\infty} x^2 \exp(-ax^2)\,dx$$

となる。つぎに右辺は

$$\sqrt{\frac{\pi}{a}} = \sqrt{\pi}\,a^{-\frac{1}{2}}$$

より

$$\frac{d}{da}\left(\sqrt{\frac{\pi}{a}}\right) = -\frac{1}{2}\sqrt{\pi}\,a^{-\frac{3}{2}}$$

となる。したがって

$$\int_{-\infty}^{\infty} x^2 \exp(-ax^2)\,dx = \frac{\sqrt{\pi}}{2}\,a^{-\frac{3}{2}}$$

という積分公式が得られる。

よって、表記の積分は

$$\int_{-\infty}^{+\infty} x^2 \exp\left(-\frac{2\pi m\omega}{h}x^2\right)dx = \frac{\sqrt{\pi}}{2}\left(\frac{2\pi m\omega}{h}\right)^{-\frac{3}{2}}$$

となる。ここで、積分の前の定数は

$$\sqrt{\frac{2m\omega}{h}}\,\frac{4\pi m\omega}{h} = \frac{2}{\sqrt{\pi}}\,\frac{2\pi m\omega}{h}\sqrt{\frac{2\pi m\omega}{h}} = \frac{2}{\sqrt{\pi}}\left(\frac{2\pi m\omega}{h}\right)^{\frac{3}{2}}$$

と変形できるから

$$\int_{-\infty}^{+\infty}\left|\psi_1(x)\right|^2 dx = \sqrt{\frac{2m\omega}{h}}\,\frac{4\pi m\omega}{h}\int_{-\infty}^{+\infty} x^2 \exp\left(-\frac{2\pi m\omega}{h}x^2\right)dx = 1$$

となる。

したがって、波動関数 $\psi_1(x)$ が規格化されていることが確認できる。それでは、直交性についても調べてみよう。異なるエネルギー準位に属する固有関数である波動関数は直交する。直交とは、$m \neq n$ のとき

$$\int_{-\infty}^{+\infty} \psi_m(x)\,\psi_n(x)\,dx = 0$$

が成立することである。

演習 8-11　つぎの関係が成立することを確かめよ。
$$\int_{-\infty}^{+\infty} \psi_0(x)\,\psi_1(x)\,dx = 0$$

解）　波動関数は

$$\psi_0(x) = \sqrt[4]{\frac{2m\omega}{h}}\exp\left(-\frac{\pi m\omega}{h}x^2\right)$$

$$\psi_1(x) = \sqrt[4]{\frac{2m\omega}{h}}\sqrt{\frac{4\pi m\omega}{h}}\,x\exp\left(-\frac{\pi m\omega}{h}x^2\right)$$

であるから

$$\psi_0(x)\psi_1(x) = \sqrt{\frac{2m\omega}{h}}\sqrt{\frac{4\pi m\omega}{h}}\,x\exp\left(-\frac{2\pi m\omega}{h}x^2\right)$$

$$= \sqrt{2\pi}\,\frac{2m\omega}{h}\,x\exp\left(-\frac{2\pi m\omega}{h}x^2\right)$$

となるが、これは奇関数であるから

$$\int_{-\infty}^{+\infty}\psi_0(x)\,\psi_1(x)\,dx = 0$$

となる。

実は、調和振動子の波動関数の直交性はエルミート多項式の直交性

$$\int_{-\infty}^{+\infty}H_m(x)H_n(x)\exp(-x^2)\,dx = 0$$

から、$m \neq n$ のとき成立することが確認できる[18]。

演習 8-12　エネルギー準位が $n=2$ に対応した調和振動子の波動関数を求めよ。

解）　$n=2$ の場合

$$\psi_2(x) = \sqrt[4]{\frac{2m\omega}{\pi h}}\,\frac{1}{\sqrt{8}}\,H_2\left(\sqrt{\frac{2\pi m\omega}{h}}x\right)\exp\left(-\frac{\pi m\omega}{h}x^2\right)$$

となる。

エルミート多項式は

$$H_2(\xi) = 4\xi^2 - 2$$

であったので

$$H_2\left(\sqrt{\frac{2\pi m\omega}{h}}x\right) = \frac{8\pi m\omega}{h}x^2 - 2$$

を代入すると

$$\psi_2(x) = \sqrt[4]{\frac{2m\omega}{\pi h}}\,\frac{1}{\sqrt{8}}\left(\frac{8\pi m\omega}{h}x^2 - 2\right)\exp\left(-\frac{\pi m\omega}{h}x^2\right)$$

---

[18] 補遺 8-1 の A8.4 節を参照いただきたい。

となる。この波動関数をグラフで示すと図 8-5 のようになる。

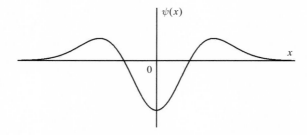

$\psi(x)$

図 8-5　$n=2$ の調和振動子の波動関数

同様にして $n=3$ の場合は

$$\psi_3(x) = \sqrt[4]{\frac{2m\omega}{\pi h}}\,\frac{1}{\sqrt{48}}\,H_3\!\left(\sqrt{\frac{2\pi m\omega}{h}}\,x\right)\exp\!\left(-\frac{\pi m\omega}{h}x^2\right)$$

となり、エルミート多項式は

$$H_3(\xi) = 8\xi^3 - 12\xi$$

であったから

$$\psi_3(x) = \sqrt[4]{\frac{2m\omega}{\pi h}}\,\frac{1}{\sqrt{48}}\left(\frac{16\pi m\omega}{h}\sqrt{\frac{2\pi m\omega}{h}}x^3 - 12\sqrt{\frac{2\pi m\omega}{h}}x\right)\exp\!\left(-\frac{\pi m\omega}{h}x^2\right)$$

という波動関数が得られる。

グラフで示すと図 8-6 のようになる。

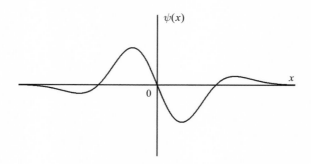

$\psi(x)$

図 8-6　$n=3$ の調和振動子の波動関数

　ふたたび、原点における電子の存在確率が 0 という波動関数となっている。以下、同様にして、n が大きなエネルギー準位における調和振動子の規格化された波動関数を求めることができる。もちろん、物理的意味を有するのは、その絶対値の 2 乗である確率密度関数となる。

補遺 8-1　エルミート多項式

A8. 1.　母関数

エルミート多項式は、エルミートの微分方程式の解であるが、別の導出方法もある。それは、**母関数** (generating function) を利用する方法である。このとき、母関数をべき級数に展開した際の n 次多項式の展開係数として、エルミート多項式は与えられる。

エルミート多項式の母関数は

$$G_H(x,t) = \exp(2xt - t^2)$$

となる。これを変数 t に関してべき級数展開したとき

$$G_H(x,t) = \sum_{n=0}^{\infty} H_n(x) \frac{t^n}{n!}$$

となるが、この展開係数の $H_n(x)$ がエルミート多項式となる。

演習 A8-1　母関数をつぎのように分解したうえで、級数展開せよ。

$$G_H(x,t) = \exp(2xt - t^2) = \exp(2xt)\exp(-t^2)$$

解）　指数関数の級数展開は

$$\exp(x) = 1 + x + \frac{1}{2!}x^2 + \frac{1}{3!}x^3 + ... + \frac{1}{n!}x^n + ...$$

であった。したがって

$$\exp(2xt) = 1 + 2xt + \frac{1}{2!}(2xt)^2 + \frac{1}{3!}(2xt)^3 + ...$$

$$\exp(-t^2) = 1 + (-t^2) + \frac{1}{2!}(-t^2)^2 + \frac{1}{3!}(-t^2)^3 + ...$$

となり、母関数は

$$G_H(x,t) = \left\{1 + 2xt + \frac{1}{2!}(2xt)^2 + \frac{1}{3!}(2xt)^3 + ...\right\}\left\{1 + (-t^2) + \frac{1}{2!}(-t^2)^2 + \frac{1}{3!}(-t^2)^3 + ...\right\}$$

という級数の積となる。

これら級数の積を考えるために、シグマ記号を使うと

$$\exp(2xt) = \sum_{p=0}^{\infty} \frac{(2xt)^p}{p!} = \sum_{p=0}^{\infty} \frac{(2x)^p}{p!}t^p$$

$$\exp(-t^2) = \sum_{r=0}^{\infty} \frac{(-t^2)^r}{r!} = \sum_{r=0}^{\infty} \frac{(-1)^r}{r!}t^{2r}$$

と表記できる。級数の積は任意の項どうしの積となるので、ここでは、和をとる記号を p と r と区別している。これらの積を計算すると

$$G_H(x,t) = \sum_{p=0}^{\infty}\sum_{r=0}^{\infty} \frac{(2x)^p(-1)^r}{p!\,r!}t^{p+2r}$$

となる。よって、t のべきは $p+2r$ となる。

演習 A8-2　$p+2r=n$ と置いて、母関数 $G_H(x,t) = \exp(2xt - t^2)$ の展開式において、p の和を n の和に変えよ。

解）　先ほど求めた母関数の級数の積である

$$G_H(x,t) = \sum_{p=0}^{\infty}\sum_{r=0}^{\infty} \frac{(2x)^p(-1)^r}{p!\,r!}t^{p+2r}$$

に、$p = n-2r$ を代入すると

$$G_H(x,t) = \sum_{n=0}^{\infty}\sum_{r=0}^{\infty} \frac{(-1)^r(2x)^{n-2r}}{(n-2r)!\,r!}t^n$$

となる。

これで、母関数を t のべき級数に展開できた。ここで、分子分母に $n!$ をかけると

$$G_H(x,t) = \sum_{n=0}^{\infty}\sum_{r=0}^{\infty} \frac{(-1)^r n!(2x)^{n-2r}}{(n-2r)!\,r!}\frac{t^n}{n!}$$

となる。

　このとき、$t_n / n!$ の展開係数を $H_n(x)$ と置くと

$$G_H(x,t) = \sum_{n=0}^{\infty} H_n(x) \frac{t^n}{n!}$$

となるが、$H_n(x)$ がエルミート多項式となる。よって

$$H_n(x) = \sum_{r=0}^{\infty} \frac{(-1)^r \, n!}{(n-2r)! \, r!} (2x)^{n-2r}$$

となる。ところで、このままのかたちでは、右辺は無限級数となって多項式とはならないように見えるがどうだろうか。実は $2x$ のべきが $n-2r$ となっているので、rには

$$n-2r \leq 0 \quad から \quad r \leq n/2$$

という上限がある。さらに、r は整数であるから、n が奇数のときも含めると、和をとる r の最大値は $[n/2]$ となる。ここで $[\ ]$ はガウス記号であって、$n/2$ を超えない整数を意味する。

　したがって、エルミート多項式の一般式は

$$H_n(x) = \sum_{r=0}^{[n/2]} \frac{(-1)^r \, n!}{(n-2r)! \, r!} (2x)^{n-2r}$$

となる。

A8. 2.　エルミートの微分方程式の導出

　エルミート多項式 $H_n(x)$ は、エルミートの微分方程式の解である。実は、母関数 $G_H(x,t) = \exp(2xt - t^2)$ を利用して、エルミートの微分方程式を導出することもできる。さらに、その解がエルミート多項式となることも明らかとなる。それを紹介しよう。まず、母関数は

$$G_H(x,t) = \exp(2xt - t^2) = \sum_{n=0}^{\infty} H_n(x) \frac{t^n}{n!}$$

と与えられる。

演習 A8-3　母関数を t に関して偏微分せよ。

解）　まず、$G_H(x,t) = \exp(2xt - t^2)$ では

$$\frac{\partial G_H(x,t)}{\partial t} = (2x - 2t)\exp(2xt - t^2) = 2(x-t)G_H(x,t)$$

となる。つぎに

$$G_H(x,t) = \sum_{n=0}^{\infty} H_n(x)\frac{t^n}{n!}$$

においては

$$\frac{\partial G_H(x,t)}{\partial t} = \sum_{n=0}^{\infty} H_n(x)\frac{nt^{n-1}}{n!} = \sum_{n=0}^{\infty} H_n(x)\frac{t^{n-1}}{(n-1)!}$$

となる。

これらが等しいのであるから

$$\sum_{n=0}^{\infty} H_n(x)\frac{t^{n-1}}{(n-1)!} = 2(x-t)G_H(x,t) = 2(x-t)\sum_{n=0}^{\infty} H_n(x)\frac{t^n}{n!}$$

という関係式が得られる。右辺を 2 個の和に分けると

$$\sum_{n=0}^{\infty} H_n(x)\frac{nt^{n-1}}{n!} = \sum_{n=0}^{\infty} 2xH_n(x)\frac{t^n}{n!} - \sum_{n=0}^{\infty} 2H_n(x)\frac{t^{n+1}}{n!}$$

となる。したがって

$$\sum_{n=0}^{\infty} H_n(x)\frac{t^{n-1}}{(n-1)!} - \sum_{n=0}^{\infty} 2xH_n(x)\frac{t^n}{n!} + \sum_{n=0}^{\infty} 2H_n(x)\frac{t^{n+1}}{n!} = 0$$

という等式が得られる。

演習 A8-4　上記の等式において t^n の係数を抜き出せ。

解）

$$\sum_{n=0}^{\infty} H_n(x)\frac{t^{n-1}}{(n-1)!} \text{ における } t^n \text{ の係数は } H_{n+1}(x)\frac{1}{n!}$$

$$\sum_{n=0}^{\infty} 2xH_n(x)\frac{t^n}{n!} \text{ における } t^n \text{ の係数は } 2xH_n(x)\frac{1}{n!}$$

$$\sum_{n=0}^{\infty} 2H_n(x)\frac{t^{n+1}}{n!} \text{ における } t^n \text{ の係数は } 2H_{n-1}(x)\frac{1}{(n-1)!}$$

となる。よって、t^n の係数は

$$H_{n+1}(x)\frac{1}{n!} - 2xH_n(x)\frac{1}{n!} + 2H_{n-1}(x)\frac{1}{(n-1)!}$$

となる。

　先ほど求めた等式が恒等的に成立するためには t^n の係数が 0 でなければならない。よって

$$H_{n+1}(x)\frac{1}{n!} - 2xH_n(x)\frac{1}{n!} + 2H_{n-1}(x)\frac{1}{(n-1)!} = 0$$

となる。両辺に $n!$ をかけると

$$H_{n+1}(x) - 2xH_n(x) + 2nH_{n-1}(x) = 0$$

という関係が得られる。結局

$$H_{n+1}(x) = 2xH_n(x) - 2nH_{n-1}(x)$$

というエルミート多項式における漸化式が得られることになる。
　つぎに母関数を x について偏微分してみよう。すると

$$\frac{\partial G_H(x,t)}{\partial x} = 2t\exp(2xt - t^2) = 2tG_H(x,t)$$

となる。そして

$$\frac{\partial G_H(x,t)}{\partial x} = \sum_{n=0}^{\infty} \frac{dH_n(x)}{dx}\frac{t^n}{n!}$$

であるから

$$\frac{\partial G_H(x,t)}{\partial x} = \sum_{n=0}^{\infty} \frac{dH_n(x)}{dx}\frac{t^n}{n!} = 2t\sum_{n=0}^{\infty} H_n(x)\frac{t^n}{n!}$$

となり

$$\sum_{n=0}^{\infty} \frac{dH_n(x)}{dx}\frac{t^n}{n!} - \sum_{n=0}^{\infty} 2H_n(x)\frac{t^{n+1}}{n!} = 0$$

という関係式が得られる。

　この等式が恒等的に成立するためには t^n の係数が 0 でなければならない。

$$\sum_{n=0}^{\infty} 2H_n(x)\frac{t^{n+1}}{n!} \quad における \ t^n \ 係数は \quad 2H_{n-1}(x)\frac{1}{(n-1)!}$$

となるので、上式の左辺の t^n の係数は

$$\frac{dH_n(x)}{dx}\frac{1}{n!} - 2H_{n-1}(x)\frac{1}{(n-1)!} = 0$$

となる。よって

$$\frac{dH_n(x)}{dx} = 2\frac{n!}{(n-1)!}H_{n-1}(x) = 2nH_{n-1}(x)$$

という関係が得られる。先ほど求めた漸化式の

$$H_{n+1}(x) = 2xH_n(x) - 2nH_{n-1}(x)$$

に、いま求めた関係を代入すると

$$\frac{dH_n(x)}{dx} = 2xH_n(x) - H_{n+1}(x)$$

という漸化式が得られる。

演習 A8-5　上記の漸化式を x に関して微分することで、エルミートの微分方程式を導出せよ。

　解）　漸化式を x で微分すると

$$\frac{d^2H_n(x)}{dx^2} = 2H_n(x) + 2x\frac{dH_n(x)}{dx} - \frac{dH_{n+1}(x)}{dx}$$

となる。ここで

$$\frac{dH_n(x)}{dx} = 2nH_{n-1}(x) \quad より \quad \frac{dH_{n+1}(x)}{dx} = 2(n+1)H_n(x)$$

であるから、$H_n(x)$ にそろえると

$$\frac{d^2H_n(x)}{dx^2} = 2H_n(x) + 2x\frac{dH_n(x)}{dx} - 2(n+1)H_n(x)$$

となり、整理すると

$$\frac{d^2 H_n(x)}{dx^2} - 2x\frac{dH_n(x)}{dx} + 2nH_n(x) = 0$$

という関係式が得られる。これは、エルミートの微分方程式である。

この結果は、エルミート多項式 $H_n(x)$ が微分方程式

$$\frac{d^2 F(x)}{dx^2} - 2x\frac{dF(x)}{dx} + 2nF(x) = 0$$

の解であることを示している。

A8.3. エルミート多項式の規格化因子

エルミート多項式の母関数を使うと

$$G_H(x,t) = \exp(2xt - t^2) = \sum_{m=0}^{\infty} H_m(x)\frac{t^m}{m!}$$

$$G_H(x,s) = \exp(2xs - s^2) = \sum_{n=0}^{\infty} H_n(x)\frac{s^n}{n!}$$

という2つの関係式が得られる。それぞれ辺々をかけると

$$\exp(2xt - t^2)\exp(2xs - s^2) = \sum_{m=0}^{\infty} H_m(x)\frac{t^m}{m!} \sum_{n=0}^{\infty} H_n(x)\frac{s^n}{n!}$$

$$= \sum_{m=0}^{\infty}\sum_{n=0}^{\infty} \frac{t^m s^n}{m!\,n!}H_m(x)\,H_n(x)$$

となる。さらに $\exp(-x^2)$ をかけると

$$\exp(-x^2)\exp(2xt - t^2)\exp(2xs - s^2) = \sum_{m=0}^{\infty}\sum_{n=0}^{\infty} \frac{t^m s^n}{m!\,n!}H_m(x)\,H_n(x)\exp(-x^2)$$

となる。$-\infty$ から $+\infty$ までの範囲で積分すると

$$\int_{-\infty}^{+\infty} \exp(-x^2)\exp(2xt - t^2)\exp(2xs - s^2)\,dx$$

$$= \sum_{m=0}^{\infty}\sum_{n=0}^{\infty} \frac{t^m s^n}{m!\,n!}\int_{-\infty}^{+\infty} H_m(x)\,H_n(x)\exp(-x^2)\,dx$$

となる。

演習 A8-6　つぎの積分を計算せよ。

$$\int_{-\infty}^{+\infty} \exp(-x^2)\exp(2xt-t^2)\exp(2xs-s^2)\,dx$$

$$=\int_{-\infty}^{+\infty} \exp\left\{-x^2+2x(t+s)-t^2-s^2\right\}dx$$

解）　ここで
$$[x-(t+s)]^2 = x^2-2x(t+s)+(t+s)^2 = x^2-2x(t+s)+t^2+s^2+2ts$$
であるから
$$-x^2+2x(t+s)-t^2-s^2 = -[x-(t+s)]^2+2ts$$
したがって
$$\int_{-\infty}^{+\infty} \exp\left\{-x^2+2x(t+s)-t^2-s^2\right\}dx = \exp(2ts)\int_{-\infty}^{+\infty}\exp\left\{-\left[x-(t+s)\right]^2\right\}dx$$

ここで**ガウス積分公式** (Gaussian integral formula)
$$\int_{-\infty}^{+\infty}\exp(-ax^2)\,dx = \sqrt{\frac{\pi}{a}}$$
を使うと
$$\int_{-\infty}^{+\infty}\exp\left\{-\left[x-(t+s)\right]^2\right\}dx = \sqrt{\pi}$$
から
$$\int_{-\infty}^{+\infty}\exp\left\{-x^2+2x(t+s)-t^2-s^2\right\}dx$$
$$= \exp(2ts)\int_{-\infty}^{+\infty}\exp\left\{-\left[x-(t+s)\right]^2\right\}dx = \sqrt{\pi}\,\exp(2ts)$$
となる。

したがって
$$\sum_{m=0}^{\infty}\sum_{n=0}^{\infty}\frac{t^m s^n}{m!\,n!}\int_{-\infty}^{+\infty}H_m(x)\,H_n(x)\exp(-x^2)\,dx = \sqrt{\pi}\,\exp(2ts)$$
となる。また

$$\exp(2ts) = 1 + 2ts + \frac{1}{2!}(2ts)^2 + \frac{1}{3!}(2ts)^3 + ... = \sum_{n=0}^{\infty} \frac{2^n t^n s^n}{n!}$$

であるから、$m = n$ のとき

$$\sum_{n=0}^{\infty} \frac{t^n s^n}{(n!)^2} \int_{-\infty}^{+\infty} H_n(x) H_n(x) \exp(-x^2) \, dx = \sqrt{\pi} \sum_{n=0}^{\infty} \frac{2^n t^n s^n}{n!}$$

から

$$\int_{-\infty}^{+\infty} H_n(x) H_n(x) \exp(-x^2) \, dx = \sqrt{\pi} \, 2^n n!$$

あるいは

$$\int_{-\infty}^{+\infty} \left| H_n(x) \right|^2 \exp(-x^2) \, dx = \sqrt{\pi} \, 2^n n!$$

となる。本文では、波動関数の規格化に、この積分結果を利用している。

A8.4. エルミート多項式の直交性

本文でも紹介したように、エルミート多項式には

$$\int_{-\infty}^{+\infty} H_m(x) \, H_n(x) \exp(-x^2) \, dx = 0$$

という関係が成立する。

それを確かめてみよう。まず、前節の結果から

$$\sum_{m=0}^{\infty} \sum_{n=0}^{\infty} \frac{t^m s^n}{m! \, n!} \int_{-\infty}^{+\infty} H_m(x) \, H_n(x) \exp(-x^2) \, dx = \sqrt{\pi} \, \exp(2ts) = \sqrt{\pi} \sum_{n=0}^{\infty} \frac{2^n t^n s^n}{n!}$$

という関係が得られる。

$$\int_{-\infty}^{+\infty} H_m(x) \, H_n(x) \exp(-x^2) \, dx = I_{mn}$$

と置くと

$$\sum_{m=0}^{\infty} \sum_{n=0}^{\infty} \frac{t^m s^n}{m! \, n!} I_{mn} = \sqrt{\pi} \sum_{n=0}^{\infty} \frac{2^n t^n s^n}{n!}$$

となる。この関係は任意の t, s に対して成立する必要がある。

よって、左辺が右辺に一致するたには、$m = n$ が必要である。このとき

$$\sum_{n=0}^{\infty} \sum_{n=0}^{\infty} \frac{t^n s^n}{n!\,n!} I_{nn} = \sqrt{\pi} \sum_{n=0}^{\infty} \frac{2^n t^n s^n}{n!}$$

となるので $I_{nn} = \sqrt{\pi}\, 2^n n!$ となる。これは、前節の結果である。

　一方、$m \neq n$ の場合にも与式が成立する。ここで、具体例でみてみよう。$n = 3$ という項に着目すると、右辺は

$$\sqrt{\pi}\, \frac{2^3 t^3 s^3}{3!} \qquad 左辺は \qquad \sum_{m=0}^{\infty} \frac{t^m s^3}{m!\,3!} I_{m3}$$

となる。この和には

$$\frac{t^3 s^3}{3!\,3!} I_{33} \quad も含まれるが \quad \frac{t^5 s^3}{5!\,3!} I_{53}$$

という項も含まれる。よって、等式が成立するためには $I_{53} = 0$ でなければならない。結局、$m = 3$ 以外のすべての m において $I_{m3} = 0$ となる必要がある。結局、$m \neq n$ のとき $I_{mn} = 0$ すなわち

$$\int_{-\infty}^{+\infty} H_m(x)\, H_n(x) \exp(-x^2)\, dx = 0$$

となり、直交性が確認できる。

第9章　極座標のラプラシアン

　波動力学が、その威力を発揮したのは、水素原子の電子軌道の解明である。しかも、そこで得られた知見が、あらゆる元素の原子軌道の基本を与えたことは驚嘆に値する。

　本章から、水素原子の電子軌道が波動力学によっていかに解明されたかの過程を振り返ることになる。

　水素原子は 3 次元空間を運動している。よって、われわれは、3 次元のシュレーディンガー方程式を解法しなければならない。ここでは、水素原子が定常状態にある場合を考えるので、時間を含まないシュレーディンガー方程式

$$-\frac{h^2}{8\pi^2 m}\left(\frac{\partial^2}{\partial x^2}+\frac{\partial^2}{\partial y^2}+\frac{\partial^2}{\partial z^2}\right)\psi(x,y,z)+V(x,y,z)\,\psi(x,y,z)=E\,\psi(x,y,z)$$

の解法を行う。

　古典的描像ではあるが、水素原子では、電子は原子核（電荷が $+e$ の陽子）のまわりを回っており、原子核との間に**クーロン引力** (Coulomb attraction) が働いている。このとき、電子は常に中心に向かう力を受けており、**中心力場** (central force field) と呼ばれている。

　このような場合、**直交座標** (rectangular coordinates) を使うより**極座標** (three dimensional polar coordinates) 、つまり**球座標** (spherical coordinates) を使うほうが取り扱いが簡単となるうえ、得られた結果の物理的意味がより明確になる。そこで、本章では、3 次元直交座標系のシュレーディンガー方程式を、極座標系で書き換える操作を行う。

　図 9-1 に直交座標系 (x, y, z) と極座標系 (r, θ, ϕ) の対応関係を示した。3 次元空間において、両座標の原点 O を共通とする。そのうえで、空間内の点 P の位置を指定する方法を考える。

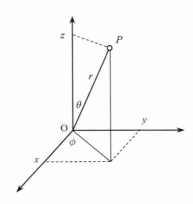

図 9-1　直交座標 (x, y, z) 系と極座標 (r, θ, ϕ) 系の対応関係

　3 次元空間であるから、点 P の位置を指定するためには、3 個の数値情報が必要となる。もっとも一般的なのは、原点 O で直交する 3 個の座標軸 x, y, z を使用する方法であり、直交座標系となる。このとき P (x, y, z) などと表記して座標を指定することができる。ただし、x-y-z の選び方には 2 通りあり、右手系と左手系と呼ばれている。右手系とは、x, y, z が右手を開いた際の親指、人差指、中指の関係にあるもので、一般には、右手系を使うことになっている。本書でも右手系を採用する。

　一方、原点からの距離 r と、地球の**緯度** (latitude) と**経度** (longitude) のように 2 種類の角度 θ と ϕ を使って、同じ点 P の位置を指定する方法もある。これが極座標であり、P (r, θ, ϕ) となる。このとき、θ を**天頂角** (azimuthal angle)、ϕ を**方位角** (azimuthal angle) と呼んでいる。

　図 9-2 に示すように、方位角 ϕ は、地球の経度と同じであり、x 軸の正方向を角度 0 の起点として反時計まわりに角度を測る。一方、天頂角 θ は、天頂、つまり z 軸の正方向を角度 0 の起点として時計まわりに角度を測る。よって、赤道を 0 とする緯度とは角度のとり方が異なることに注意されたい。

　極座標において、全空間を網羅するための天頂角 θ の範囲は $0 \leq \theta \leq \pi$ となり、方位角 ϕ の範囲は $0 \leq \phi \leq 2\pi$ となることがわかる。

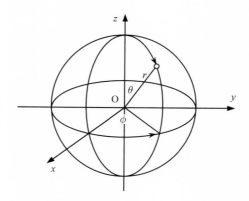

図 9-2　天頂角 θ ならびに方位角 ϕ のとり方

　ここで、3 次元空間における点 P の位置は変わらないが、座標系によって表示方法が変わり

$$P(x, y, z) \quad および \quad P(r, \theta, \phi)$$

となる。

　このとき、図 9-3 を参照しながら、具体的に座標の対応関係を考えてみよう。

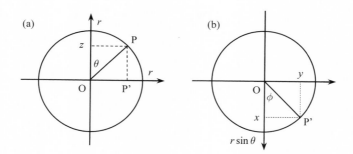

図 9-3　(a) 点 P を通る経線に沿った断面図；(b) 点 P を xy 平面に投影した点 P' と座標 (x, y) の関係を示す図。

まず、座標 z は図 9-3(a) から

$$z = r \cos \theta$$

となることがわかる。

つぎに、図 9-3 (b)は、点 P を xy 平面へ投影した点 P'を通る円であり、その半径は $r\sin\theta$ となる。したがって、x および y 座標は

$$x = r\sin\theta \cos\phi \qquad y = r\sin\theta \sin\phi$$

となる。

それでは、シュレーディンガー方程式の極座標表示に挑戦してみよう。このとき、ポイントになるのが、冒頭で示した直交座標系のシュレーディンガー方程式における

$$\Delta = \nabla^2 = \frac{\partial^2}{\partial x^2} + \frac{\partial^2}{\partial y^2} + \frac{\partial^2}{\partial z^2}$$

という偏微分の演算子である。これを**ラプラシアン** (Laplacian) と呼んでおり、いろいろな物理現象を解析するときに登場する有名な演算子である。

極座標表示では、直交座標 (x, y, z) のラプラシアンを、極座標 (r, θ, ϕ) で変換する必要がある。

まず、変換する準備として

$$r^2 = x^2 + y^2 + z^2 \qquad \cos\theta = \frac{z}{r} = \frac{z}{\sqrt{x^2 + y^2 + z^2}} \qquad \tan\phi = \frac{y}{x}$$

という関係が成立することを確認しておこう。

最初の 2 式は明らかであろう。最後の式は、$x = r\sin\theta \cos\phi$，$y = r\sin\theta \sin\phi$ であったので

$$\frac{y}{x} = \frac{r\sin\theta \sin\phi}{r\sin\theta \cos\phi} = \frac{\sin\phi}{\cos\phi} = \tan\phi$$

から成立することがわかる。

それでは、まず $\partial/\partial x$ を極座標に変換すること考える。この場合、r, θ, ϕ の 3 変数関数の偏微分を考えると

$$\frac{\partial F}{\partial x} = \frac{\partial F}{\partial r}\frac{\partial r}{\partial x} + \frac{\partial F}{\partial \theta}\frac{\partial \theta}{\partial x} + \frac{\partial F}{\partial \phi}\frac{\partial \phi}{\partial x}$$

となるので、$\partial/\partial x$ は

$$\frac{\partial}{\partial x} = \left(\frac{\partial r}{\partial x}\right)\frac{\partial}{\partial r} + \left(\frac{\partial \theta}{\partial x}\right)\frac{\partial}{\partial \theta} + \left(\frac{\partial \phi}{\partial x}\right)\frac{\partial}{\partial \phi}$$

と与えられる。したがって、$\partial r/\partial x,\ \partial\theta/\partial x,\ \partial\phi/\partial x$ を求めればよいことになる。

演習 9-1　$r^2, \cos\theta, \tan\phi$ を x に関して偏微分せよ。

解）　$r^2 = x^2 + y^2 + z^2$ であるから

$$\frac{\partial(r^2)}{\partial x} = \frac{\partial(x^2+y^2+z^2)}{\partial x} = 2x$$

となる。一方

$$\frac{\partial(r^2)}{\partial x} = 2r\frac{\partial r}{\partial x}$$

とすることもできる。よって

$$2x = 2r\frac{\partial r}{\partial x} \quad \text{から} \quad \frac{\partial r}{\partial x} = \frac{x}{r}$$

という関係が得られる。つぎに

$$\frac{\partial(\cos\theta)}{\partial x} = -\sin\theta\frac{\partial\theta}{\partial x}$$

であるが、$\cos\theta = z/r$ から

$$\frac{\partial(\cos\theta)}{\partial x} = -\frac{z}{r^2}\frac{\partial r}{\partial x}$$

となる。ここで $\dfrac{\partial r}{\partial x} = \dfrac{x}{r}$ から

$$\frac{\partial(\cos\theta)}{\partial x} = -\frac{xz}{r^3}$$

となる。つぎに

$$\frac{\partial(\tan\phi)}{\partial x} = \frac{\partial}{\partial x}\left(\frac{\sin\phi}{\cos\phi}\right) = \frac{1}{\cos^2\phi}\frac{\partial\phi}{\partial x}$$

となる。一方で $\tan\phi = y/x$ という関係にあるから

$$\frac{\partial(\tan\phi)}{\partial x} = \frac{\partial}{\partial x}\left(\frac{y}{x}\right) = -\frac{y}{x^2}$$

とすることもできる。

演習 9-2　演習 9-1 の結果をもとに、$\dfrac{\partial r}{\partial x}, \dfrac{\partial \theta}{\partial x}, \dfrac{\partial \phi}{\partial x}$ を、r, θ, ϕ の関数として求めよ。

解）　$\dfrac{\partial r}{\partial x} = \dfrac{x}{r}$ であり $x = r\sin\theta\cos\phi$ であるから

$$\frac{\partial r}{\partial x} = \frac{x}{r} = \frac{r\sin\theta\cos\phi}{r} = \sin\theta\cos\phi$$

となる。つぎに

$$\frac{\partial(\cos\theta)}{\partial x} = -\sin\theta\frac{\partial\theta}{\partial x} \qquad \frac{\partial(\cos\theta)}{\partial x} = -\frac{z}{r^2}\frac{\partial r}{\partial x}$$

から

$$\frac{\partial\theta}{\partial x} = \frac{z}{r^2\sin\theta}\frac{\partial r}{\partial x} = \frac{z}{r^2\sin\theta}\sin\theta\cos\phi = \frac{z\cos\phi}{r^2}$$

となるが、$z = r\cos\theta$ であるから

$$\frac{\partial\theta}{\partial x} = \frac{r\cos\theta\cos\phi}{r^2} = \frac{\cos\theta\cos\phi}{r}$$

となる。つぎに

$$\frac{\partial\phi}{\partial x} = -\frac{y\cos^2\phi}{x^2} = -\frac{r\sin\theta\sin\phi\cos^2\phi}{r^2\sin^2\theta\cos^2\phi} = -\frac{\sin\phi}{r\sin\theta}$$

と与えられる。したがって

$$\frac{\partial r}{\partial x} = \sin\theta\cos\phi \qquad \frac{\partial\theta}{\partial x} = \frac{\cos\theta\cos\phi}{r} \qquad \frac{\partial\phi}{\partial x} = -\frac{\sin\phi}{r\sin\theta}$$

となる。

以上の結果をもとに $\partial/\partial x$ を極座標にすると

$$\frac{\partial}{\partial x} = \left(\frac{\partial r}{\partial x}\right)\frac{\partial}{\partial r} + \left(\frac{\partial\theta}{\partial x}\right)\frac{\partial}{\partial\theta} + \left(\frac{\partial\phi}{\partial x}\right)\frac{\partial}{\partial\phi}$$

$$= \sin\theta\cos\phi\frac{\partial}{\partial r} + \frac{\cos\theta\cos\phi}{r}\frac{\partial}{\partial\theta} - \frac{\sin\phi}{r\sin\theta}\frac{\partial}{\partial\phi}$$

となる。

演習 9-3 $\partial/\partial y$ の極座標表示を求めよ。

$$\frac{\partial}{\partial y} = \left(\frac{\partial r}{\partial y}\right)\frac{\partial}{\partial r} + \left(\frac{\partial \theta}{\partial y}\right)\frac{\partial}{\partial \theta} + \left(\frac{\partial \phi}{\partial y}\right)\frac{\partial}{\partial \phi}$$

解） $\qquad r^2 = x^2 + y^2 + z^2 \qquad \cos\theta = \frac{z}{r} \qquad \tan\phi = \frac{y}{x}$

という関係式を y で偏微分してみよう。

$$2r\frac{\partial r}{\partial y} = 2y \qquad \frac{\partial r}{\partial y} = \frac{y}{r} = \frac{r\sin\theta\sin\phi}{r} = \sin\theta\sin\phi$$

つぎに

$$-\sin\theta\frac{\partial \theta}{\partial y} = -\frac{z}{r^2}\frac{\partial r}{\partial y} = -\frac{zy}{r^3}$$

から

$$\frac{\partial \theta}{\partial y} = \frac{yz}{r^3\sin\theta} = \frac{r\sin\theta\sin\phi \cdot r\cos\theta}{r^3\sin\theta} = \frac{\cos\theta\sin\phi}{r}$$

となる。また

$$\frac{1}{\cos^2\phi}\frac{\partial \phi}{\partial y} = \frac{1}{x}$$

から

$$\frac{\partial \phi}{\partial y} = \frac{\cos^2\phi}{x} = \frac{\cos^2\phi}{r\sin\theta\cos\phi} = \frac{\cos\phi}{r\sin\theta}$$

したがって

$$\frac{\partial}{\partial y} = \left(\frac{\partial r}{\partial y}\right)\frac{\partial}{\partial r} + \left(\frac{\partial \theta}{\partial y}\right)\frac{\partial}{\partial \theta} + \left(\frac{\partial \phi}{\partial y}\right)\frac{\partial}{\partial \phi}$$

$$= \sin\theta\sin\phi\frac{\partial}{\partial r} + \frac{\cos\theta\sin\phi}{r}\frac{\partial}{\partial \theta} + \frac{\cos\phi}{r\sin\theta}\frac{\partial}{\partial \phi}$$

となる。

演習 9-4 $\partial/\partial z$ の極座標表示を求めよ。

$$\frac{\partial}{\partial z} = \left(\frac{\partial r}{\partial z}\right)\frac{\partial}{\partial r} + \left(\frac{\partial \theta}{\partial z}\right)\frac{\partial}{\partial \theta} + \left(\frac{\partial \phi}{\partial z}\right)\frac{\partial}{\partial \phi}$$

解）
$$r^2 = x^2 + y^2 + z^2 \qquad \cos\theta = \frac{z}{r} \qquad \tan\phi = \frac{y}{x}$$

という関係式を z で偏微分してみよう。すると

$$2r\frac{\partial r}{\partial z} = 2z \qquad \frac{\partial r}{\partial z} = \frac{z}{r} = \cos\theta$$

つぎに

$$-\sin\theta\frac{\partial\theta}{\partial z} = \frac{1}{r} - \frac{z}{r^2}\frac{\partial r}{\partial z} = \frac{1}{r} - \frac{\cos^2\theta}{r} = \frac{\sin^2\theta}{r} \qquad \frac{\partial\theta}{\partial z} = -\frac{\sin\theta}{r}$$

また $\dfrac{\partial\phi}{\partial z} = 0$ である。よって

$$\frac{\partial}{\partial z} = \left(\frac{\partial r}{\partial z}\right)\frac{\partial}{\partial r} + \left(\frac{\partial\theta}{\partial z}\right)\frac{\partial}{\partial\theta} + \left(\frac{\partial\phi}{\partial z}\right)\frac{\partial}{\partial\phi} = \cos\theta\frac{\partial}{\partial r} - \frac{\sin\theta}{r}\frac{\partial}{\partial\theta}$$

となる。

演習 9-5　$\partial^2/\partial x^2$ を極座標で示せ。

解）　$\partial/\partial x$ は

$$\frac{\partial}{\partial x} = \sin\theta\cos\phi\frac{\partial}{\partial r} + \frac{\cos\theta\cos\phi}{r}\frac{\partial}{\partial\theta} - \frac{\sin\phi}{r\sin\theta}\frac{\partial}{\partial\phi}$$

であったから

$$\frac{\partial^2}{\partial x^2} = \frac{\partial}{\partial x}\left(\frac{\partial}{\partial x}\right) = \left(\sin\theta\cos\phi\frac{\partial}{\partial r} + \frac{\cos\theta\cos\phi}{r}\frac{\partial}{\partial\theta} - \frac{\sin\phi}{r\sin\theta}\frac{\partial}{\partial\phi}\right) \times$$

$$\left(\sin\theta\cos\phi\frac{\partial}{\partial r} + \frac{\cos\theta\cos\phi}{r}\frac{\partial}{\partial\theta} - \frac{\sin\phi}{r\sin\theta}\frac{\partial}{\partial\phi}\right)$$

ここでは、いっきに計算せずに各項ごとに分けてみよう。

まず最初の項を右の括弧に、左からかけると

$$\sin\theta\cos\phi\frac{\partial}{\partial r}\left(\sin\theta\cos\phi\frac{\partial}{\partial r} + \frac{\cos\theta\cos\phi}{r}\frac{\partial}{\partial\theta} - \frac{\sin\phi}{r\sin\theta}\frac{\partial}{\partial\phi}\right)$$

$$= \sin^2\theta\cos^2\phi\frac{\partial^2}{\partial r^2} + \sin\theta\cos\theta\cos^2\phi\frac{\partial}{\partial r}\left(\frac{1}{r}\frac{\partial}{\partial\theta}\right) - \sin\phi\cos\phi\frac{\partial}{\partial r}\left(\frac{1}{r}\frac{\partial}{\partial\phi}\right)$$

となる。

　ここで、微分演算に関しては、その順序と、どの変数に対する偏微分かということに注意する必要がある。

　つぎの項は

$$\frac{\cos\theta\cos\phi}{r}\frac{\partial}{\partial\theta}\left(\sin\theta\cos\phi\frac{\partial}{\partial r}+\frac{\cos\theta\cos\phi}{r}\frac{\partial}{\partial\theta}-\frac{\sin\phi}{r\sin\theta}\frac{\partial}{\partial\phi}\right)$$

$$=\frac{\cos\theta\cos^2\phi}{r}\frac{\partial}{\partial\theta}\left(\sin\theta\frac{\partial}{\partial r}\right)+\frac{\cos\theta\cos^2\phi}{r^2}\frac{\partial}{\partial\theta}\left(\cos\theta\frac{\partial}{\partial\theta}\right)$$

$$-\frac{\cos\theta\sin\phi\cos\phi}{r^2}\frac{\partial}{\partial\theta}\left(\frac{1}{\sin\theta}\frac{\partial}{\partial\phi}\right)$$

最後の項に対しては

$$\frac{\sin\phi}{r\sin\theta}\frac{\partial}{\partial\phi}\left(\sin\theta\cos\phi\frac{\partial}{\partial r}+\frac{\cos\theta\cos\phi}{r}\frac{\partial}{\partial\theta}-\frac{\sin\phi}{r\sin\theta}\frac{\partial}{\partial\phi}\right)$$

$$=\frac{\sin\phi}{r}\frac{\partial}{\partial\phi}\left(\cos\phi\frac{\partial}{\partial r}\right)+\frac{\sin\phi\cos\theta}{r^2\sin\theta}\frac{\partial}{\partial\phi}\left(\cos\phi\frac{\partial}{\partial\theta}\right)-\frac{\sin\phi}{r^2\sin^2\theta}\frac{\partial}{\partial\phi}\left(\sin\phi\frac{\partial}{\partial\phi}\right)$$

となる。

　したがって、まとめると

$$\frac{\partial^2}{\partial x^2}=\frac{\partial}{\partial x}\left(\frac{\partial}{\partial x}\right)=\sin^2\theta\cos^2\phi\frac{\partial^2}{\partial r^2}+\sin\theta\cos\theta\cos^2\phi\frac{\partial}{\partial r}\left(\frac{1}{r}\frac{\partial}{\partial\theta}\right)$$

$$-\sin\phi\cos\phi\frac{\partial}{\partial r}\left(\frac{1}{r}\frac{\partial}{\partial\phi}\right)+\frac{\cos\theta\cos^2\phi}{r}\frac{\partial}{\partial\theta}\left(\sin\theta\frac{\partial}{\partial r}\right)+\frac{\cos\theta\cos^2\phi}{r^2}\frac{\partial}{\partial\theta}\left(\cos\theta\frac{\partial}{\partial\theta}\right)$$

$$-\frac{\cos\theta\sin\phi\cos\phi}{r^2}\frac{\partial}{\partial\theta}\left(\frac{1}{\sin\theta}\frac{\partial}{\partial\phi}\right)-\frac{\sin\phi}{r}\frac{\partial}{\partial\phi}\left(\cos\phi\frac{\partial}{\partial r}\right)-\frac{\sin\phi\cos\theta}{r^2\sin\theta}\frac{\partial}{\partial\phi}\left(\cos\phi\frac{\partial}{\partial\theta}\right)$$

$$+\frac{\sin\phi}{r^2\sin^2\theta}\frac{\partial}{\partial\phi}\left(\sin\phi\frac{\partial}{\partial\phi}\right)$$

となる。

　同様にして

$$\frac{\partial}{\partial y}=\sin\theta\sin\phi\frac{\partial}{\partial r}+\frac{\cos\theta\sin\phi}{r}\frac{\partial}{\partial\theta}+\frac{\cos\phi}{r\sin\theta}\frac{\partial}{\partial\phi}$$

であったから

$$\frac{\partial^2}{\partial y^2} = \frac{\partial}{\partial y}\left(\frac{\partial}{\partial y}\right) = \left(\sin\theta\sin\phi\frac{\partial}{\partial r} + \frac{\cos\theta\sin\phi}{r}\frac{\partial}{\partial\theta} + \frac{\cos\phi}{r\sin\theta}\frac{\partial}{\partial\phi}\right) \times$$

$$\left(\sin\theta\sin\phi\frac{\partial}{\partial r} + \frac{\cos\theta\sin\phi}{r}\frac{\partial}{\partial\theta} + \frac{\cos\phi}{r\sin\theta}\frac{\partial}{\partial\phi}\right)$$

$$= \sin^2\theta\sin^2\phi\frac{\partial^2}{\partial r^2} + \sin\theta\cos\theta\sin^2\phi\frac{\partial}{\partial r}\left(\frac{1}{r}\frac{\partial}{\partial\theta}\right) + \sin\phi\cos\phi\frac{\partial}{\partial r}\left(\frac{1}{r}\frac{\partial}{\partial\phi}\right)$$

$$+ \frac{\cos\theta\sin^2\phi}{r}\frac{\partial}{\partial\theta}\left(\sin\theta\frac{\partial}{\partial r}\right) + \frac{\cos\theta\sin^2\phi}{r^2}\frac{\partial}{\partial\theta}\left(\cos\theta\frac{\partial}{\partial\theta}\right)$$

$$+ \frac{\cos\theta\sin\phi\cos\phi}{r^2}\frac{\partial}{\partial\theta}\left(\frac{1}{\sin\theta}\frac{\partial}{\partial\phi}\right)$$

$$+ \frac{\cos\phi}{r}\frac{\partial}{\partial\phi}\left(\sin\phi\frac{\partial}{\partial r}\right) + \frac{\cos\phi\cos\theta}{r^2\sin\theta}\frac{\partial}{\partial\phi}\left(\sin\phi\frac{\partial}{\partial\theta}\right) + \frac{\cos\phi}{r^2\sin^2\theta}\frac{\partial}{\partial\phi}\left(\cos\phi\frac{\partial}{\partial\phi}\right)$$

となる。

演習 9-6　$\partial^2/\partial z^2$ を極座標を用いて表せ。

解）　$\dfrac{\partial}{\partial z} = \cos\theta\dfrac{\partial}{\partial r} - \dfrac{\sin\theta}{r}\dfrac{\partial}{\partial\theta}$ であるから

$$\frac{\partial^2}{\partial z^2} = \frac{\partial}{\partial z}\left(\frac{\partial}{\partial z}\right) = \left(\cos\theta\frac{\partial}{\partial r} - \frac{\sin\theta}{r}\frac{\partial}{\partial\theta}\right) \times \left(\cos\theta\frac{\partial}{\partial r} - \frac{\sin\theta}{r}\frac{\partial}{\partial\theta}\right)$$

と与えられる。項ごとに計算すると

$$\cos\theta\frac{\partial}{\partial r}\left(\cos\theta\frac{\partial}{\partial r} - \frac{\sin\theta}{r}\frac{\partial}{\partial\theta}\right) = \cos^2\theta\frac{\partial^2}{\partial r^2} - \sin\theta\cos\theta\frac{\partial}{\partial r}\left(\frac{1}{r}\frac{\partial}{\partial\theta}\right)$$

$$\frac{\sin\theta}{r}\frac{\partial}{\partial\theta}\left(\cos\theta\frac{\partial}{\partial r} - \frac{\sin\theta}{r}\frac{\partial}{\partial\theta}\right) = \frac{\sin\theta}{r}\frac{\partial}{\partial\theta}\left(\cos\theta\frac{\partial}{\partial r}\right) - \frac{\sin\theta}{r^2}\frac{\partial}{\partial\theta}\left(\sin\theta\frac{\partial}{\partial\theta}\right)$$

よって

$$\frac{\partial^2}{\partial z^2} = \cos^2\theta\frac{\partial^2}{\partial r^2} - \sin\theta\cos\theta\frac{\partial}{\partial r}\left(\frac{1}{r}\frac{\partial}{\partial\theta}\right)$$

$$- \frac{\sin\theta}{r}\frac{\partial}{\partial\theta}\left(\cos\theta\frac{\partial}{\partial r}\right) + \frac{\sin\theta}{r^2}\frac{\partial}{\partial\theta}\left(\sin\theta\frac{\partial}{\partial\theta}\right)$$

となる。

以上の計算をもとに、ラプラシアンを極座標で表すと

$$\nabla^2 = \Delta = \frac{\partial^2}{\partial x^2} + \frac{\partial^2}{\partial y^2} + \frac{\partial^2}{\partial z^2}$$

$$= \frac{1}{r^2}\frac{\partial}{\partial r}\left(r^2\frac{\partial}{\partial r}\right) + \frac{1}{r^2\sin\theta}\frac{\partial}{\partial\theta}\left(\sin\theta\frac{\partial}{\partial\theta}\right) + \frac{1}{r^2\sin^2\theta}\frac{\partial^2}{\partial\phi^2}$$

となる。

　この結果だけを見れば、すっきりしているが、実際には、注意深く作業をする必要がある。地道に計算すれば、上記の結果が得られるので、ぜひ、自分でも確かめてほしい。

　結局、直交座標のシュレーディンガー方程式を極座標で表示すると

$$-\frac{h^2}{8\pi^2 m}\left\{\frac{1}{r^2}\frac{\partial}{\partial r}\left(r^2\frac{\partial}{\partial r}\right) + \frac{1}{r^2\sin\theta}\frac{\partial}{\partial\theta}\left(\sin\theta\frac{\partial}{\partial\theta}\right) + \frac{1}{r^2\sin^2\theta}\frac{\partial^2}{\partial\phi^2}\right\}\psi(r,\theta,\phi)$$

$$+V(r)\,\psi(r,\theta,\phi) = E\,\psi(r,\theta,\phi)$$

となる。

　エネルギー E は座標に依存しないスカラーであり、ポテンシャル V は中心からの距離 r のみに依存する。本書の主題は、この偏微分方程式の解法である。10 章以降では、その作業に挑戦していく。

第10章 水素原子のシュレーディンガー方程式 I
——変数分離

本章では極座標系で表示した水素原子のシュレーディンガー方程式

$$-\frac{h^2}{8\pi^2 m}\left\{\frac{1}{r^2}\frac{\partial}{\partial r}\left(r^2\frac{\partial}{\partial r}\right)+\frac{1}{r^2\sin\theta}\frac{\partial}{\partial\theta}\left(\sin\theta\frac{\partial}{\partial\theta}\right)+\frac{1}{r^2\sin^2\theta}\frac{\partial^2}{\partial\phi^2}\right\}\psi(r,\theta,\phi)$$

$$+V(r)\,\psi(r,\theta,\phi) = E\,\psi(r,\theta,\phi)$$

において、まず、電子が感じるポテンシャルエネルギー V の表式を求める。そのうえで、**変数分離** (separation of variables) という手法で解法可能なかたちに微分方程式を分離する作業を行う。

10.1. ポテンシャルエネルギーの導出

電子と原子核である陽子の間にはたらくクーロン力は

$$F = -\frac{1}{4\pi\varepsilon_0}\frac{e^2}{r^2}$$

と与えられる。この事実をもとにポテンシャルエネルギー V を考える。ただし、e は電気素量、r は電子の軌道半径、ε_0 は真空の誘電率である。また、マイナスは引力ということに対応している（図 10-1 参照）。

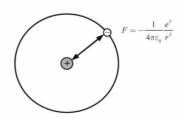

$$F = -\frac{1}{4\pi\varepsilon_0}\frac{e^2}{r^2}$$

図 10-1 水素原子の構造

ここで、電子に働く力は r のみの関数であるから、ポテンシャルエネルギー V も r のみの関数となる。

　ところで、クーロン力は無限遠 $(r \to \infty)$ で 0 になる。そこで、V が 0 となる起点を無限遠とする。すると、ポテンシャルエネルギー V は、電子（つまり電荷 e）を、原子核から無限遠離れた点から距離 r の点まで移動させるのに要する仕事と等価となる。

　ここで、$F = -dV/dr$ という関係にあるから

$$V = -\int_{\infty}^{r} F\,dr = -\int_{\infty}^{r}\left(-\frac{1}{4\pi\varepsilon_0}\frac{e^2}{r^2}\right)dr = \int_{\infty}^{r}\frac{1}{4\pi\varepsilon_0}\frac{e^2}{r^2}\,dr = \left[-\frac{1}{4\pi\varepsilon_0}\frac{e^2}{r}\right]_{\infty}^{r} = -\frac{e^2}{4\pi\varepsilon_0\,r}$$

となる。

　よって、冒頭のシュレーディンガー方程式は

$$\frac{1}{r^2}\frac{\partial}{\partial r}\left(r^2\frac{\partial\psi(r,\theta,\phi)}{\partial r}\right) + \frac{1}{r^2\sin\theta}\frac{\partial}{\partial\theta}\left(\sin\theta\frac{\partial\psi(r,\theta,\phi)}{\partial\theta}\right) + \frac{1}{r^2\sin^2\theta}\frac{\partial^2\psi(r,\theta,\phi)}{\partial\phi^2}$$

$$+\frac{8\pi^2 m}{h^2}\left(E + \frac{e^2}{4\pi\varepsilon_0\,r}\right)\psi(r,\theta,\phi) = 0$$

となる。

10. 2.　変数分離

　得られたシュレーディンガー方程式の両辺に r^2 をかけると

$$\frac{\partial}{\partial r}\left(r^2\frac{\partial\psi(r,\theta,\phi)}{\partial r}\right) + \frac{1}{\sin\theta}\frac{\partial}{\partial\theta}\left(\sin\theta\frac{\partial\psi(r,\theta,\phi)}{\partial\theta}\right) + \frac{1}{\sin^2\theta}\frac{\partial^2\psi(r,\theta,\phi)}{\partial\phi^2}$$

$$+\frac{8\pi^2 m r^2}{h^2}\left(E + \frac{e^2}{4\pi\varepsilon_0\,r}\right)\psi(r,\theta,\phi) = 0$$

という方程式となる。

　これは 3 変数の偏微分方程式であり、このままのかたちで解を求めることは難しい。そこで、この偏微分方程式を解くために、変数分離という手法を利用する。

　いま考えている電子の運動は、中心からの距離 r だけに依存した中心力を受けている。つまり、r と角度は互いに独立したものと考えられる。そこで、こ

の微分方程式の解は

$$\psi(r,\theta,\phi) = R(r)Y(\theta,\phi)$$

のように、r だけの関数 $R(r)$ と、角度だけに依存した関数 $Y(\theta,\phi)$ の積となると仮定するのである。

演習 10-1　以下の項を $\psi(r,\theta,\phi) = R(r)Y(\theta,\phi)$ として計算せよ。

$$\frac{\partial}{\partial r}\left(r^2 \frac{\partial \psi(r,\theta,\phi)}{\partial r}\right)$$

　解）

$$\frac{\partial \psi(r,\theta,\phi)}{\partial r} = \frac{\partial R(r)}{\partial r}Y(\theta,\phi)$$

であるので

$$\frac{\partial}{\partial r}\left(r^2 \frac{\partial \psi(r,\theta,\phi)}{\partial r}\right) = Y(\theta,\phi)\frac{\partial}{\partial r}\left(r^2 \frac{\partial R(r)}{\partial r}\right)$$

となる。

演習 10-2　以下の項を $\psi(r,\theta,\phi) = R(r)Y(\theta,\phi)$ として計算せよ。

$$\frac{1}{\sin\theta}\frac{\partial}{\partial \theta}\left(\sin\theta \frac{\partial \psi(r,\theta,\phi)}{\partial \theta}\right)$$

　解）

$$\frac{\partial \psi(r,\theta,\phi)}{\partial \theta} = R(r)\frac{\partial Y(\theta,\phi)}{\partial \theta}$$

であるので

$$\frac{\partial}{\partial \theta}\left(\sin\theta \frac{\partial \psi(r,\theta,\phi)}{\partial \theta}\right) = R(r)\frac{\partial}{\partial \theta}\left(\sin\theta \frac{\partial Y(\theta,\phi)}{\partial \theta}\right)$$

したがって

$$\frac{1}{\sin\theta}\frac{\partial}{\partial \theta}\left(\sin\theta \frac{\partial \psi(r,\theta,\phi)}{\partial \theta}\right) = R(r)\frac{1}{\sin\theta}\frac{\partial}{\partial \theta}\left(\sin\theta \frac{\partial Y(\theta,\phi)}{\partial \theta}\right)$$

となる。

演習 10-3　以下の項を $\psi(r,\theta,\phi) = R(r)Y(\theta,\phi)$ として計算せよ。

$$\frac{1}{\sin^2\theta}\frac{\partial^2\psi(r,\theta,\phi)}{\partial\phi^2}$$

解）

$$\frac{\partial^2\psi(r,\theta,\phi)}{\partial\phi^2} = R(r)\frac{\partial^2 Y(\theta,\phi)}{\partial\phi^2}$$

であるので

$$\frac{1}{\sin^2\theta}\frac{\partial^2\psi(r,\theta,\phi)}{\partial\phi^2} = R(r)\frac{1}{\sin^2\theta}\frac{\partial^2 Y(\theta,\phi)}{\partial\phi^2}$$

となる。

以上の結果を、もとの偏微分方程式に代入すると

$$Y(\theta,\phi)\frac{\partial}{\partial r}\left(r^2\frac{\partial R(r)}{\partial r}\right) + R(r)\frac{1}{\sin\theta}\frac{\partial}{\partial\theta}\left(\sin\theta\frac{\partial Y(\theta,\phi)}{\partial\theta}\right) + R(r)\frac{1}{\sin^2\theta}\frac{\partial^2 Y(\theta,\phi)}{\partial\phi^2}$$

$$+\frac{8\pi^2 mr^2}{h^2}\left(E + \frac{e^2}{4\pi\varepsilon_0 r}\right)R(r)Y(\theta,\phi) = 0$$

となる。

演習 10-4　表記の微分方程式の両辺を $R(r)Y(\theta,\phi)$ で除したうえで変数分離せよ。

解）　両辺を、$R(r)Y(\theta,\phi)$ で除すと

$$\frac{1}{R(r)}\frac{\partial}{\partial r}\left(r^2\frac{\partial R(r)}{\partial r}\right) + \frac{1}{Y(\theta,\phi)\sin\theta}\frac{\partial}{\partial\theta}\left(\sin\theta\frac{\partial Y(\theta,\phi)}{\partial\theta}\right)$$

$$+\frac{1}{Y(\theta,\phi)\sin^2\theta}\frac{\partial^2 Y(\theta,\phi)}{\partial\phi^2} + \frac{8\pi^2 mr^2}{h^2}\left(E + \frac{e^2}{4\pi\varepsilon_0 r}\right) = 0$$

となる。

さらに、動径 r と角度を変数分離すると

$$\frac{1}{R(r)}\frac{\partial}{\partial r}\left(r^2\frac{\partial R(r)}{\partial r}\right)+\frac{8\pi^2 m r^2}{h^2}\left(E+\frac{e^2}{4\pi\varepsilon_0 r}\right)=$$

$$-\frac{1}{Y(\theta,\phi)\sin\theta}\frac{\partial}{\partial\theta}\left(\sin\theta\frac{\partial Y(\theta,\phi)}{\partial\theta}\right)-\frac{1}{Y(\theta,\phi)\sin^2\theta}\frac{\partial^2 Y(\theta,\phi)}{\partial\phi^2}$$

となる。

この等式では、左辺は r だけの関数、右辺は $Y(\theta,\phi)$ だけの関数となっている。したがって、この等式が成立するには、左辺および右辺の値が定数にならなければならない。この定数を**変数分離定数** (separation variable) と呼ぶ。

定数は適当に置けばよいのであるが、今後の展開のために $l(l+1)$ と置くことにする。すると偏微分方程式は

$$\frac{1}{R(r)}\frac{\partial}{\partial r}\left(r^2\frac{\partial R(r)}{\partial r}\right)+\frac{8\pi^2 m r^2}{h^2}\left(E+\frac{e^2}{4\pi\varepsilon_0 r}\right)=l(l+1)$$

という r だけの微分方程式と

$$-\frac{1}{Y(\theta,\phi)\sin\theta}\frac{\partial}{\partial\theta}\left(\sin\theta\frac{\partial Y(\theta,\phi)}{\partial\theta}\right)-\frac{1}{Y(\theta,\phi)\sin^2\theta}\frac{\partial^2 Y(\theta,\phi)}{\partial\phi^2}=l(l+1)$$

という角度変数だけからなる微分方程式に分離することができる。

10.3.　角度関数の分離

つぎに、角度に関する項を移項すると

$$\frac{1}{Y(\theta,\phi)\sin\theta}\frac{\partial}{\partial\theta}\left(\sin\theta\frac{\partial Y(\theta,\phi)}{\partial\theta}\right)+\frac{1}{Y(\theta,\phi)\sin^2\theta}\frac{\partial^2 Y(\theta,\phi)}{\partial\phi^2}+l(l+1)=0$$

となる。

実は、この偏微分方程式は、θ と ϕ の 2 個の変数を含んでいるので、このままでは解くことはできない。そこで、ふたたび変数分離を実施する必要がある。ここで $Y(\theta,\phi)$ が

$$Y(\theta,\phi)=\Theta(\theta)\Phi(\phi)$$

という積で表されると仮定してみる。

演習 10-5　以下の項を $Y(\theta,\phi) = \Theta(\theta)\Phi(\phi)$ として計算せよ。

$$\frac{1}{Y(\theta,\phi)\sin\theta}\frac{\partial}{\partial\theta}\left(\sin\theta\frac{\partial Y(\theta,\phi)}{\partial\theta}\right)$$

解）

$$\frac{1}{Y(\theta,\phi)\sin\theta}\frac{\partial}{\partial\theta}\left(\sin\theta\frac{\partial Y(\theta,\phi)}{\partial\theta}\right) = \frac{\cos\theta}{Y(\theta,\phi)\sin\theta}\frac{\partial Y(\theta,\phi)}{\partial\theta} + \frac{1}{Y(\theta,\phi)}\frac{\partial^2 Y(\theta,\phi)}{\partial\theta^2}$$

となる。ここで

$$\frac{\partial Y(\theta,\phi)}{\partial\theta} = \frac{\partial \Theta(\theta)}{\partial\theta}\Phi(\phi) \qquad \frac{\partial^2 Y(\theta,\phi)}{\partial\theta^2} = \frac{\partial^2 \Theta(\theta)}{\partial\theta^2}\Phi(\phi)$$

であるから

$$\frac{\cos\theta}{Y(\theta,\phi)\sin\theta}\frac{\partial Y(\theta,\phi)}{\partial\theta} = \frac{\cos\theta}{\Theta(\theta)\Phi(\phi)\sin\theta}\Phi(\phi)\frac{\partial \Theta(\theta)}{\partial\theta} = \frac{\cos\theta}{\Theta(\theta)\sin\theta}\frac{\partial \Theta(\theta)}{\partial\theta}$$

$$\frac{1}{Y(\theta,\phi)}\frac{\partial^2 Y(\theta,\phi)}{\partial\theta^2} = \frac{1}{\Theta(\theta)\Phi(\phi)}\Phi(\phi)\frac{\partial^2 \Theta(\theta)}{\partial\theta^2} = \frac{1}{\Theta(\theta)}\frac{\partial^2 \Theta(\theta)}{\partial\theta^2}$$

となるので

$$\frac{1}{Y(\theta,\phi)\sin\theta}\frac{\partial}{\partial\theta}\left(\sin\theta\frac{\partial Y(\theta,\phi)}{\partial\theta}\right) = \frac{\cos\theta}{\Theta(\theta)\sin\theta}\frac{\partial \Theta(\theta)}{\partial\theta} + \frac{1}{\Theta(\theta)}\frac{\partial^2 \Theta(\theta)}{\partial\theta^2}$$

となる。

演習 10-6　以下の項を $Y(\theta,\phi) = \Theta(\theta)\Phi(\phi)$ として計算せよ。

$$\frac{1}{Y(\theta,\phi)\sin^2\theta}\frac{\partial^2 Y(\theta,\phi)}{\partial\phi^2}$$

解）

$$\frac{\partial^2 Y(\theta,\phi)}{\partial\phi^2} = \Theta(\theta)\frac{\partial^2 \Phi(\phi)}{\partial\phi^2}$$

であるから

$$\frac{1}{Y(\theta,\phi)\sin^2\theta}\frac{\partial^2 Y(\theta,\phi)}{\partial\phi^2} = \frac{\Theta(\theta)}{\Theta(\theta)\Phi(\phi)\sin^2\theta}\frac{\partial^2 \Phi(\phi)}{\partial\phi^2} = \frac{1}{\Phi(\phi)\sin^2\theta}\frac{\partial^2 \Phi(\phi)}{\partial\phi^2}$$

となる。

　よって、微分方程式は

$$\frac{\cos\theta}{\Theta(\theta)\sin\theta}\frac{\partial\Theta(\theta)}{\partial\theta}+\frac{1}{\Theta(\theta)}\frac{\partial^2\Theta(\theta)}{\partial\theta^2}+\frac{1}{\Phi(\phi)\sin^2\theta}\frac{\partial^2\Phi(\phi)}{\partial\phi^2}+l(l+1)=0$$

となる。

演習 10-7　上記の方程式の両辺に $\sin^2\theta$ を乗ずることで表記の微分方程式を θ と ϕ の方程式に変数分離せよ。

　解）　　両辺に $\sin^2\theta$ をかけると

$$\frac{\sin\theta\cos\theta}{\Theta(\theta)}\frac{\partial\Theta(\theta)}{\partial\theta}+\frac{\sin^2\theta}{\Theta(\theta)}\frac{\partial^2\Theta(\theta)}{\partial\theta^2}+\frac{1}{\Phi(\phi)}\frac{\partial^2\Phi(\phi)}{\partial\phi^2}+l(l+1)\sin^2\theta=0$$

となる。

　移項すると

$$\frac{\sin\theta\cos\theta}{\Theta(\theta)}\frac{\partial\Theta(\theta)}{\partial\theta}+\frac{\sin^2\theta}{\Theta(\theta)}\frac{\partial^2\Theta(\theta)}{\partial\theta^2}+l(l+1)\sin^2\theta=-\frac{1}{\Phi(\phi)}\frac{\partial^2\Phi(\phi)}{\partial\phi^2}$$

となって、左辺は θ だけの関数であり、右辺は ϕ だけの関数となり、変数分離することが可能である。

　この等式が成立するためには、この両辺は定数でなければならない。よって変数分離定数を m^2 と置くと

$$\frac{\sin\theta\cos\theta}{\Theta(\theta)}\frac{d\Theta(\theta)}{d\theta}+\frac{\sin^2\theta}{\Theta(\theta)}\frac{d^2\Theta(\theta)}{d\theta^2}+l(l+1)\sin^2\theta=m^2$$

という変数 θ だけの常微分方程式と

$$-\frac{1}{\Phi(\phi)}\frac{d^2\Phi(\phi)}{d\phi^2}=m^2$$

という変数 ϕ だけの常微分方程式ができる。これらは、通常の方法で解くことが可能である。

　まず、θ に関する微分方程式を整理してみよう。すると

$$\frac{\sin\theta\cos\theta}{\Theta(\theta)}\frac{d\Theta(\theta)}{d\theta} + \frac{\sin^2\theta}{\Theta(\theta)}\frac{d^2\Theta(\theta)}{d\theta^2} + l(l+1)\sin^2\theta - m^2 = 0$$

から

$$\frac{d^2\Theta(\theta)}{d\theta^2} + \frac{\cos\theta}{\sin\theta}\frac{d\Theta(\theta)}{d\theta} + l(l+1)\Theta(\theta) - \frac{m^2}{\sin^2\theta}\Theta(\theta) = 0$$

となる。あるいは、まとめて

$$\frac{1}{\sin\theta}\frac{d}{d\theta}\left(\sin\theta\frac{d\Theta(\theta)}{d\theta}\right) + l(l+1)\Theta(\theta) - \frac{m^2}{\sin^2\theta}\Theta(\theta) = 0$$

と書くこともある。

演習 10-8 表記の微分方程式において、$x = \cos\theta$ という変数変換を施し、変数を x とする常微分方程式に変形せよ。

解） $dx = -\sin\theta\,d\theta$ であるから

$$\frac{d\Theta(\theta)}{d\theta} = \frac{d\Theta(x)}{dx}\frac{dx}{d\theta} = \frac{d\Theta(x)}{dx}(-\sin\theta) = -\sin\theta\frac{d\Theta(x)}{dx}$$

$$\frac{d^2\Theta(\theta)}{d\theta^2} = \frac{d}{d\theta}\left(-\sin\theta\frac{d\Theta(x)}{dx}\right) = -\cos\theta\frac{d\Theta(x)}{dx} - \sin\theta\frac{d}{d\theta}\left(\frac{d\Theta(x)}{dx}\right)$$

ここで

$$-\sin\theta\frac{d}{d\theta}\left(\frac{d\Theta(x)}{dx}\right) = -\sin\theta\frac{d^2\Theta(x)}{dx^2}\frac{dx}{d\theta} = -\sin\theta\frac{d^2\Theta(x)}{dx^2}(-\sin\theta) = \sin^2\theta\frac{d^2\Theta(x)}{dx^2}$$

となる。よって

$$\frac{d^2\Theta(\theta)}{d\theta^2} = -\cos\theta\frac{d\Theta(x)}{dx} + \sin^2\theta\frac{d^2\Theta(x)}{dx^2}$$

となり、微分方程式

$$\frac{d^2\Theta(\theta)}{d\theta^2} + \frac{\cos\theta}{\sin\theta}\frac{d\Theta(\theta)}{d\theta} + l(l+1)\Theta(\theta) - \frac{m^2}{\sin^2\theta}\Theta(\theta) = 0$$

において、x に関する微分に変換すると

$$\sin^2\theta\frac{d^2\Theta(x)}{dx^2} - 2\cos\theta\frac{d\Theta(x)}{dx} + l(l+1)\Theta(x) - \frac{m^2}{\sin^2\theta}\Theta(x) = 0$$

となる。さらに、$x = \cos\theta$ から

$$\sin^2\theta = 1 - \cos^2\theta = 1 - x^2$$

となるので

$$(1-x^2)\frac{d^2\Theta(x)}{dx^2} - 2x\frac{d\Theta(x)}{dx} + \left\{l(l+1) - \frac{m^2}{1-x^2}\right\}\Theta(x) = 0$$

という変数を x とする微分方程式が得られる。

以上で、水素原子に関するシュレーディンガー方程式の変数分離が完了した。

10.4. 変数分離した方程式

あらためて、極座標で表現した水素原子内の電子の運動を記述するシュレーディンガー方程式を整理すると、動径 r に関する微分方程式は

$$\frac{1}{R(r)}\frac{\partial}{\partial r}\left(r^2\frac{\partial R(r)}{\partial r}\right) + \frac{8\pi^2 mr^2}{h^2}\left(E + \frac{e^2}{4\pi\varepsilon_0 r}\right) = l(l+1)$$

となる。これは、変数分離によって、変数が r だけの方程式となるので、常微分方程式となり

$$\frac{1}{R(r)}\frac{d}{dr}\left(r^2\frac{dR(r)}{dr}\right) + \frac{8\pi^2 mr^2}{h^2}\left(E + \frac{e^2}{4\pi\varepsilon_0 r}\right) = l(l+1)$$

のように、偏微分が常微分となる。以下、角度関数も同様である。

天頂角の θ に関する微分方程式は

$$\frac{d^2\Theta(\theta)}{d\theta^2} + \frac{\cos\theta}{\sin\theta}\frac{d\Theta(\theta)}{d\theta} + l(l+1)\Theta(\theta) - \frac{m^2}{\sin^2\theta}\Theta(\theta) = 0$$

となる。

方位角の ϕ に関する微分方程式は

$$\frac{d^2\Phi(\phi)}{d\phi^2} + m^2\Phi(\phi) = 0$$

となる。

また、θ に関する微分方程式は、$x = \cos\theta$ という変数変換をすることで

$$(1-x^2)\frac{d^2\Theta(x)}{dx^2} - 2x\frac{d\Theta(x)}{dx} + \left\{l(l+1) - \frac{m^2}{1-x^2}\right\}\Theta(x) = 0$$

と変換できる。

後は、これら微分方程式を解くことで、水素原子のなかの電子軌道を計算で

きることになる。それでは、11 章から、変数分離したシュレーディンガー方程
式の解法に挑戦していこう。

第11章　水素原子のシュレーディンガー方程式 II
——動径方向の方程式

　本章から、水素原子のシュレーディンガー方程式の解法に入る。ただし、その解法は決して簡単ではない。幸いなことに、水素原子の電子軌道の解明に登場する微分方程式は、うまく変形すると、すでに過去の数学者たちが研究してきた微分方程式となり、その解法も明らかとなっている。

　われわれは、その数学的所産を利用しながら、方程式の解を求めていくことになる。少々苦労はするが、腰を据えて、順序だてて取り組めば理解が可能なはずだ。それでは、いよいよ人類最高の至宝と呼ばれる水素原子内の電子軌道の解明に挑戦してみよう。

11.1. 動径方向のシュレーディンガー方程式

　第10章で求めたように、動径方向のシュレーディンガー方程式は

$$\frac{1}{R(r)}\frac{\partial}{\partial r}\left(r^2\frac{\partial R(r)}{\partial r}\right)+\frac{8\pi^2 m r^2}{h^2}\left(E+\frac{e^2}{4\pi\varepsilon_0 r}\right)=l(l+1)$$

と与えられる。

　この式を変形していこう。変数は r だけなので、偏微分を常微分に置き換え、両辺に $R(r)$ を乗じる。すると

$$\frac{d}{dr}\left(r^2\frac{dR(r)}{dr}\right)+\frac{8\pi^2 m r^2}{h^2}\left(E+\frac{e^2}{4\pi\varepsilon_0 r}\right)R(r)=l(l+1)R(r)$$

となる。最初の項を計算し、$R(r)$ の項をまとめると

$$2r\frac{dR(r)}{dr}+r^2\frac{d^2R(r)}{dr^2}+\left\{\frac{8\pi^2 m r^2}{h^2}\left(E+\frac{e^2}{4\pi\varepsilon_0 r}\right)-l(l+1)\right\}R(r)=0$$

となる。さらに両辺を r^2 で除すると

$$\frac{d^2 R(r)}{dr^2} + \frac{2}{r}\frac{dR(r)}{dr} + \left\{\frac{8\pi^2 mE}{h^2} + \frac{2\pi me^2}{h^2 \varepsilon_0 r} - \frac{l(l+1)}{r^2}\right\} R(r) = 0$$

となる。ここで { } 内を

$$g(r) = \frac{8\pi^2 mE}{h^2} + \frac{2\pi me^2}{h^2 \varepsilon_0 r} - \frac{l(l+1)}{r^2}$$

と置くと

$$\frac{d^2 R(r)}{dr^2} + \frac{2}{r}\frac{dR(r)}{dr} + g(r)R(r) = 0$$

となり、変数係数の 2 階線形同次微分方程式となる。ただし、このかたちのままで方程式を解法するのは簡単ではない。そこで、さらなる変形を行う。

演習 11-1　　$R(r) = \dfrac{S(r)}{r}$ という変換を行って $\dfrac{d^2 R(r)}{dr^2} + \dfrac{2}{r}\dfrac{dR(r)}{dr}$ を変形せよ。

解）　　$R(r)$ を r に関して微分すると

$$\frac{dR(r)}{dr} = -\frac{1}{r^2}S(r) + \frac{1}{r}\frac{dS(r)}{dr}$$

さらに、2 階微分は

$$\frac{d^2 R(r)}{dr^2} = \frac{d}{dr}\left(\frac{dR(r)}{dr}\right) = \frac{d}{dr}\left(-\frac{1}{r^2}S(r) + \frac{1}{r}\frac{dS(r)}{dr}\right)$$

$$= \frac{2}{r^3}S(r) - \frac{2}{r^2}\frac{dS(r)}{dr} + \frac{1}{r}\frac{d^2 S(r)}{dr^2}$$

であるから

$$\frac{d^2 R(r)}{dr^2} + \frac{2}{r}\frac{dR(r)}{dr} = \frac{2}{r^3}S(r) - \frac{2}{r^2}\frac{dS(r)}{dr} + \frac{1}{r}\frac{d^2 S(r)}{dr^2} + \frac{2}{r}\left(-\frac{1}{r^2}S(r) + \frac{1}{r}\frac{dS(r)}{dr}\right)$$

$$= \frac{1}{r}\frac{d^2 S(r)}{dr^2}$$

となる。

この結果を、先ほどの微分方程式に代入すると

$$\frac{1}{r}\frac{d^2S(r)}{dr^2}+g(r)\frac{S(r)}{r}=0$$

となる。したがって

$$\frac{d^2S(r)}{dr^2}+\left\{\frac{8\pi^2mE}{h^2}+\frac{2\pi me^2}{h^2\varepsilon_0\,r}-\frac{l(l+1)}{r^2}\right\}S(r)=0$$

という微分方程式となる。

　ここで

$$-\frac{8\pi^2mE}{h^2}=\kappa^2 \qquad \frac{2\pi me^2}{h^2\varepsilon_0}=\lambda$$

と置き換える。ここでは、水素原子内の電子は原子核に束縛されており、自由な電子よりもエネルギーは低く、E は負の値をとる。よって、最初の式の左辺は正となるので κ^2 と置くことができるのである。

　すると、表記の微分方程式は

$$\frac{d^2S(r)}{dr^2}+\left\{-\kappa^2+\frac{\lambda}{r}-\frac{l(l+1)}{r^2}\right\}S(r)=0$$

となる。

　ここで、この方程式の解のかたちがどうなるかを考えてみる。r は、電子と原子核間の距離であるので、$r\rightarrow\infty$ で $S(r)\rightarrow0$ となる必要がある。この極限では、微分方程式は簡単となって

$$\frac{d^2S(r)}{dr^2}-\kappa^2S(r)=0$$

となる。この微分方程式の一般解は簡単で

$$S(r)=A\exp(\kappa r)+X\exp(-\kappa r)$$

と与えられる。ただし、A と X は任意定数である。

　さらに、$\exp(\kappa r)$ の項は無限大で発散するので、物理的意味のある解は

$$S(r)=X\exp(-\kappa r)$$

となる。ここで、定数変化法を思い出すと、動径方向の微分方程式は、定数 X を r の関数として

$$S(r)=X(r)\exp(-\kappa r)$$

というかたちの解を有すると考えられる。

演習 11-2　$S(r) = X(r) \exp(-\kappa r)$ を微分方程式

$$\frac{d^2 S(r)}{dr^2} + \left\{ -\kappa^2 + \frac{\lambda}{r} - \frac{l(l+1)}{r^2} \right\} S(r) = 0$$

に代入せよ。

解）　$S(r) = X(r) \exp(-\kappa r)$ を r に関して微分すると

$$\frac{dS(r)}{dr} = \frac{dX(r)}{dr} \exp(-\kappa r) - \kappa X(r) \exp(-\kappa r)$$

となる。さらに、もう 1 度微分すると

$$\frac{d^2 S(r)}{dr^2} = \frac{d^2 X(r)}{dr^2} \exp(-\kappa r) - 2\kappa \frac{dX(r)}{dr} \exp(-\kappa r) + \kappa^2 X(r) \exp(-\kappa r)$$

となる。これを表記の微分方程式に代入すると

$$\frac{d^2 X(r)}{dr^2} \exp(-\kappa r) - 2\kappa \frac{dX(r)}{dr} \exp(-\kappa r)$$

$$+ \left\{ \frac{\lambda}{r} - \frac{l(l+1)}{r^2} \right\} X(r) \exp(-\kappa r) = 0$$

となる。したがって

$$\frac{d^2 X(r)}{dr^2} - 2\kappa \frac{dX(r)}{dr} + \left\{ \frac{\lambda}{r} - \frac{l(l+1)}{r^2} \right\} X(r) = 0$$

という新たな $X(r)$ に関する 2 階微分方程式が得られる。

ここで、さらに

$$x = 2\kappa r$$

という変数変換を行う。

演習 11-3　$\dfrac{d^2 X(r)}{dr^2}$ の変数を r から x に変換せよ。

解）

$$\frac{dX}{dx} = \frac{dX}{dr} \frac{dr}{dx} = \frac{1}{2\kappa} \frac{dX}{dr}$$

となる。つぎに

$$\frac{d^2X}{dx^2} = \frac{d}{dx}\left(\frac{dX}{dx}\right) = \frac{d}{dx}\left(\frac{1}{2\kappa}\frac{dX}{dr}\right) = \frac{1}{2\kappa}\frac{d}{dx}\left(\frac{dX}{dr}\right) = \frac{1}{2\kappa}\frac{d}{dr}\left(\frac{dX}{dx}\right)\frac{dr}{dx} = \frac{1}{4\kappa^2}\frac{d^2X}{dr^2}$$

となる。

よって

$$\frac{dX}{dr} = 2\kappa\frac{dX}{dx} \qquad \frac{d^2X}{dr^2} = 4\kappa^2\frac{d^2X}{dx^2}$$

となる。これら関係と $r = x/2\kappa$ を

$$\frac{d^2X(r)}{dr^2} - 2\kappa\frac{dX(r)}{dr} + \left\{\frac{\lambda}{r} - \frac{l(l+1)}{r^2}\right\}X(r) = 0$$

に代入すると

$$4\kappa^2\frac{d^2X(x)}{dx^2} - 4\kappa^2\frac{dX(x)}{dx} + \left\{\lambda\frac{1}{(x/2\kappa)} - \frac{l(l+1)}{(x/2\kappa)^2}\right\}X(x) = 0$$

から

$$4\kappa^2\frac{d^2X(x)}{dx^2} - 4\kappa^2\frac{dX(x)}{dx} + 4\kappa^2\left\{\left(\frac{\lambda}{2\kappa}\right)\frac{1}{x} - \frac{l(l+1)}{x^2}\right\}X(x) = 0$$

となり、結局

$$\frac{d^2X(x)}{dx^2} - \frac{dX(x)}{dx} + \left\{\left(\frac{\lambda}{2\kappa}\right)\frac{1}{x} - \frac{l(l+1)}{x^2}\right\}X(x) = 0$$

という微分方程式が得られる。

　ここで、級数解法の一種である**フロベニウス法** (Frobenius method) を使う。通常の級数解法では

$$X(x) = a_0 + a_1 x + a_2 x^2 + \dots + a_n x^n + \dots$$

のような無限級数を解として微分方程式に代入するが、上記の微分方程式は $1/x$ や $1/x^2$ の項を含むため、$x = 0$ が特異点となってしまう。この場合、x の高次の項を初項とする級数解

$$X(x) = a_0 x^\tau + a_1 x^{1+\tau} + a_2 x^{2+\tau} + \dots + a_n x^{n+\tau} + \dots$$

を仮定する。これがフロベニウス法である。それでは、この微分方程式の解の

様子を探ってみよう。

演習 11-4　上記の微分方程式に

$$X(x) = \sum_{n=0}^{\infty} a_n x^{n+\tau} = a_0 x^\tau + a_1 x^{1+\tau} + a_2 x^{2+\tau} + ... + a_n x^{n+\tau} + ...$$

を代入せよ。

解)　$X(x) = \sum_{n=0}^{\infty} a_n x^{n+\tau}$ であるから

$$\frac{dX(x)}{dx} = \sum_{n=0}^{\infty} (n+\tau) a_n x^{n+\tau-1}$$

さらに、もう1回微分すると

$$\frac{d^2 X(x)}{dx^2} = \sum_{n=0}^{\infty} (n+\tau)(n+\tau-1) a_n x^{n+\tau-2}$$

となる。微分方程式に代入すると

$$\sum_{n=0}^{\infty} (n+\tau)(n+\tau-1) a_n x^{n+\tau-2} - \sum_{n=0}^{\infty} (n+\tau) a_n x^{n+\tau-1}$$

$$+ \left\{ \left(\frac{\lambda}{2\kappa} \right) \frac{1}{x} - \frac{l(l+1)}{x^2} \right\} \sum_{n=0}^{\infty} a_n x^{n+\tau} = 0$$

となる。これを変形すると

$$\sum_{n=0}^{\infty} (n+\tau)(n+\tau-1) a_n x^{n+\tau-2} - \sum_{n=0}^{\infty} (n+\tau) a_n x^{n+\tau-1}$$

$$+ \left(\frac{\lambda}{2\kappa} \right) \sum_{n=0}^{\infty} a_n x^{n+\tau-1} - l(l+1) \sum_{n=0}^{\infty} a_n x^{n+\tau-2} = 0$$

同じべき項でまとめると

$$\sum_{n=0}^{\infty} a_n x^{n+\tau-2} [(n+\tau)(n+\tau-1) - l(l+1)] + \sum_{n=0}^{\infty} a_n x^{n+\tau-1} \left\{ \frac{\lambda}{2\kappa} - (n+\tau) \right\} = 0$$

となる。

$X(x)$ が解となるためには、x のべき項の係数がすべて 0 となる必要がある。

ここで、$n = 0$ のとき、左辺は

$$a_0\, x^{\tau-2}\,[\tau(\tau-1)-l(l+1)] + a_0\, x^{\tau-1}\left(\frac{\lambda}{2\kappa}-\tau\right)$$

となる。したがって $a_0 \neq 0$ とすれば $X(x)$ が解となるための条件は

$$\tau(\tau-1)-l(l+1)=0 \qquad \frac{\lambda}{2\kappa}=\tau$$

となる。

演習 11-5　次式を満足する τ の値を求めよ。
$$\tau(\tau-1)-l(l+1)=0$$

　解）　左辺を変形すると

$$\tau(\tau-1)-l(l+1)=\tau^2-\tau-l^2-l=\tau^2-l^2-(\tau+l)$$
$$=(\tau+l)(\tau-l)-(\tau+l)=(\tau+l)(\tau-l-1)$$

と因数分解できる。よって

$$(\tau+l)(\tau-l-1)=0$$

から

$$\tau=-l \quad あるいは \quad \tau=l+1$$

となる。

　ただし、$\tau=-l$ には問題がある。それは、べき級数の項が

$$x^{\tau}=x^{-l}=\frac{1}{x^l}$$

となるので、$x=0$ において $+\infty$ と発散するため、$X(x)$ が物理的に有意な解とはならないからである。よって、τ としては

$$\tau=l+1$$

だけが許されることになる。

　さらに、τ はべき数であるので、l は整数値をとることもわかる。したがって、表記の微分方程式は

$$X(x)=a_0\,x^{l+1}+a_1\,x^{l+2}+...+a_n\,x^{l+n+1}+...=x^{l+1}(a_0+a_1x+...+a_nx^n+...)$$

というべき級数のかたちの解を有することがわかる。

さらに

$$\frac{\lambda}{2\kappa} = \tau = l + 1$$

から、$\lambda/2\kappa$ は整数値をとるが、その意味については次節で紹介する。

11. 2. ラゲールの陪微分方程式

動径方向のシュレーディンガー方程式を変形することで得られる微分方程式

$$\frac{d^2 X(x)}{dx^2} - \frac{dX(x)}{dx} + \left\{ \left(\frac{\lambda}{2\kappa}\right)\frac{1}{x} - \frac{l(l+1)}{x^2} \right\} X(x) = 0$$

の解は、前項の結果から

$$X(x) = x^{l+1} F(x) \qquad\qquad F(x) = \sum_{n=0}^{\infty} a_n x^n$$

と置くことができる。すると

$$\frac{dX(x)}{dx} = (l+1)x^l F(x) + x^{l+1}\frac{dF(x)}{dx}$$

$$\frac{d^2 X(x)}{dx^2} = l(l+1)x^{l-1}F(x) + 2(l+1)x^l \frac{dF(x)}{dx} + x^{l+1}\frac{d^2 F(x)}{dx^2}$$

であるから、もとの方程式に代入すると

$$l(l+1)x^{l-1}F(x) + 2(l+1)x^l \frac{dF(x)}{dx} + x^{l+1}\frac{d^2 F(x)}{dx^2} - (l+1)x^l F(x) - x^{l+1}\frac{dF(x)}{dx}$$

$$+ \left\{ \left(\frac{\lambda}{2\kappa}\right)\frac{1}{x} - \frac{l(l+1)}{x^2} \right\} x^{l+1}F(x) = 0$$

となる。

演習 11-6　上記の微分方程式を整理せよ。

解）　　まず最後の項を計算すると

$$\left\{ \left(\frac{\lambda}{2\kappa} \right) \frac{1}{x} - \frac{l(l+1)}{x^2} \right\} x^{l+1} F(x) = \frac{\lambda}{2\kappa} x^l F(x) - l(l+1) x^{l-1} F(x)$$

となる。したがって、微分方程式は

$$l(l+1)x^{l-1}F(x) + 2(l+1)x^l \frac{dF(x)}{dx} + x^{l+1} \frac{d^2F(x)}{dx^2} - (l+1)x^l F(x) - x^{l+1} \frac{dF(x)}{dx}$$

$$+ \frac{\lambda}{2\kappa} x^l F(x) - l(l+1) x^{l-1} F(x) = 0$$

となる。ここで、微分係数によって整理すると

$$x^{l+1} \frac{d^2F(x)}{dx^2} + [2(l+1)x^l - x^{l+1}] \frac{dF(x)}{dx} + \left\{ \frac{\lambda}{2\kappa} x^l - (l+1)x^l \right\} F(x) = 0$$

となる。両辺を x^l で除すと、結局

$$x \frac{d^2F(x)}{dx^2} + [2(l+1) - x] \frac{dF(x)}{dx} + \left\{ \frac{\lambda}{2\kappa} - (l+1) \right\} F(x) = 0$$

という微分方程式が得られる。

　実は、この微分方程式は、1800 年代前半にフランスの数学者**ラゲール** (Edmond Nicolas Laguerre, 1834-1886) によって研究された微分方程式であり、現在、**ラゲールの陪微分方程式** (associated Laguerre's differential equation) と呼ばれているものである[19]。

　ちなみに、ラゲールの陪微分方程式の一般形は

$$x \frac{d^2f(x)}{dx^2} + (k+1-x) \frac{df(x)}{dx} + (m-k) f(x) = 0$$

というかたちをしている。

> **演習 11-7**　$F(x)$ に関する微分方程式とラゲールの陪微分方程式の係数の対応関係を示せ。

　解）　　それぞれの微分方程式を並べると

---

[19] ラゲール陪微分方程式については、補遺 11-1 を参照いただきたい。「陪」つまり "associate" という名がついているのは、基本として、ラゲールの微分方程式と呼ばれるものがあり、それから派生した方程式だからである。

$$x\frac{d^2F(x)}{dx^2}+[2(l+1)-x]\frac{dF(x)}{dx}+\left\{\frac{\lambda}{2\kappa}-(l+1)\right\}F(x)=0$$

$$x\frac{d^2f(x)}{dx^2}+(k+1-x)\frac{df(x)}{dx}+(m-k)f(x)=0$$

となる。したがって、両式の対応は

$$k+1=2(l+1)\qquad m-k=\frac{\lambda}{2\kappa}-(l+1)$$

から

$$k=2l+1$$

$$m=k+\frac{\lambda}{2\kappa}-(l+1)=(2l+1)+\frac{\lambda}{2\kappa}-(l+1)=\frac{\lambda}{2\kappa}+l$$

となる。

　演習で得られた $m=(\lambda/2\kappa)+l$ という意味を考えてみよう。m も l も整数であるから、前節でも紹介しように、$\lambda/2\kappa$ も整数ということになる。実は、動径方向のシュレーディンガー方程式が物理的に有意な解を持つためには

$$\frac{\lambda}{2\kappa}=n\quad(n=1,\ 2,\ 3,...)$$

という条件が必要となる。

　n は電子軌道の**主量子数** (principal quantum number) に対応しており、$n=1,2,3$ は電子軌道の K 殻、L 殻、M 殻にそれぞれ対応している。

11.3.　ラゲール陪多項式

　ラゲールの陪微分方程式

$$x\frac{d^2f(x)}{dx^2}+(k+1-x)\frac{df(x)}{dx}+(m-k)f(x)=0$$

の解は、すでに研究されていて、**ラゲール陪多項式** (associated Laguerre polynomial) と呼ばれる多項式群となることがわかっており、その一般式は、次

式によって与えられる[20]。

$$f(x) = L_m^{\ k}(x) = \sum_{r=k}^{m} (-1)^r \frac{(m!)^2}{(r-k)!\, r!\, (m-r)!} x^{r-k}$$

　実は、陪多項式と「陪」という字がつくのは、ラゲール多項式 $L_m(x)$ がもととなっており、その k 回微分として、ラゲール陪多項式が定義できることに由来する。つまり、ラゲール多項式とラゲール陪多項式には

$$L_m^{\ k}(x) = \frac{d^k}{dx^k} L_m(x) = L_m^{(k)}(x)$$

という対応関係がある。具体的に示すと

$$L_m^{\ 0}(x) = L_m(x) \qquad L_m^{\ 1}(x) = \frac{d}{dx} L_m(x) = L_m'(x) \qquad L_m^{\ 2}(x) = \frac{d^2}{dx^2} L_m(x) = L_m''(x)$$

$$L_m^{\ 3}(x) = \frac{d^3}{dx^3} L_m(x) = L_m'''(x) \qquad L_m^{\ 4}(x) = \frac{d^4}{dx^4} L_m(x) = L_m^{(4)}(x) \ \dots$$

という対応となる。

演習 11-8　　つぎのラゲール陪多項式を計算せよ。
$$L_1^1(x) \qquad L_2^1(x) \qquad L_3^1(x)$$

　解)　　ここでは、機械的に、ラゲール陪多項式の一般式の m, k に具体的な数値を代入して計算してみよう。すると

$$L_1^1(x) = \sum_{r=1}^{1} (-1)^r \frac{(1!)^2}{(r-1)!\, r!\, (1-r)!} x^{r-1} = -1$$

$$L_2^1(x) = \sum_{r=1}^{2} (-1)^r \frac{(2!)^2}{(r-1)!\, r!\, (2-r)!} x^{r-1} = -1\frac{4}{1} + \frac{4}{2} x^{2-1} = -4 + 2x$$

$$L_3^1(x) = \sum_{r=1}^{3} (-1)^r \frac{(3!)^2}{(r-1)!\, r!\, (3-r)!} x^{r-1} = -\frac{36}{2} + \frac{36}{2} x - \frac{36}{12} x^2 = -18 + 18x - 3x^2$$

となる。

---

[20] ラゲール陪多項式についてはラゲール多項式とともに、補遺 11-1 に導出方法を示しているので、そちらを参照いただきたい。

演習 11-9　ラゲール陪多項式を用いて微分方程式

$$x\frac{d^2F(x)}{dx^2}+[2(l+1)-x]\frac{dF(x)}{dx}+\left\{\frac{\lambda}{2\kappa}-(l+1)\right\}F(x)=0$$

の解を求めよ。

解）　ラゲールの陪微分方程式

$$x\frac{d^2f(x)}{dx^2}+(k+1-x)\frac{df(x)}{dx}+(m-k)f(x)=0$$

と、表記の微分方程式の係数を見ると

$$k+1=2(l+1)=(2l+1)+1 \qquad m-k=\frac{\lambda}{2\kappa}-(l+1)$$

となる。ここで $n=\dfrac{\lambda}{2\kappa}$ であったから $m-k=n-(l+1)$ となり、結局

$$m=n+l \qquad k=2l+1$$

という関係にあることがわかる。そこで、ラゲール陪微分方程式の解であるラゲール陪多項式の一般式

$$L_m^{\ k}(x)=\sum_{r=k}^{m}(-1)^r\frac{(m!)^2}{(r-k)!\,r!\,(m-r)!}x^{r-k}$$

に、上記の係数 m, k を代入してみよう。

すると

$$L_{n+l}^{\ 2l+1}(x)=\sum_{r=2l+1}^{n+l}(-1)^r\frac{[(n+l)!]^2}{(r-2l-1)!\,r!\,(n+l-r)!}x^{r-2l-1}$$

となるが、これが微分方程式の解 $F(x)$ となる。

このように、ラゲール陪多項式を利用することでラゲールの陪微分方程式の機械的な解法が可能となる。ところで、われわれの目的は、動径方向のシュレーディンガー方程式の解法である。このためには、変形の過程を逆にたどる必要がある。すなわち

$$F(x) \to \quad X(x) \to \quad S(r) \to \quad R(r)$$

というプロセスを踏む。まず $X(x)$ は

$$\frac{d^2 X(x)}{dx^2} - \frac{dX(x)}{dx} + \left\{\frac{n}{x} - \frac{l(l+1)}{x^2}\right\} X(x) = 0$$

という微分方程式の解である。ラゲールの陪微分方程式は、上記の微分方程式が

$$X(x) = x^{l+1} F(x)$$

となることを仮定して得られた $F(x)$ の方程式である。つまり、表記の微分方程式の解は

$$X(x) = C x^{l+1} F(x) = C x^{l+1} L_{n+l}^{2l+1}(x)$$

となる。ただし、C は任意定数である。

つぎに、$X(x) \to S(r)$ の変換を考えてみよう。

演習 11-10　微分方程式

$$\frac{d^2 S(r)}{dr^2} + \left\{-\kappa^2 + \frac{\lambda}{r} - \frac{l(l+1)}{r^2}\right\} S(r) = 0$$

の解を求めよ。

解）　$X(x)$ に関する微分方程式は、表記の微分方程式において

$$S(r) = X(r) \exp(-\kappa r)$$

と置いて得られたものであった。

さらに、$x = 2\kappa r$ という変数変換をしていたので

$$X(x) = C x^{l+1} L_{n+l}^{2l+1}(x)$$

は

$$X(r) = C(2\kappa r)^{l+1} L_{n+l}^{2l+1}(2\kappa r)$$

となり、微分方程式の解は

$$S(r) = X(r) \exp(-\kappa r) = C(2\kappa r)^{l+1} L_{n+l}^{2l+1}(2\kappa r) \exp(-\kappa r)$$

となる。

最後に、動径方向のシュレーディンガー方程式の波動関数 $R(r)$ は

$$R(r) = \frac{S(r)}{r}$$

であったので、結局、求める波動関数は

$$R(r) = C(2\kappa)^{l+1} r^l L_{n+l}^{2l+1}(2\kappa r)\exp(-\kappa r)$$

と与えられることになる。

　これで、水素原子中の電子軌道における動径方向の波動関数を求めることができた。ただし、このままでは道半ばなのである。それは、この波動関数が規格化条件を満足するように、定数 C を決める操作が残っているからである。

11.4. 波動関数の規格化

　それでは、実際に規格化を行ってみよう。極座標の動径方向の規格化条件は

$$\int_0^\infty \left| R(r) \right|^2 r^2\, dr = 1$$

と与えられる。これを、まず確かめてみよう。

　直交座標における波動関数を $\psi(x,y,z)$ とすると、規格化条件は

$$\int_{-\infty}^{+\infty}\int_{-\infty}^{+\infty}\int_{-\infty}^{+\infty} \left| \psi(x,y,z) \right|^2 dx\, dy\, dz = 1$$

となる。この条件が、極座標の場合にどのようになるかを考えてみよう。まず、波動関数は

$$\psi(x,y,z) \to \psi(r,\theta,\phi)$$

となるが、水素原子の場合には

$$\psi(r,\theta,\phi) = R(r)\,\Theta(\theta)\,\Phi(\phi)$$

のように変数分離できる。

　このとき、積分範囲は

$$0 \le r \le +\infty \qquad 0 \le \theta \le \pi \qquad 0 \le \phi \le 2\pi$$

となる。

　さらに、直交座標における微小体積要素

$$dV = dx\, dy\, dz$$

は、極座標では

$$dV = r^2 \sin\theta \, dr \, d\theta \, d\phi$$

と与えられる[21]。

したがって、規格化条件は

$$\int_0^{+\infty} \int_0^{\pi} \int_0^{2\pi} \left| \psi(r,\theta,\phi) \right|^2 r^2 \sin\theta \, dr \, d\theta \, d\phi = 1$$

となる。

ここで、波動関数が変数分離できることを考慮すると

$$\left(\int_0^{\infty} \left| R(r) \right|^2 r^2 \, dr \right) \left(\int_0^{\pi} \left| \Theta(\theta) \right|^2 \sin\theta \, d\theta \right) \left(\int_0^{2\pi} \left| \Phi(\phi) \right|^2 \, d\phi \right) = 1$$

となる。

ここで、それぞれの積分は互いに独立であるから、この式が成立するためには、すべての項の値が 1 となる必要がある。したがって、規格化条件は、変数ごとに

$$\int_0^{\infty} \left| R(r) \right|^2 r^2 \, dr = 1 \qquad \int_0^{\pi} \left| \Theta(\theta) \right|^2 \sin\theta \, d\theta = 1 \qquad \int_0^{2\pi} \left| \Phi(\phi) \right|^2 d\phi = 1$$

と与えられるのである。

演習 11-11　$x = 2\kappa r$ という変数変換により、規格化条件

$$\int_0^{\infty} \left| R(r) \right|^2 r^2 \, dr = 1$$

の積分変数を r から x に変換せよ。

解)　$$R(r) = C(2\kappa)^{l+1} r^l \, L_{n+l}^{2l+1}(2\kappa r) \exp(-\kappa r)$$

において $x = 2\kappa r$ と置き換えると

$$R(x) = C \left(\frac{2\kappa}{x} \right) x^{l+1} L_{n+l}^{2l+1}(x) \exp\left(-\frac{x}{2} \right)$$

となる。さらに $dx = 2\kappa \, dr$ であるから、規格化条件は

$$\int_0^\infty \left| C\left(\frac{2\kappa}{x}\right) x^{l+1} L_{n+l}^{2l+1}(x) \exp\left(-\frac{x}{2}\right) \right|^2 \left(\frac{x}{2\kappa}\right)^2 \frac{dx}{2\kappa} = 1$$

となる。

ただし、上記の変数変換によって、積分範囲は変わらず、0 から ∞ までとなる。

規格化のための定数を積分の外に出すと

$$\frac{|C|^2}{2\kappa} \int_0^\infty x^{2l+2} \left[L_{n+l}^{2l+1}(x) \right]^2 \exp(-x)\, dx = 1$$

となる。

よって、上記の積分を計算すれば、規格化定数を得ることができる。ここで、ふたたび、ラゲール陪多項式で、すでに知られている性質を利用する[22]。それは、つぎのような性質である。

$$\int_0^\infty L_m^k(x) L_n^k(x) x^k \exp(-x)\, dx = \frac{(n!)^3}{(n-k)!} \delta_{mn}$$

これは、ラゲール陪多項式の**直交性** (orthogonality) を示したものである。つまり、この積分は $m \neq n$ の場合の値はゼロになる。

そして $n = m$ の場合には

$$\int_0^\infty \left[L_n^k(x) \right]^2 x^k \exp(-x)\, dx = \frac{(n!)^3}{(n-k)!}$$

という値になる。

さらに、ラゲール多項式の性質を利用すると

$$\int_0^\infty \left[L_n^k(x) \right]^2 x^{k+1} \exp(-x)\, dx = (2n+1-k)\frac{(n!)^3}{(n-k)!}$$

という関係も得られる。

---

[22] 水素原子の動径方向の波動関数を規格化するには、ラゲール陪多項式の直交関係を利用する。しかし、その導出は簡単ではないうえ、計算過程を示すと長くなる。そこで、ここでは、ラゲール多項式にこのような特徴があるということを前提に、波動関数の規格化を行うことにする。興味のある方は、補遺 11-2 にラゲール陪多項式の性質をまとめているので、そちらを参照していただきたい。

演習 11-12　波動関数を規格化するために必要な定数 C を求めよ。

$$\frac{|C|^2}{2\kappa} \int_0^\infty x^{2l+2} \left[L_{n+l}^{2l+1}(x) \right]^2 \exp(-x)\, dx = 1$$

解)　上記で求めた積分結果を利用する。

$$\int_0^\infty \left[L_n^{\ k}(x) \right]^2 x^{k+1} \exp(-x)\, dx = (2n+1-k)\frac{(n!)^3}{(n-k)!}$$

ここで、ラゲール陪多項式の因子を見ると

$$L_{n+l}^{2l+1}(x) \quad \text{および} \quad L_n^{\ k}(x)$$

となっている。

これら因子をそろえるとすれば、$L_n^{\ k}(x)$ において

$$n \to n+l \qquad k \to 2l+1$$

という置き換えをすればよいことになる。よって

$$\int_0^\infty \left[L_n^{\ k}(x) \right]^2 x^{k+1} \exp(-x)\, dx \ \to\ \int_0^\infty \left[L_{n+l}^{2l+1}(x) \right]^2 x^{2l+2} \exp(-x)\, dx$$

という対応になるから、右辺は

$$(2n+1-k)\frac{(n!)^3}{(n-k)!} \ \to\ \left\{2(n+l)+1-(2l+1)\right\}\frac{\left[(n+l)!\right]^3}{\left\{(n+l)-(2l+1)\right\}!}$$

となる。整理すると

$$\left\{2(n+l)+1-(2l+1)\right\}\frac{\left[(n+l)!\right]^3}{\left\{(n+l)-(2l+1)\right\}!} = 2n\frac{\left[(n+l)!\right]^3}{(n-l-1)!}$$

となり

$$\frac{|C|^2}{2\kappa} \int_0^\infty x^{2l+2} \left[L_{n+l}^{2l+1}(x) \right]^2 \exp(-x)\, dx = \frac{|C|^2}{2\kappa}(2n)\frac{\left[(n+l)!\right]^3}{(n-l-1)!} = 1$$

から、結局

$$|C|^2 = (2\kappa)\frac{(n-2l-1)!}{2n[(n+l)!]^3}$$

と与えられる。よって、規格化するための定数 C は

$$C = \sqrt{(2\kappa)\frac{(n-l-1)!}{2n[(n+l)!]^3}}$$

と与えられる。

このCを使えば、規格化された動径方向の波動関数は

$$R(x) = \sqrt{(2\kappa)\frac{(n-l-1)!}{2n[(n+l)!]^3}}\left(\frac{2\kappa}{x}\right)x^{l+1}\,L_{n+l}^{\,2l+1}(x)\exp\left(-\frac{x}{2}\right)$$

と与えられることになる。$x = 2\kappa r$ であったから、結局

$$R_{n,l}(r) = \sqrt{(2\kappa)\frac{(n-l-1)!}{2n[(n+l)!]^3}}\,\frac{(2\kappa r)^{l+1}}{r}\,L_{n+l}^{\,2l+1}(2\kappa r)\exp(-\kappa r)$$

と与えられる。

さらに、整理すると

$$R_{n,l}(r) = \sqrt{\frac{(n-l-1)!}{2n\,[(n+l)!]^3}}\,(2\kappa)^{l+\frac{3}{2}}\,r^l\,L_{n+l}^{\,2l+1}(2\kappa r)\exp(-\kappa r)$$

となる。ここで

$$-\frac{8\pi^2 mE}{h^2} = \kappa^2 \qquad \text{および} \qquad \frac{2\pi me^2}{h^2\varepsilon_0} = \lambda$$

という定数項の置き換えをしていたことを思い出そう。さらに

$$\frac{\lambda}{2\kappa} = n$$

であった。よって

$$\kappa = \frac{\lambda}{2n} = \frac{\pi me^2}{nh^2\varepsilon_0}$$

ここで

$$a_{\mathrm{B}} = \frac{h^2\varepsilon_0}{\pi me^2}$$

という置き換えを行う。a_{B} は、まさにボーア半径である。すると κ は

$$\kappa = \frac{\pi me^2}{nh^2\varepsilon_0} = \frac{\pi me^2}{h^2\varepsilon_0}\frac{1}{n} = \frac{1}{na_{\mathrm{B}}}$$

となる。

よって動径方向の波動関数は、ボーア半径 a_B と主量子数 n を用いると

$$R_{n,l}(r) = \sqrt{\frac{(n-l-1)!}{2n\,[(n+l)!]^3}} \left(\frac{2}{na_B}\right)^{l+\frac{3}{2}} r^l\, L_{n+l}^{2l+1}\left(\frac{2r}{na_B}\right) \exp\left(-\frac{r}{na_B}\right)$$

と与えられる。ただしラゲール陪多項式は

$$L_{n+l}^{2l+1}(x) = \sum_{r=2l+1}^{n+l} (-1)^r \frac{[(n+l)!]^2}{(r-2l-1)!(2l+1)!(n+l-r)!} x^{r-2l-1}$$

である。

　実は、ここで現れる l も量子数のひとつであり、**方位量子数** (azimuthal quantum number) と呼ばれるもので、原点での**節** (node) の数に対応している。あるいは、電子軌道の s 軌道、p 軌道、d 軌道に対応すると言った方がなじみ深いかもしれない。

11.5.　動径方向の波動関数

それでは、具体的に、動径方向の波動関数を導出してみよう。

演習 11-13　$n=1$, $l=0$ に対応した動径方向の波動関数 $R_{1,0}(x)$ を求めよ。

　解）　一般式

$$R_{n,l}(r) = \sqrt{\frac{(n-l-1)!}{2n[(n+l)!]^3}} \left(\frac{2}{na_B}\right)^{l+\frac{3}{2}} r^l\, L_{n+l}^{2l+1}\left(\frac{2r}{na_B}\right) \exp\left(-\frac{r}{na_B}\right)$$

に $n=1$, $l=0$ を代入すると

$$R_{1,0}(r) = \sqrt{\frac{1}{2}} \left(\frac{2}{a_B}\right)^{\frac{3}{2}} L_1^1\left(\frac{2r}{a_B}\right) \exp\left(-\frac{r}{a_B}\right)$$

となる。ここで、演習 11-8 より、ラゲール陪多項式は

$$L_1^1(x) = -1$$

であったから

$$L_1^1\left(\frac{2r}{a_B}\right) = -1$$

となるので $n=1$, $l=0$ に対応した波動関数 $R_{1,0}(r)$ は

$$R_{1,0}(r) = -2\left(\frac{1}{a_B}\right)^{\frac{3}{2}}\exp\left(-\frac{r}{a_B}\right)$$

となる。

これは、$1s$ 軌道の波動関数に対応する。同様にして $2s$ 軌道に対応した波動関数は $n=2$, $l=0$ の場合であるから

$$R_{2,0}(r) = \sqrt{\frac{(2-0-1)!}{4[(2+0)!]^3}}\left(\frac{2}{2a_B}\right)^{\frac{3}{2}} r^0\, L_2^1\left(\frac{r}{a_B}\right)\exp\left(-\frac{r}{2a_B}\right)$$

$$= \sqrt{\frac{1}{32}}\left(\frac{1}{a_B}\right)^{\frac{3}{2}} L_2^1\left(\frac{r}{a_B}\right)\exp\left(-\frac{r}{2a_B}\right)$$

となる。ここで、演習 11-8 より

$$L_2^1(x) = -4 + 2x$$

であったから

$$L_2^1\left(\frac{r}{a_B}\right) = -4 + \frac{2r}{a_B}$$

となり

$$R_{2,0}(r) = -\sqrt{\frac{1}{32}}\left(\frac{1}{a_B}\right)^{\frac{3}{2}}\left(-4+\frac{2r}{a_B}\right)\exp\left(-\frac{r}{2a_B}\right)$$

から、整理すると

$$R_{2,0}(r) = -\frac{1}{\sqrt{2}}\left(\frac{1}{a_B}\right)^{\frac{3}{2}}\left(1-\frac{r}{2a_B}\right)\exp\left(-\frac{r}{2a_B}\right)$$

となる。

演習 11-14　$2p$ 軌道に対応した $n = 2,\ l = 1$ の場合の動径方向の波動関数 $R_{2,1}(r)$ を求めよ。

解）　一般式

$$R_{n,l}(r) = \sqrt{\frac{(n-l-1)!}{2n[(n+l)!]^3}} \left(\frac{2}{na_{\mathrm{B}}}\right)^{l+\frac{3}{2}} r^l\, L_{n+l}^{2l+1}\left(\frac{2r}{na_{\mathrm{B}}}\right) \exp\left(-\frac{r}{na_{\mathrm{B}}}\right)$$

に $n = 2,\ l = 1$ を代入すると

$$R_{2,1}(r) = \sqrt{\frac{(2-1-1)!}{4[(2+1)!]^3}} \left(\frac{2}{2a_{\mathrm{B}}}\right)^{1+\frac{3}{2}} r^1\, L_3^3\left(\frac{r}{a_{\mathrm{B}}}\right) \exp\left(-\frac{r}{2a_{\mathrm{B}}}\right)$$

$$= \sqrt{\frac{1}{4 \cdot 6^3}} \left(\frac{1}{a_{\mathrm{B}}}\right)^{\frac{5}{2}} r\, L_3^3\left(\frac{r}{a_{\mathrm{B}}}\right) \exp\left(-\frac{r}{2a_{\mathrm{B}}}\right)$$

となる。

　ここで、ラゲール陪多項式の一般式

$$L_m^k(x) = \sum_{r=k}^m (-1)^r \frac{(m!)^2}{(r-k)!\, r!\, (m-r)!} x^{r-k}$$

において、$m = 3,\ k = 3$ を代入すると

$$L_3^3(x) = \sum_{r=3}^3 (-1)^r \frac{(3!)^2}{(r-3)!\, r!\, (3-r)!} x^{r-3} = -6$$

となるので

$$R_{2,1}(r) = \sqrt{\frac{1}{4 \cdot 6^3}} \left(\frac{1}{a_{\mathrm{B}}}\right)^{\frac{5}{2}} r\,(-6) \exp\left(-\frac{r}{2a_{\mathrm{B}}}\right)$$

となり、整理すると

$$R_{2,1}(r) = -\frac{1}{2\sqrt{6}} \left(\frac{1}{a_{\mathrm{B}}}\right)^{\frac{3}{2}} \left(\frac{r}{a_{\mathrm{B}}}\right) \exp\left(-\frac{1}{2}\left(\frac{r}{a_{\mathrm{B}}}\right)\right)$$

となる。

つぎに 3s 軌道に対応した波動関数は $n = 3,\ l = 0$ の場合であるから

$$R_{3,0}(r) = \sqrt{\frac{(3-0-1)!}{6\,[(3+0)!]^3}} \left(\frac{2}{3a_{\mathrm{B}}}\right)^{\frac{3}{2}} r^0\, L_3^{\,1}\!\left(\frac{2r}{3a_{\mathrm{B}}}\right) \exp\!\left(-\frac{r}{3a_{\mathrm{B}}}\right)$$

$$= \sqrt{\frac{2}{6\cdot 6^3}} \left(\frac{2}{3a_{\mathrm{B}}}\right)^{\frac{3}{2}} L_3^{\,1}\!\left(\frac{2r}{3a_{\mathrm{B}}}\right) \exp\!\left(-\frac{r}{3a_{\mathrm{B}}}\right)$$

さらに、演習 11-8 より

$$L_3^{\,1}(x) = -18 + 18x - 3x^2$$

であるので

$$L_3^{\,1}\!\left(\frac{2r}{3a_{\mathrm{B}}}\right) = -18 + 18\left(\frac{2r}{3a_{\mathrm{B}}}\right) - 3\left(\frac{2r}{3a_{\mathrm{B}}}\right)^2 = -18 + 12\left(\frac{r}{a_{\mathrm{B}}}\right) - \frac{4}{3}\left(\frac{r}{a_{\mathrm{B}}}\right)^2$$

となり

$$R_{3,0}(r) = -\frac{\sqrt{2}}{36}\left(\frac{2}{3a_{\mathrm{B}}}\right)^{\frac{3}{2}}\left(18 - 12\left(\frac{r}{a_{\mathrm{B}}}\right) + \frac{4}{3}\left(\frac{r}{a_{\mathrm{B}}}\right)^2\right)\exp\!\left(-\frac{r}{3a_{\mathrm{B}}}\right)$$

となる。整理すると

$$R_{3,0}(r) = -\frac{2}{3\sqrt{3}}\left(\frac{1}{a_{\mathrm{B}}}\right)^{\frac{3}{2}}\left(1 - \frac{2}{3}\left(\frac{r}{a_{\mathrm{B}}}\right) + \frac{2}{27}\left(\frac{r}{a_{\mathrm{B}}}\right)^2\right)\exp\!\left(-\frac{1}{3}\left(\frac{r}{a_{\mathrm{B}}}\right)\right)$$

となる。

3p 軌道に対応した波動関数は $n = 3,\ l = 1$ の場合であるから

$$R_{3,1}(r) = \sqrt{\frac{(3-1-1)!}{6\,[(3+1)!]^3}} \left(\frac{2}{3a_{\mathrm{B}}}\right)^{1+\frac{3}{2}} r^1\, L_4^{\,3}\!\left(\frac{2r}{3a_{\mathrm{B}}}\right) \exp\!\left(-\frac{r}{3a_{\mathrm{B}}}\right)$$

$$= \sqrt{\frac{1}{6\cdot 24^3}} \left(\frac{2}{3a_{\mathrm{B}}}\right)^{\frac{5}{2}} r\, L_4^{\,3}\!\left(\frac{2r}{3a_{\mathrm{B}}}\right) \exp\!\left(-\frac{r}{3a_{\mathrm{B}}}\right)$$

さらに、ラゲール陪多項式の一般式

$$L_m{}^k(x) = \sum_{r=k}^{m} (-1)^r \frac{(m!)^2}{(r-k)!\,r!\,(m-r)!} x^{r-k}$$

において、$m = 4$, $k = 3$ を代入すると

$$L_4{}^3(x) = \sum_{r=3}^{4} (-1)^r \frac{(4!)^2}{(r-3)!\,r!\,(4-r)!} x^{r-3} = -96 + 24x$$

となる。よって

$$L_4{}^3\!\left(\frac{2r}{3a_B}\right) = -96 + 16\frac{r}{a_B}$$

となり、波動関数は

$$R_{3,1}(r) = -\frac{1}{288}\left(\frac{2}{3a_B}\right)^{\frac{5}{2}} r\left(96 - 16\frac{r}{a_B}\right)\exp\left(-\frac{r}{3a_B}\right)$$

したがって

$$R_{3,1}(r) = -\frac{4\sqrt{2}}{27\sqrt{3}}\left(\frac{1}{a_B}\right)^{\frac{3}{2}}\left(\frac{r}{a_B}\right)\left(1 - \frac{r}{6a_B}\right)\exp\left(-\frac{r}{3a_B}\right)$$

となる。

演習 11-15　$3d$ 軌道に対応した波動関数は $n = 3$, $l = 2$ の場合の動径方向の波動関数 $R_{3,2}(r)$ を求めよ。

解）　$n = 3$, $l = 2$ を一般式に代入すると

$$R_{3,2}(r) = \sqrt{\frac{(3-2-1)!}{6\,[(3+2)!]^3}}\left(\frac{2}{3a_B}\right)^{2+\frac{3}{2}} r^2\, L_5{}^5\!\left(\frac{2r}{3a_B}\right)\exp\left(-\frac{r}{3a_B}\right)$$

$$= \sqrt{\frac{1}{6 \cdot 120^3}}\left(\frac{2}{3a_B}\right)^{\frac{7}{2}} r^2\, L_5{}^5\!\left(\frac{2r}{3a_B}\right)\exp\left(-\frac{r}{3a_B}\right)$$

さらに、ラゲール陪多項式の一般式

$$L_m{}^k(x) = \sum_{r=k}^{m} (-1)^r \frac{(m!)^2}{(r-k)!\,r!\,(m-r)!} x^{r-k}$$

において、$m = 5$, $k = 5$ を代入すると

$$L_5^5(x) = \sum_{r=5}^{5} (-1)^r \frac{(5!)^2}{(r-5)!\, r!\, (5-r)!} x^{r-5} = -120$$

であるので、波動関数は

$$R_{3,2}(r) = \frac{1}{120} \frac{1}{12} \frac{1}{\sqrt{5}} \left(\frac{2}{3a_{\rm B}}\right)^{\frac{7}{2}} r^2 (-120) \exp\left(-\frac{r}{3a_{\rm B}}\right)$$

となり、整理すると

$$R_{3,2}(r) = -\frac{2\sqrt{2}}{81\sqrt{15}} \left(\frac{1}{a_{\rm B}}\right)^{\frac{3}{2}} \left(\frac{r}{a_{\rm B}}\right)^2 \exp\left(-\frac{r}{3a_{\rm B}}\right)$$

となる。

　以下同様にして、他の軌道の動径波動関数をすべて求めることができる。

11.6.　動径分布関数

　量子力学では、波動関数 (ψ) の絶対値の 2 乗が空間における電子の存在確率を与える。よって、水素原子のなかの電子の位置を考えるときも、波動関数そのものではなく、絶対値の 2 乗を求める必要がある。極座標では、動径方向の規格化条件は

$$\int_0^\infty \left|R(r)\right|^2 r^2 \, dr = 1$$

によって与えられるので、動径方向は $\left|R(r)\right|^2$ ではなく

$$RDF(r) = \left|R(r)\right|^2 r^2$$

が電子の確率密度の空間分布を与えることになる。この関数を**動径分布関数** (radial distribution function: $RDF(r)$) と呼んでいる。このとき

$$RDF(r)dr = \left|R(r)\right|^2 r^2 \, dr$$

が、半径 r と $r+dr$ の間に電子を見いだす確率となる。
　ここで、それぞれの電子軌道の動径分布関数を求めてみよう。$1s$ 軌道では

$$R_{1,0}(r) = -2\left(\frac{1}{a_B}\right)^{\frac{3}{2}} \exp\left(-\frac{r}{a_B}\right)$$

であったから

$$RDF_{1,0}(r) = \left| R_{1,0}(r) \right|^2 r^2 = 4r^2\left(\frac{1}{a_B}\right)^3 \exp\left(-\frac{2r}{a_B}\right) = \frac{4}{a_B}\left(\frac{r}{a_B}\right)^2 \exp\left(-2\left(\frac{r}{a_B}\right)\right)$$

となる。

RDF を、横軸を r/a_B として図示すると、図 11-1 のようになる。図に示したように、水素原子の 1s 軌道にある電子の確率密度のピークは、ボーア半径の $r = a_B$ 付近にある。

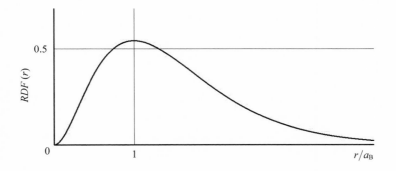

図 11-1　1s 軌道の動径分布関数。横軸はボーア半径 a_B で規格化している。

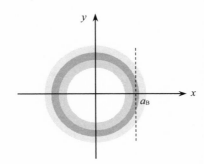

図 11-2　1s 軌道にある電子の密度分布: 3 次元空間において $z = 0$ における断面図。色の濃い部分で電子の存在確率が高い。ボーアモデルでは、電子軌道は円であったが、実際には球面状に広がった軌道となる。

ただし、図 11-1 は、あくまでも r 方向の分布であり、実際の動径方向の分布は球対称となる。そこで、$z = 0$ の断面で電子密度分布を示すと、図 11-2 のようになる。

つぎに 2s 軌道の動径分布関数は

$$RDF_{2,0}(r) = \left| R_{2,0}(r) \right|^2 r^2 = \frac{r^2}{2} \left(\frac{1}{a_B} \right)^3 \left(1 - \frac{r}{2a_B} \right)^2 \exp \left(-\frac{r}{a_B} \right)$$

$$= \frac{1}{2a_B} \left(\frac{r}{a_B} \right)^2 \left(1 - \frac{1}{2} \left(\frac{r}{a_B} \right) \right)^2 \exp \left(-\left(\frac{r}{a_B} \right) \right)$$

となり、その動径分布は図 11-3 のようになる。

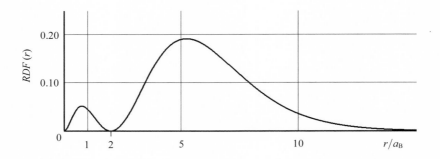

図 11-3 2s 軌道の動径分布関数。横軸はボーア半径 a_B で規格化している。

第 1 章で紹介したように、電子の安定軌道は

$$r = \frac{n^2 \varepsilon_0 h^2}{\pi m_e e^2} = n^2 a_B$$

と与えられる。したがって 2s 軌道では

$$r = 2^2 a_B = 4a_B$$

となるはずである。しかし、図 11-3 に見られるように、動径方向の分布は、それほど単純ではないことがわかる。なにより、原子核からの距離がボーア半径の 2 倍の位置つまり $r = 2a_B$ で電子の存在確率がゼロになる点がある。これを**節** (node) あるいは節面と呼んでいる。節が存在するのは、$RDF_{2,0}(r)$ が

$$\left(1 - \frac{1}{2}\left(\frac{r}{a_{\mathrm{B}}}\right)\right)^2$$

という項を含むことに由来している。また、電子の軌道半径も、単純計算では $4a_{\mathrm{B}}$ となるはずであるが、実際のピークはそれよりも大きな位置にある。

つぎに $2p$ 軌道の場合の動径分布関数は

$$RDF_{2,1}(r) = \left|R_{2,1}(r)\right|^2 r^2 = \frac{1}{24} r^2 \left(\frac{1}{a_{\mathrm{B}}}\right)^3 \left(\frac{r}{a_{\mathrm{B}}}\right)^2 \exp\left(-\frac{r}{a_{\mathrm{B}}}\right)$$

$$= \frac{1}{24 a_{\mathrm{B}}} \left(\frac{r}{a_{\mathrm{B}}}\right)^4 \exp\left(-\left(\frac{r}{a_{\mathrm{B}}}\right)\right)$$

と与えられるので、その分布は図 11-4 のようになる。

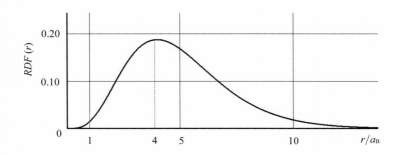

図 11-4　$2p$ 軌道の動径分布関数

面白いことに、$2p$ 軌道では、電子の存在確率のピークは、単純計算結果の $4a_{\mathrm{B}}$ の位置にある。ただし、次章で紹介するように、$2p$ 軌道は角度変数の影響を受けるため、分布関数は球状ではない特殊な分布を有することになる。

また、$3s$, $3p$, $3d$ などのより大きな軌道についても、同様にして、波動関数から動径分布関数を求めることで、電子の存在確率を距離の関数として求めることができる。

補遺 11-1　ラゲール陪多項式

本文で示したように、ラゲール陪多項式の公式を利用することで、動径分布関数を求めることができる。このように、理工系分野では、数学的所産のおかげで多くの解析結果が得られている。

ところで、本書を含めた理工数学シリーズの特色は、導出過程を省略しないことにある。ただし、本文中でラゲール陪多項式の計算過程を紹介しようとすると冗長すぎるし、本質的でもないため、初学者にとっては回り道と感じるだろう。そこで、補遺として紹介することにした。

1A11. 1.　ラゲールの微分方程式の解

つぎのかたちをした微分方程式を**ラゲールの微分方程式** (Laguerre differential equation) と呼んでいる。

$$x\frac{d^2 f(x)}{dx^2} + (1-x)\frac{df(x)}{dx} + m f(x) = 0$$

この微分方程式は級数によって解法することができる。いま、この微分方程式の解を

$$f(x) = a_0 + a_1 x + a_2 x^2 + a_3 x^3 + ... + a_n x^n + ... = \sum_{n=0}^{\infty} a_n x^n$$

のような**無限級数** (infinite series) と仮定する。すると

$$\frac{df(x)}{dx} = a_1 + 2a_2 x + 3a_3 x^2 + 4a_4 x^3 + ... + n a_n x^{n-1} + ... = \sum_{n=1}^{\infty} n a_n x^{n-1}$$

$$\frac{d^2 f(x)}{dx^2} = 2a_2 + 3\cdot 2a_3 x + 4\cdot 3a_4 x^2 + ... + n(n-1)a_n x^{n-2} + ... = \sum_{n=2}^{\infty} n(n-1)a_n x^{n-2}$$

となる。

> **演習** 1A11-1　以上の結果をラゲールの微分方程式に代入して、無限級数の係数間に成立する関係を求めよ。

解）　ラゲールの微分方程式は

$$x\sum_{n=2}^{\infty}n(n-1)a_n x^{n-2} + \sum_{n=1}^{\infty}na_n x^{n-1} - x\sum_{n=1}^{\infty}na_n x^{n-1} + m\sum_{n=0}^{\infty}a_n x^n = 0$$

となる。よって

$$\sum_{n=2}^{\infty}n(n-1)a_n x^{n-1} + \sum_{n=1}^{\infty}na_n x^{n-1} - \sum_{n=1}^{\infty}na_n x^n + m\sum_{n=0}^{\infty}a_n x^n = 0$$

となる。ここで

$$\sum_{n=2}^{\infty}n(n-1)a_n x^{n-1} = \sum_{n=1}^{\infty}(n+1)na_{n+1} x^n$$

$$\sum_{n=1}^{\infty}na_n x^{n-1} = \sum_{n=0}^{\infty}(n+1)a_{n+1} x^n$$

という関係にあることに注意すると

$$\sum_{n=1}^{\infty}(n+1)na_{n+1} x^n + \sum_{n=0}^{\infty}(n+1)a_{n+1} x^n - \sum_{n=1}^{\infty}na_n x^n + m\sum_{n=0}^{\infty}a_n x^n = 0$$

という関係が得られる。ここで、和を揃えるために $n=0$ の項だけ外に出すと

$$(n+1)a_1 + ma_0 + \sum_{n=1}^{\infty}\left\{(n+1)na_{n+1} x^n + (n+1)a_{n+1} x^n - na_n x^n + ma_n x^n\right\} = 0$$

さらに

$$(n+1)a_1 + ma_0 + \sum_{n=1}^{\infty}\left\{(n+1)na_{n+1} + (n+1)a_{n+1} - na_n + ma_n\right\}x^n = 0$$

とまとめられる。

この等式が成立するためには

$$(n+1)a_1 + ma_0 = 0$$

$$(n+1)na_{n+1} + (n+1)a_{n+1} - na_n + ma_n = 0$$

が成立しなければならない。

よって、最初の式から

$$a_1 = -\frac{m}{n+1}a_0$$

つぎの式から

$$(n+1)(n+1)\,a_{n+1} - (n-m)\,a_n = 0$$

となるので

$$a_{n+1} = \frac{n-m}{(n+1)^2}a_n$$

という漸化式が得られる。

演習 1A11-2　係数間に成立する漸化式を利用して、ラゲールの微分方程式の級数解を求めよ。

解）　係数間の関係を具体的に取り出すと

$$a_1 = -m\,a_0$$

$$a_2 = \frac{1-m}{2^2}a_1 = (-1)^2\frac{m(m-1)}{2^2}a_0$$

$$a_3 = (-1)^3\frac{m(m-1)(m-2)}{2^2\cdot 3^2}a_0$$

$$a_4 = (-1)^4\frac{m(m-1)(m-2)(m-3)}{2^2\cdot 3^2\cdot 4^2}a_0$$

となる。よって、係数の一般式は

$$a_n = (-1)^n\frac{m!}{(n!)^2(m-n)!}a_0$$

となり、求める級数解は

$$f(x) = \sum_{r=0}^{m}(-1)^r\frac{m!}{(r!)^2(m-r)!}a_0\,x^r$$

となる。あるいは、具体的に係数を書き出すと

$$f(x) = a_0\left\{1 - mx + \frac{m(m-1)}{4}x^2 - \frac{m(m-1)(m-2)}{36}x^3 + \ldots\right\}$$

となる。

　ラゲールの微分方程式の解である $f(x)$ を**ラゲール多項式** (Laguerre polynomial) と呼んでいる。ただし、ラゲールの微分方程式は線形同次微分方程式であるので、その解は、定数倍してももとの方程式を満足する。よって $m!$ 倍した

$$m!f(x) = L_m(x) = \sum_{r=0}^{m} (-1)^r \frac{(m!)^2}{(r!)^2(m-r)!} x^r$$

をラゲール多項式の定義とする場合もある。本書では、こちらを採用している。ここで、m に具体的な数値を代入すると、ラゲール多項式は

$$L_0(x) = 1 \qquad L_1(x) = 1-x$$

$$L_2(x) = 2!\left(1 - 2x + \frac{1}{2}x^2\right) = 2 - 4x + x^2$$

$$L_3(x) = 3!\left(1 - 3x + \frac{3}{2}x^2 - \frac{1}{6}x^3\right) = 6 - 18x + 9x^2 - x^3$$

となる。

1A11. 2.　ラゲールの陪微分方程式

　量子力学における主役は**ラゲール陪多項式** (associated Laguerre polynomial) である。この多項式は、**ラゲールの陪微分方程式** (associated Laguerre differential equation) の解である。そして、この微分方程式はラゲールの微分方程式

$$x\frac{d^2f(x)}{dx^2} + (1-x)\frac{df(x)}{dx} + mf(x) = 0$$

を x で k 階微分することで得られる。

演習 1A11-3　上記のラゲールの微分方程式を、x に関して k 回微分したときの式を求めよ。

　解)　上記方程式を x に関して微分すると

$$\frac{d^2f(x)}{dx^2} + x\frac{d}{dx}\left(\frac{df^2(x)}{dx^2}\right) - \frac{df(x)}{dx} + (1-x)\frac{d^2f(x)}{dx^2} + m\frac{df(x)}{dx} = 0$$

となる。よって

$$\frac{d}{dx}\frac{df(x)}{dx} + x\frac{d^2}{dx^2}\left(\frac{df(x)}{dx}\right) - \frac{df(x)}{dx} + (1-x)\frac{d}{dx}\frac{df(x)}{dx} + m\frac{df(x)}{dx} = 0$$

から、整理すると

$$x\frac{d^2}{dx^2}\left(\frac{df(x)}{dx}\right) + (1+1-x)\frac{d}{dx}\frac{df(x)}{dx} + (m-1)\frac{df(x)}{dx} = 0$$

となる。

　さらに、x に関して微分すると

$$x\frac{d^2}{dx^2}\left(\frac{df^2(x)}{dx^2}\right) + (2+1-x)\frac{d}{dx}\frac{d^2f(x)}{dx^2} + (m-2)\frac{d^2f(x)}{dx^2} = 0$$

となる。

　同様に微分操作を続けていくと、k 回微分したところでは

$$x\frac{d^2}{dx^2}\left(\frac{df^k(x)}{dx^k}\right) + (k+1-x)\frac{d}{dx}\left(\frac{d^kf(x)}{dx^k}\right) + (m-k)\left(\frac{df^k(x)}{dx^k}\right) = 0$$

となる。

　ここで

$$F(x) = \frac{d^k}{dx^k}f(x)$$

と置くと

$$x\frac{d^2F(x)}{dx^2} + (k+1-x)\frac{dF(x)}{dx} + (m-k)F(x) = 0$$

という微分方程式が得られる。これがラゲールの陪微分方程式である。そして、今の結果から $d^k f(x)/dx^k$ が解となることがわかる。

　ここで $f(x)$ はラゲール多項式となり、$F(x)$ は、それを k 回微分したものとなる。この $F(x)$ がラゲール陪多項式である。

　また、ラゲールの陪微分方程式において、$k=0$ と置いたものがラゲールの微分方程式である。よって、「ラゲールの微分方程式は、ラゲールの陪微分方程式の特殊な場合」ということが言える。ここで、ラゲール多項式 $L_m(x)$ とラゲール陪多項式 $L_m{}^k(x)$ の関係は

$$\frac{d^k}{dx^k}L_m(x) = L_m{}^k(x)$$

となる。ラゲール多項式の一般式は

$$L_m(x) = \sum_{r=0}^{m} (-1)^r \frac{(m!)^2}{(r!)^2 (m-r)!} x^r$$

であった。

演習 1A11-4　ラゲール多項式を k 回微分せよ。

解）

$$L_m{}^k(x) = \frac{d^k L_m(x)}{dx^k} = \sum_{r=k}^{m} (-1)^r \frac{(m!)^2 \, r(r-1)\cdots(r-k+1)}{(r!)^2 (m-r)!} x^{r-k}$$

$$= \sum_{r=k}^{m} (-1)^r \frac{(m!)^2 \, r!}{(r-k)! \, (r!)^2 (m-r)!} x^{r-k}$$

整理して

$$L_m{}^k(x) = \sum_{r=k}^{m} (-1)^r \frac{(m!)^2}{(r-k)! \, r! \, (m-r)!} x^{r-k}$$

となる。

これがラゲール陪多項式の一般式となる。

補遺 11-2 ラゲール陪多項式の直交性

　量子力学の波動関数を求める場合に規格化が必要になる。つまり、波動関数の絶対値の 2 乗を全空間で積分したときに、その値が 1 となるように係数を求める必要がある。ラゲール陪多項式は直交多項式であり、多項式の積の積分値はつぎのように与えられる

$$\int_0^\infty L_m^k(x)\, L_n^k(x)\, x^k \exp(-x)\, dx = \frac{(n!)^3}{(n-k)!}\delta_{mn}$$

この式の導出が、補遺 11-2 のゴールである。

　この式からは $m \neq n$ のとき

$$\int_0^\infty L_m^k(x)\, L_n^k(x)\, x^k \exp(-x)\, dx = 0$$

という直交性と、$m = n$ のとき

$$\int_0^\infty L_n^k(x)\, L_n^k(x)\, x^k \exp(-x)\, dx = \int_0^\infty \left[L_n^k(x) \right]^2 x^k \exp(-x)\, dx = \frac{(n!)^3}{(n-k)!}$$

となることがわかる。この式が規格化に利用できる。

　ただし、以上の積分を求めるには、それなりの下準備と手間が必要となる。ここでは、まず、母関数から始めることにしよう。ラゲール多項式やラゲール陪多項式は微分方程式の解であるが、一方で、母関数から生成できることも知られている。

2A11. 1.　母関数

　ラゲール多項式などの直交多項式は、特殊関数とも呼ばれ、理工系分野で応用されている。これら特殊関数は、微分方程式の解であるが、**母関数** (generating function) から生成することも可能である。

　たとえば、ラゲール多項式の母関数は

$$g(t,x) = \frac{1}{1-t}\exp\left(-\frac{xt}{1-t}\right)$$

と与えられる。

この関数を t に関して展開したとき

$$g(t,x) = \sum_{n=0}^{\infty} L_n(x)\frac{t^n}{n!}$$

となるが、この展開係数の $L_n(x)$ がラゲール多項式となる。これが母関数と呼ばれる理由である。それでは、実際に母関数を展開してみよう。まず、指数関数の級数展開を思い出すと

$$\exp(u) = 1 + u + \frac{1}{2!}u^2 + \frac{1}{3!}u^3 + ... + \frac{1}{n!}u^n + ...$$

であった。

演習 2A11-1　上記の指数関数に関する級数展開式をもとにつぎの式を展開せよ。

$$\exp\left(-\frac{xt}{1-t}\right)$$

解）　$u = -\dfrac{xt}{1-t}$ を指数関数の級数に代入すると

$$\exp\left(-\frac{xt}{1-t}\right) = 1 + \left(-\frac{xt}{1-t}\right) + \frac{1}{2!}\left(-\frac{xt}{1-t}\right)^2 + ... + \frac{1}{n!}\left(-\frac{xt}{1-t}\right)^n + ...$$

と展開できる。したがって、一般式は

$$\exp\left(-\frac{xt}{1-t}\right) = \sum_{n=0}^{\infty} \frac{1}{n!}\left(-\frac{xt}{1-t}\right)^n = \sum_{n=0}^{\infty}(-1)^n \frac{x^n t^n}{n!(1-t)^n}$$

となる。

よって母関数は

$$g(t,x) = \frac{1}{1-t}\exp\left(-\frac{xt}{1-t}\right) = \sum_{n=0}^{\infty}(-1)^n \frac{x^n t^n}{n!(1-t)^{n+1}} = \sum_{n=0}^{\infty}(-1)^n \frac{x^n}{(1-t)^{n+1}}\frac{t^n}{n!}$$

という級数で与えられる。ここで

$$g(t,x) = \sum_{r=0}^{\infty} (-1)^r \frac{t^r}{(1-t)^{r+1}} \frac{x^r}{r!}$$

と置き換え、t について展開する。

　そのため、つぎのテーラー展開を考える。

$$\frac{1}{(1-t)^n} = (1-t)^{-n} = 1 + n\frac{t}{1!} + n(n+1)\frac{t^2}{2!} + n(n+1)(n+2)\frac{t^3}{3!} + \ldots$$

$$= \sum_{p=0}^{\infty} \frac{(n+p-1)!}{(n-1)!} \frac{t^p}{p!}$$

この式の導出を考えてみよう。復習の意味で、関数 $f(t)$ のテーラー展開を思い出すと

$$f(t) = f(0) + f'(0)\,t + \frac{1}{2!}f''(0)\,t^2 + \frac{1}{3!}f'''(0)\,t^3 + \ldots = \sum_{p=0}^{\infty}\frac{1}{n!}f^{(p)}(0)\,t^p$$

であった。

演習 2A11-2　つぎの関数をテーラー級数に展開せよ。
$$f(t) = (1-t)^{-n}$$

　解）　$f(t)$ の高次の導関数を求めていくと

$$f'(t) = -n(1-t)^{-n-1}(-1) = n(1-t)^{-(n+1)}$$

$$f''(t) = -n(n+1)(1-t)^{-n-2}(-1) = n(n+1)(1-t)^{-(n+2)}$$

$$f'''(t) = -n(n+1)(n+2)(1-t)^{-n-3}(-1) = n(n+1)(n+2)(1-t)^{-(n+3)}$$

$$\ldots$$

$$f^{(p)}(t) = n(n+1)(n+2)\ldots(n+p-1)(1-t)^{-(n+p)}$$

となる。したがって、テーラー級数は

$$f(t) = f(0) + f'(0)t + \frac{1}{2!}f''(0)t^2 + \frac{1}{3!}f'''(0)t^3 + \ldots$$

$$= 1 + nt + n(n+1)\frac{t^2}{2!} + n(n+1)(n+2)\frac{t^3}{3!} + \ldots = \sum_{p=0}^{\infty}\frac{(n+p-1)!}{(n-1)!}\frac{t^p}{p!}$$

となる。

ここで、$n \to n+1$ と置くと

$$\frac{1}{(1-t)^{n+1}} = \sum_{p=0}^{\infty} \frac{(n+p)!}{n!} \frac{t^p}{p!} = \sum_{p=0}^{\infty} \frac{(n+p)!}{n!p!} t^p$$

よって

$$\frac{t^n}{(1-t)^{n+1}} = \sum_{p=0}^{\infty} \frac{(n+p)!}{n!p!} t^{p+n}$$

さらに、$p+n=r$ と置いて、p の和から r の和に変えると

$$\frac{t^n}{(1-t)^{n+1}} = \sum_{r=0}^{\infty} \frac{r!}{n!(n-r)!} t^r$$

となる。

演習 2A11-3　以上の結果を、以下の母関数の展開式に代入せよ。

$$g(t,x) = \sum_{r=0}^{\infty} (-1)^r \frac{t^r}{(1-t)^{r+1}} \frac{x^r}{r!}$$

解）

$$g(t,x) = \sum_{r=0}^{\infty} (-1)^r \frac{x^r}{r!} \left(\frac{n!}{r!(n-r)!} t^n \right) = \sum_{r=0}^{\infty} (-1)^r \frac{(n!)^2 x^r}{(r!)^2 (n-r)!} \frac{t^n}{n!}$$

となる。

この展開式を見ると、t^n の係数は

$$L_n(x) = \sum_{r=0}^{n} (-1)^r \frac{(n!)^2}{(r!)^2 (n-r)!} x^r$$

となり、ラゲール多項式となることがわかる。

2A11. 2.　ロドリーグの公式

ラゲール多項式は、つぎのような微分形によっても与えられる。

$$L_n(x) = \exp x \frac{d^n}{dx^n} \left\{ x^n \exp(-x) \right\}$$

これを**ロドリーグの公式** (Rodrigues formula) と呼んでいる。まず

$$\frac{d^n}{dx^n}\left\{x^n \exp(-x)\right\}$$

を計算してみよう。

コラム 関数の積の高階導関数に関する公式

ライプニッツの法則 (Leibniz's rule) は

$$\frac{d^n}{dx^n}\left\{x^n \exp(-x)\right\} = \sum_{r=0}^{\infty} \binom{n}{r} \frac{d^{n-r}}{dx^{n-r}}(x^n) \frac{d^r}{dx^r}\left\{\exp(-x)\right\}$$

と与えられる。ただし

$$\binom{n}{r} = \frac{n!}{(n-r)!\, r!}$$

は **2 項係数** (binomial coefficient) である。

演習 2A11-4   つぎの高階微分を求めよ。

$$\frac{d^{n-r}}{dx^{n-r}}(x^n) \qquad \frac{d^r}{dx^r}\left\{\exp(-x)\right\}$$

解） x^n の微分は

$$\frac{d}{dx}(x^n) = n x^{n-1} \qquad \frac{d^2}{dx^2}(x^n) = n(n-1)x^{n-2} \qquad \frac{d^3}{dx^3}(x^n) = n(n-1)(n-2)\, x^{n-3}$$

となるので、高階微分の一般式は

$$\frac{d^{n-r}}{dx^{n-r}}(x^n) = n(n-1)(n-2)\ldots\{n-(n-r-1)\}x^r = \frac{n!}{r!}x^r$$

となる。また $\exp(-x)$ の微分は

$$\frac{d}{dx}\left\{\exp(-x)\right\} = -\exp(-x) \qquad \frac{d^2}{dx^2}\left\{\exp(-x)\right\} = (-1)^2 \exp(-x)$$

$$\frac{d^3}{dx^3}\left\{\exp(-x)\right\} = (-1)^3 \exp(-x)$$

であるから、高階微分の一般式は

$$\frac{d^r}{dx^r}\{\exp(-x)\} = (-1)^r \exp(-x)$$

となる。

_____

したがって

$$\frac{d^n}{dx^n}\{x^n \exp(-x)\} = \sum_{r=0}^{\infty} \binom{n}{r}\frac{n!}{r!}(x^r)(-1)^r \exp(-x)$$

と与えられる。

これを最初の式に代入すると

$$\exp(x)\frac{d^n}{dx^n}\{x^n \exp(-x)\} = \sum_{r=0}^{\infty} \binom{n}{r}\frac{n!}{r!}(-1)^r x^r$$

$$= \sum_{r=0}^{\infty}(-1)^r\frac{n!}{(n-r)!r!}\frac{n!}{r!}x^r = \sum_{r=0}^{\infty}(-1)^r\frac{(n!)^2}{(r!)^2(n-r)!}x^r$$

となり、確かにラゲール多項式となっていることが確かめられる。

2A11.3.　漸化式

ラゲール多項式の母関数

$$g(t,x) = \frac{1}{1-t}\exp\left(-\frac{xt}{1-t}\right)$$

の対数をとると

$$\ln g(t,x) = \ln\left(\frac{1}{1-t}\right) - \frac{xt}{1-t} = -\ln(1-t) - \frac{xt}{1-t}$$

となり、移項すると

$$\ln g(t,x) + \ln(1-t) + \frac{xt}{1-t} = 0$$

となる。この式を t について偏微分してみよう。すると

$$\frac{1}{g(t,x)}\frac{\partial g(t,x)}{\partial t} - \frac{1}{1-t} + x\frac{1}{(1-t)^2} = 0$$

となる。

両辺に $(1-t)^2 g(t,x)$ をかけると

$$(1-t)^2 \frac{\partial g(t,x)}{\partial t} - (1-t)g(t,x) + x g(t,x) = 0$$

整理して

$$(1-t)^2 \frac{\partial g(t,x)}{\partial t} + (x-1+t)g(t,x) = 0$$

となる。

演習 2A11-5　表記の偏微分方程式に

$$g(t,x) = \sum_{n=0}^{\infty} L_n(x)\frac{t^n}{n!} \qquad \frac{\partial g(t,x)}{\partial t} = \sum_{n=0}^{\infty} L_n(x)n\frac{t^{n-1}}{n!}$$

を代入せよ。

解)　偏微分方程式に代入すると

$$(1-t)^2 \sum_{n=0}^{\infty} n L_n(x)\frac{t^{n-1}}{n!} + (x-1+t)\sum_{n=0}^{\infty} L_n(x)\frac{t^n}{n!} = 0$$

となる。係数を展開すると

$$(1-2t+t^2)\sum_{n=0}^{\infty} n L_n(x)\frac{t^{n-1}}{n!} + (x-1+t)\sum_{n=0}^{\infty} L_n(x)\frac{t^n}{n!} = 0$$

から

$$\sum_{n=0}^{\infty} n L_n(x)\frac{t^{n-1}}{n!} - 2\sum_{n=0}^{\infty} n L_n(x)\frac{t^n}{n!} + \sum_{n=0}^{\infty} n L_n(x)\frac{t^{n+1}}{n!}$$
$$+ (x-1)\sum_{n=0}^{\infty} L_n(x)\frac{t^n}{n!} + \sum_{n=0}^{\infty} L_n(x)\frac{t^{n+1}}{n!} = 0$$

となるが、t のべきで整理すると

$$\sum_{n=0}^{\infty} (n+1) L_n(x)\frac{t^{n+1}}{n!} + \sum_{n=0}^{\infty} (-2n+x-1) L_n(x)\frac{t^n}{n!} + \sum_{n=0}^{\infty} n L_n(x)\frac{t^{n-1}}{n!} = 0$$

となる。

演習 2A11-6　上記の式が成立するためには、t のべきが異なる項の係数がすべて 0 でなければならない。この条件から係数間の関係を求めよ。

解）　t^n の項の係数を取り出すと

$$nL_{n-1}(x)\frac{1}{(n-1)!} + (-2n+x-1)L_n(x)\frac{1}{n!} + (n+1)L_{n+1}(x)\frac{1}{(n+1)!}$$

となる。この値が 0 になる。両辺に $n!$ をかけると

$$n^2 L_{n-1}(x) + (-2n+x-1)L_n(x) + L_{n+1}(x) = 0$$

となる。

よってラゲール多項式の漸化式として

$$L_{n+1}(x) = (2n+1-x)L_n(x) - n^2 L_{n-1}(x)$$

が得られる。つぎに

$$\ln g(t,x) + \ln(1-t) + \frac{xt}{1-t} = 0$$

を x に関して偏微分してみよう。すると

$$\frac{1}{g(t,x)}\frac{\partial g(t,x)}{\partial x} + \frac{t}{1-t} = 0 \quad から \quad \frac{\partial g(t,x)}{\partial x} + \frac{t}{1-t}\,g(t,x) = 0$$

となる。また

$$(1-t)^2\frac{\partial g(t,x)}{\partial t} + (x-1+t)\,g(t,x) = 0$$

であったから

$$\frac{\partial g(t,x)}{\partial t} + \frac{x-1+t}{(1-t)^2}\,g(t,x) = 0$$

以上からつぎの 2 式を得る。

$$x\frac{\partial g(t,x)}{\partial x} = -\frac{xt}{1-t}g(t,x) \qquad t\frac{\partial g(t,x)}{\partial t} = -\frac{t(x-1+t)}{(1-t)^2}\,g(t,x)$$

辺々を引くと

$$x\frac{\partial g(t,x)}{\partial x} - t\frac{\partial g(t,x)}{\partial t} = -\frac{xt}{1-t}g(t,x) + \frac{t(x-1+t)}{(1-t)^2}g(t,x)$$

$$= \frac{t(x-1+t) - xt(1-t)}{(1-t)^2}g(t,x) = \frac{t(xt+t-1)}{(1-t)^2}\,g(t,x)$$

となる。

演習 2A11-7　母関数 $g(t,x)$ に t を乗じて、t に関して偏微分せよ。

解）

$$\frac{\partial\{t\,g(t,x)\}}{\partial t} = g(t,x) + t\frac{\partial g(t,x)}{\partial t}$$

ここで

$$\frac{\partial g(t,x)}{\partial t} = -\frac{x-1+t}{(1-t)^2}\,g(t,x)$$

であるから

$$\frac{\partial\{t\,g(t,x)\}}{\partial t} = g(t,x) - \frac{t(x-1+t)}{(1-t)^2}g(t,x) = \frac{(1-2t+t^2)-t\,x+t-t^2}{(1-t)^2}\,g(t,x)$$

$$= \frac{1-t-t\,x}{(1-t)^2}\,g(t,x) = -\frac{x\,t+t-1}{(1-t)^2}\,g(t,x)$$

となる。

したがって

$$x\frac{\partial g(t,x)}{\partial x} - t\frac{\partial g(t,x)}{\partial t} = -t\frac{\partial\{t\,g(t,x)\}}{\partial t}$$

という関係が成立する。

演習 2A11-8　上記の式に、つぎの母関数の級数展開式を代入せよ。

$$g(t,x) = \sum_{n=0}^{\infty} L_n(x)\frac{t^n}{n!}$$

解）

$$\frac{\partial g(t,x)}{\partial t} = \sum_{n=0}^{\infty} L_n(x)\,n\,\frac{t^{n-1}}{n!} \qquad \frac{\partial g(t,x)}{\partial x} = \sum_{n=0}^{\infty} \frac{dL_n(x)}{dx}\frac{t^n}{n!}$$

$$\frac{\partial\{t\,g(t,x)\}}{\partial t} = \sum_{n=0}^{\infty} L_n(x)\,(n+1)\frac{t^n}{n!}$$

であるから

$$x\sum_{n=0}^{\infty}\frac{dL_n(x)}{dx}\frac{t^n}{n!}-t\sum_{n=0}^{\infty}L_n(x)n\frac{t^{n-1}}{n!}=-t\sum_{n=0}^{\infty}L_n(x)(n+1)\frac{t^n}{n!}$$

となり

$$x\sum_{n=0}^{\infty}\frac{dL_n(x)}{dx}\frac{t^n}{n!}-\sum_{n=0}^{\infty}L_n(x)n\frac{t^n}{n!}+\sum_{n=0}^{\infty}L_n(x)(n+1)\frac{t^{n+1}}{n!}=0$$

という式が得られる。

この式が成立するためには t^n の項の係数が 0 でなければならない。よって

$$x\frac{dL_n(x)}{dx}\frac{t^n}{n!}-nL_n(x)\frac{t^n}{n!}+nL_{n-1}(x)\frac{t^n}{(n-1)!}=0$$

$$x\frac{dL_n(x)}{dx}-nL_n(x)=-n^2L_{n-1}(x)$$

あるいは

$$\left(x\frac{d}{dx}-n\right)L_n(x)=-n^2L_{n-1}(x)$$

という漸化式が得られる。

演習 2A11-9　得られた関係を、先ほどの漸化式

$$L_{n+1}(x)=(2n+1-x)L_n(x)-\underline{n^2L_{n-1}(x)}$$

の下線の項に代入せよ。

解）

$$L_{n+1}(x)=(2n+1-x)L_n(x)+\left(x\frac{d}{dx}-n\right)L_n(x)$$

整理すると

$$L_{n+1}(x)=\left(x\frac{d}{dx}+n+1-x\right)L_n(x)$$

という式が得られる。

これは、$L_{n+1}(x)$ と $L_n(x)$ を関係づける新たな漸化式となっている。

2A11. 4. ラゲール微分方程式

いま求めた漸化式

$$L_{n+1}(x) = \left(x\frac{d}{dx} + n + 1 - x\right)L_n(x)$$

において $n \to n-1$ と置いて項を入れ替えると

$$\left(x\frac{d}{dx} + n - x\right)L_{n-1}(x) = L_n(x)$$

両辺に $-n^2$ をかけると

$$\left(x\frac{d}{dx} + n - x\right)\left\{-n^2 L_{n-1}(x)\right\} = -n^2 L_n(x)$$

演習 2A11-10　以下の漸化式を上記の方程式の { } 部に代入せよ。

$$\left(x\frac{d}{dx} - n\right)L_n(x) = -n^2 L_{n-1}(x)$$

解）　　左辺の { } 部に代入すると

$$\left(x\frac{d}{dx} + n - x\right)\left\{\left(x\frac{d}{dx} - n\right)L_n(x)\right\} = -n^2 L_n(x)$$

ここで左辺は

$$\left(x\frac{d}{dx} + n - x\right)\left(x\frac{d}{dx} - n\right)L_n(x)$$

となる。計算を進めると

$$\left(x\frac{d}{dx}\left(x\frac{d}{dx}\right) - nx\frac{d}{dx} + (n-x)x\frac{d}{dx} - (n-x)n\right)L_n(x)$$

$$= \left(x\frac{d}{dx} + x^2\frac{d^2}{dx^2} - x^2\frac{d}{dx} + nx - n^2\right)L_n(x)$$

となるので、もとの方程式に代入すると

$$x^2\frac{d^2}{dx^2}L_n(x) + x(1-x)\frac{d}{dx}L_n(x) + nxL_n(x) - n^2 L_n(x) = -n^2 L_n(x)$$

から

$$x\frac{d^2}{dx^2}L_n(x)+(1-x)\frac{d}{dx}L_n(x)+nL_n(x)=0$$

となる。この式は、まさに $L_n(x)$ が、ラゲール微分方程式の解であることを示している。

2A11. 5.　ラゲール多項式の直交性

ラゲール多項式は、そのままでは直交性は有しない。ただし、$\exp(-x)$ という因子をかけると

$$\int_0^\infty \exp(-x)\,L_m(x)\,L_n(x)\,dx=(n!)^2\delta_{mn}$$

という関係が得られる。

この関係が成立することを確かめてみよう。ラゲール多項式は

$$x\frac{d^2}{dx^2}L_n(x)+(1-x)\frac{d}{dx}L_n(x)+nL_n(x)=0$$

を満たす。

演習 2A11-11　次式を計算せよ。
$$\frac{d}{dx}\left(\exp(-x)x\frac{dL_n(x)}{dx}\right)$$

解）

$$\frac{d}{dx}\left(\exp(-x)x\frac{dL_n(x)}{dx}\right)=-\exp(-x)x\frac{dL_n(x)}{dx}+\exp(-x)\frac{dL_n(x)}{dx}+\exp(-x)x\frac{d^2L_n(x)}{dx^2}$$

$$=\exp(-x)\left(x\frac{d^2L_n(x)}{dx^2}+(1-x)\frac{dL_n(x)}{dx}\right)$$

となる。

ここでラゲールの微分方程式から

$$x\frac{d^2}{dx^2}L_n(x)+(1-x)\frac{d}{dx}L_n(x)=-nL_n(x)$$

となるので

$$\frac{d}{dx}\left(\exp(-x)x\frac{dL_n(x)}{dx}\right) = \exp(-x)\,n\,L_n(x)$$

から、結局

$$\frac{d}{dx}\left(\exp(-x)x\frac{dL_n(x)}{dx}\right) - \exp(-x)n\,L_n(x) = 0$$

という関係が得られる。

得られた式の左から $L_m(x)$ をかけると

$$L_m(x)\frac{d}{dx}\left(\exp(-x)x\frac{dL_n(x)}{dx}\right) - \exp(-x)n\,L_m(x)L_n(x) = 0$$

この式の n と m を入れ替えると

$$L_n(x)\frac{d}{dx}\left(\exp(-x)x\frac{dL_m(x)}{dx}\right) - \exp(-x)m\,L_m(x)L_n(x) = 0$$

演習 2A11-12　　上記の 2 個の微分方程式の辺々を引いたうえで、x に関して積分せよ。

解）

$$\int_0^\infty L_m(x)\frac{d}{dx}\left(\exp(-x)x\frac{dL_n(x)}{dx}\right)dx - \int_0^\infty L_n(x)\frac{d}{dx}\left(\exp(-x)x\frac{dL_m(x)}{dx}\right)dx$$

$$-(n-m)\int_0^\infty \exp(-x)\,L_m(x)L_n(x)\,dx = 0$$

部分積分を利用する。

$$\int_0^\infty L_m(x)\frac{d}{dx}\left(\exp(-x)x\frac{dL_n(x)}{dx}\right)dx$$

$$= \left[L_m(x)\exp(-x)x\frac{dL_n(x)}{dx}\right]_0^\infty - \int_0^\infty \frac{dL_m(x)}{dx}\exp(-x)x\frac{dL_n(x)}{dx}\,dx$$

ここで $x \to \infty$ のとき

228

$$\exp(-x)\,x = \frac{x}{\exp x} = \frac{x}{1 + x + \frac{1}{2!}x^2 + \frac{1}{3!}x^3 + \ldots} \to 0$$

であるから第 1 項は 0 となる。よって

$$\int_0^\infty L_m(x)\frac{d}{dx}\left(\exp(-x)\,x\frac{dL_n(x)}{dx}\right)dx = -\int_0^\infty \frac{dL_m(x)}{dx}\exp(-x)\,x\frac{dL_n(x)}{dx}dx$$

同様にして

$$\int_0^\infty L_n(x)\frac{d}{dx}\left(\exp(-x)\,x\frac{dL_m(x)}{dx}\right)dx = -\int_0^\infty \frac{dL_n(x)}{dx}\exp(-x)\,x\frac{dL_m(x)}{dx}dx$$

結局、辺々を引くと、これら項は消えてしまう。

　したがって

$$(n-m)\int_0^\infty \exp(-x)\,L_m(x)L_n(x)\,dx = 0$$

となるので $n \neq m$ のとき

$$\int_0^\infty \exp(-x)\,L_m(x)L_n(x)\,dx = 0$$

とならなければならない。

　このように直交性が確認できる。それでは、つぎに $m = n$ の場合の

$$\int_0^\infty \exp(-x)\,L_n(x)L_n(x)\,dx$$

の値を求めてみよう。

　これには、母関数のつぎの積分を利用する。

$$\int_0^\infty \exp(-x)\,g(t,x)\,g(s,x)\,dx$$

演習 2A11-13　それぞれの母関数を

$$g(t,x) = \sum_{n=0}^\infty L_n(x)\frac{t^n}{n!} \qquad g(s,x) = \sum_{m=0}^\infty L_m(x)\frac{s^m}{m!}$$

と置いて、上記の積分を変形せよ。

解）

$$\int_0^\infty \exp(-x)\, g(t,x)g(s,x)\, dx = \sum_{m=0}^\infty \sum_{n=0}^\infty \frac{t^n s^m}{n!m!} \int_0^\infty \exp(-x) L_m(x) L_n(x)\, dx$$

となる。

演習 2A11-14　母関数が

$$g(t,x) = \frac{1}{1-t} \exp\left(-\frac{xt}{1-t}\right)$$

となることを利用して、先ほどの母関数の積分を実行せよ。

解）

$$\int_0^\infty \exp(-x)\, g(t,x)g(s,x)\, dx = \int_0^\infty \frac{1}{(1-t)(1-s)} \exp\left(-\frac{xt}{1-t} - \frac{xs}{1-s} - x\right) dx$$

$$= \int_0^\infty \frac{1}{(1-t)(1-s)} \exp\left\{\left(-\frac{t}{1-t} - \frac{s}{1-s} - 1\right)x\right\} dx$$

ここで

$$-\frac{t}{1-t} - \frac{s}{1-s} - 1 = -\frac{t(1-s) + s(1-t) + (1-t)(1-s)}{(1-t)(1-s)} = -\frac{1-ts}{(1-t)(1-s)}$$

であるから

$$\int_0^\infty g(t,x)g(s,x)\exp(-x)dx = \frac{1}{(1-t)(1-s)} \int_0^\infty \exp\left(-\frac{1-ts}{(1-t)(1-s)}x\right) dx$$

また

$$\int_0^\infty \exp(-kx)dx = \left[-\frac{1}{k}\exp(-kx)\right]_0^\infty = \frac{1}{k}$$

であるから

$$\int_0^\infty g(t,x)g(s,x)\exp(-x)dx = \sum_{m=0}^\infty \sum_{n=0}^\infty \frac{t^n s^m}{n!m!} \int_0^\infty L_m(x)L_n(x)\exp(-x)dx$$

$$= \frac{1}{(1-t)(1-s)} \frac{(1-t)(1-s)}{1-ts} = \frac{1}{1-ts}$$

と与えられる。

いま求めた関数はつぎのように級数に展開できる。

$$\frac{1}{1-ts} = (1-ts)^{-1} = 1 + ts + t^2 s^2 + t^3 s^3 + ... = \sum_{n=0}^{\infty} t^n s^n$$

$n = m$ のとき

$$\sum_{m=0}^{\infty} \sum_{n=0}^{\infty} \frac{t^n s^m}{n!m!} \int_0^{\infty} \exp(-x)\, L_m(x)\, L_n(x)\, dx = \sum_{n=0}^{\infty} \frac{t^n s^n}{(n!)^2} \int_0^{\infty} \exp(-x)\, L_n(x)\, L_n(x)\, dx$$

であるから

$$\sum_{n=0}^{\infty} \frac{t^n s^n}{(n!)^2} \int_0^{\infty} \exp(-x)\, L_n(x)\, L_n(x)\, dx = \sum_{n=0}^{\infty} t^n s^n$$

したがって

$$\int_0^{\infty} \exp(-x)\, L_n(x)\, L_n(x)\, dx = (n!)^2$$

となり、直交性まであわせて示すと

$$\int_0^{\infty} \exp(-x)\, L_m(x)\, L_n(x)\, dx = (n!)^2 \delta_{mn}$$

という関係が得られることになる。

2A11. 6.　ラゲール陪多項式と母関数

　それでは、本補遺の主題であるラゲール陪多項式の直交関係の導出を行うことにしよう。そのために、ラゲール陪多項式の母関数をまず求める。

　まず、ラゲール陪多項式は、ラゲール多項式を k 回微分することで得られ、つぎのように定義されるのであった。

$$L_n^k(x) = \frac{d^k}{dx^k} L_n(x)$$

当然、k の範囲は $0 \leq k \leq n$ となる。

　ここで、ラゲール多項式の母関数

$$g(t,x) = \frac{1}{1-t} \exp\left(-\frac{xt}{1-t}\right)$$

をもとに、ラゲール陪多項式の母関数を求めてみよう。

演習 2A11-15　ラゲール多項式の母関数を x に関して k 回偏微分したときの一般式を求めよ。

解）　ラゲール多項式の母関数を x に関して偏微分すると

$$\frac{\partial g(t,x)}{\partial x} = \left(\frac{1}{1-t}\right)\left(\frac{-t}{1-t}\right)\exp\left(-\frac{xt}{1-t}\right)$$

となる。さらに、もう一回偏微分すると

$$\frac{\partial^2 g(t,x)}{\partial x^2} = \left(\frac{1}{1-t}\right)\left(\frac{-t}{1-t}\right)^2\exp\left(-\frac{xt}{1-t}\right) = \frac{(-t)^2}{(1-t)^3}\exp\left(-\frac{xt}{1-t}\right)$$

さらに偏微分すると

$$\frac{\partial^3 g(t,x)}{\partial x^3} = \left(\frac{1}{1-t}\right)\left(\frac{-t}{1-t}\right)^3\exp\left(-\frac{xt}{1-t}\right) = \frac{(-t)^3}{(1-t)^4}\exp\left(-\frac{xt}{1-t}\right)$$

となる。

したがって、k 回偏微分したときの一般式は

$$\frac{\partial^k g(t,x)}{\partial x^k} = \frac{(-1)^k t^k}{(1-t)^{k+1}}\exp\left(-\frac{xt}{1-t}\right)$$

となる。

ここで

$$g(t,x) = \sum_{n=0}^{\infty} L_n(x)\frac{t^n}{n!}$$

であるから

$$\frac{\partial^k g(t,x)}{\partial x^k} = \sum_{n=0}^{\infty}\frac{d^k L_n(x)}{dx^k}\frac{t^n}{n!} = \sum_{n=0}^{\infty} L_n^k(x)\frac{t^n}{n!}$$

と与えられる。よって

$$\frac{(-1)^k t^k}{(1-t)^{k+1}}\exp\left(-\frac{xt}{1-t}\right) = \sum_{n=0}^{\infty} L_n^k(x)\frac{t^n}{n!}$$

ここで、両辺を t^k で割ると

$$\frac{(-1)^k}{(1-t)^{k+1}}\exp\left(-\frac{xt}{1-t}\right) = \sum_{n=0}^{\infty} L_n^k(x)\frac{t^{n-k}}{n!}$$

となる。結局

$$G(t,x) = \frac{(-1)^k}{(1-t)^{k+1}} \exp\left(-\frac{xt}{1-t}\right)$$

がラゲール陪多項式の母関数となる。

2A11. 7.　ラゲール陪多項式の漸化式

ラゲール陪多項式の母関数で符号が正となる場合の

$$G(t,x) = \frac{1}{(1-t)^{k+1}} \exp\left(-\frac{xt}{1-t}\right)$$

において、両辺の対数をとると

$$\ln G(t,x) = -(k+1)\ln(1-t) - \frac{xt}{1-t}$$

両辺を t に関して偏微分すると

$$\frac{1}{G(t,x)}\frac{\partial G(t,x)}{\partial t} = \frac{k+1}{1-t} - \frac{x}{(1-t)^2}$$

となる。

ここで、両辺に $G(t,x)(1-t)^2$ をかけると

$$(1-t)^2 \frac{\partial G(t,x)}{\partial t} = (k+1)(1-t)G(t,x) - xG(t,x)$$

$$(1-2t+t^2)\frac{\partial G(t,x)}{\partial t} = (k+1-x)G(t,x) - (k+1)t\,G(t,x)$$

となる。いま

$$G(t,x) = \sum_{n=0}^{\infty} L_n^k(x)\frac{t^{n-k}}{n!}$$

であるから

$$\frac{\partial G(t,x)}{\partial t} = \sum_{n=0}^{\infty} (n-k)\,L_n^k(x)\frac{t^{n-k-1}}{n!}$$

となるので

$$(1-2t+t^2)\sum_{n=0}^{\infty} (n-k)\,L_n^k(x)\frac{t^{n-k-1}}{n!}$$

$$= (k+1-x) \sum_{n=0}^{\infty} L_n^k(x) \frac{t^{n-k}}{n!} - (k+1)t \sum_{n=0}^{\infty} L_n^k(x) \frac{t^{n-k}}{n!}$$

という関係式が得られる。よって

$$\sum_{n=0}^{\infty} (n-k) L_n^k(x) \frac{t^{n-k-1}}{n!} - 2 \sum_{n=0}^{\infty} (n-k) L_n^k(x) \frac{t^{n-k}}{n!} + \sum_{n=0}^{\infty} (n-k) L_n^k(x) \frac{t^{n-k+1}}{n!}$$

$$= (k+1-x) \sum_{n=0}^{\infty} L_n^k(x) \frac{t^{n-k}}{n!} - (k+1) \sum_{n=0}^{\infty} L_n^k(x) \frac{t^{n-k+1}}{n!}$$

これを t のべきでまとめると

$$\sum_{n=0}^{\infty} (n+1) L_n^k(x) \frac{t^{n-k+1}}{n!} + \sum_{n=0}^{\infty} (x+k-2n-1) L_n^k(x) \frac{t^{n-k}}{n!} + \sum_{n=0}^{\infty} (n-k) L_n^k(x) \frac{t^{n-k-1}}{n!} = 0$$

となる。

演習 2A11-16　上記の式が成立するためには、t の異なるべきの項の係数がすべて 0 になる必要がある。その条件から、ラゲール陪多項式の漸化式を導出せよ。

　解）　t^{n-k} の係数は

$$n L_{n-1}^k(x) \frac{t^{n-k}}{(n-1)!} + (x+k-2n-1) L_n^k(x) \frac{t^{n-k}}{n!} + (n-k+1) L_{n+1}^k(x) \frac{t^{n-k}}{(n+1)!}$$

となる。よって

$$n^2 L_{n-1}^k(x) + (x+k-2n-1) L_n^k(x) + \frac{n-k+1}{n+1} L_{n+1}^k(x) = 0$$

が成立する。よって、漸化式として

$$\left(1 - \frac{k}{n+1}\right) L_{n+1}^k(x) + (x+k-2n-1) L_n^k(x) + n^2 L_{n-1}^k(x) = 0$$

が得られる。

2A11. 8.　ラゲール陪多項式の直交性

　ラゲール陪多項式そのものに直交性はないが、つぎのように $x^k e^{-x}$ という因子をかけると

$$\int_0^\infty x^k e^{-x} L_m^k(x) L_n^k(x)\,dx = \frac{(n!)^3}{(n-k)!}\delta_{mn}$$

という関係が得られる。ここでは、この式が成立することを確かめる。

演習 2A11-17　ラゲール陪多項式がラゲール陪微分方程式の解となることを確かめよ。

解)　ラゲール多項式は

$$x\frac{d^2}{dx^2}L_n(x)+(1-x)\frac{d}{dx}L_n(x)+nL_n(x)=0$$

のようにラゲール微分方程式を満足する。

この両辺を x で微分すると

$$\frac{d^2}{dx^2}L_n(x)+x\frac{d^2}{dx^2}\left(\frac{dL_n(x)}{dx}\right)-\frac{d}{dx}L_n(x)+(1-x)\frac{d}{dx}\left(\frac{dL_n(x)}{dx}\right)+n\frac{d}{dx}L_n(x)=0$$

となる。整理して

$$x\frac{d^2}{dx^2}\left(\frac{dL_n(x)}{dx}\right)+(1+1-x)\frac{d}{dx}\left(\frac{dL_n(x)}{dx}\right)+(n-1)\frac{dL_n(x)}{dx}=0$$

ここで、ラゲール多項式と陪多項式の関係である

$$L_n^1(x)=\frac{dL_n(x)}{dx}$$

を使うと

$$x\frac{d^2}{dx^2}L_n^1(x)+(1+1-x)\frac{d}{dx}L_n^1(x)+(n-1)L_n^1(x)=0$$

となる。同様にして、もう一回微分すると

$$x\frac{d^2}{dx^2}L_n^2(x)+(2+1-x)\frac{d}{dx}L_n^2(x)+(n-2)L_n^2(x)=0$$

となる。したがって k 回微分したときには

$$x\frac{d^2}{dx^2}L_n^k(x)+(k+1-x)\frac{d}{dx}L_n^k(x)+(n-k)L_n^k(x)=0$$

となって、ラゲール陪多項式が、ラゲール陪微分方程式の解となることがわかる。

ここで

$$x^{k+1} e^{-x} \frac{dL_n^k(x)}{dx}$$

という関数を考えてみよう。この関数の微分を計算すると

$$\frac{d}{dx}\left\{x^{k+1} e^{-x} \frac{dL_n^k(x)}{dx}\right\} = (k+1) x^k e^{-x} \frac{dL_n^k(x)}{dx} - x^{k+1} e^{-x} \frac{dL_n^k(x)}{dx} + x^{k+1} e^{-x} \frac{d^2 L_n^k(x)}{dx^2}$$

$$= x^k e^{-x}\left\{(k+1-x) \frac{dL_n^k(x)}{dx} + x \frac{d^2 L_n^k(x)}{dx^2}\right\}$$

となる。

演習 2A11-18　ラゲール陪微分方程式より得られる

$$x \frac{d^2 L_n^k(x)}{dx^2} + (k+1-x) \frac{dL_n^k(x)}{dx} = -(n-k) L_n^k(x)$$

を上式の右辺に代入せよ。

　解)

$$\frac{d}{dx}\left\{x^{k+1} e^{-x} \frac{dL_n^k(x)}{dx}\right\} = x^k e^{-x}\left\{-(n-k) L_n^k(x)\right\}$$

となる。よって

$$\frac{d}{dx}\left\{x^{k+1} e^{-x} \frac{dL_n^k(x)}{dx}\right\} + (n-k) x^k e^{-x} L_n^k(x) = 0$$

という式が得られる。

　得られた式の左から $L_m^k(x)$ をかけると

$$L_m^k(x) \frac{d}{dx}\left\{x^{k+1} e^{-x} \frac{dL_n^k(x)}{dx}\right\} + (n-k) x^k e^{-x} L_m^k(x) L_n^k(x) = 0$$

となる。n と m を入れ替えると

$$L_n^k(x)\frac{d}{dx}\left\{x^{k+1}e^{-x}\frac{dL_m^k(x)}{dx}\right\}+(m-k)x^ke^{-x}\,L_n^k(x)L_m^k(x)=0$$

となる。

演習 2A11-19 　上記の 2 個の微分方程式の辺々を引いたうえで、x に関して積分せよ。

解） 　辺々を引いて積分すると

$$\int_0^\infty\left[L_m^k(x)\frac{d}{dx}\left\{x^{k+1}e^{-x}\frac{dL_n^k(x)}{dx}\right\}-L_n^k(x)\frac{d}{dx}\left\{x^{k+1}e^{-x}\frac{dL_m^k(x)}{dx}\right\}\right]\,dx$$

$$+(n-m)\int_0^\infty x^ke^{-x}\,L_m^k(x)L_n^k(x)\,dx=0$$

となる。ここで部分積分を行う。

$$\int_0^\infty L_m^k(x)\frac{d}{dx}\left\{x^{k+1}e^{-x}\frac{dL_n^k(x)}{dx}\right\}dx$$

$$=\left[x^{k+1}e^{-x}\,L_m^k(x)\frac{dL_n^k(x)}{dx}\right]_0^\infty-\int_0^\infty\frac{dL_m^k(x)}{dx}x^{k+1}e^{-x}\frac{dL_n^k(x)}{dx}dx$$

$$=-\int_0^\infty\frac{dL_m^k(x)}{dx}x^{k+1}e^{-x}\frac{dL_n^k(x)}{dx}\,dx$$

同様にして

$$\int_0^\infty L_n^k(x)\frac{d}{dx}\left\{x^{k+1}e^{-x}\frac{dL_m^k(x)}{dx}\right\}dx$$

$$=\left[x^{k+1}e^{-x}\,L_n^k(x)\frac{dL_m^k(x)}{dx}\right]_0^\infty-\int_0^\infty\frac{dL_n^k(x)}{dx}x^{k+1}e^{-x}\frac{dL_m^k(x)}{dx}dx$$

$$= -\int_0^\infty \frac{dL_n^k(x)}{dx} x^{k+1} e^{-x} \frac{dL_m^k(x)}{dx} \, dx$$

となって、最初の積分は 0 となる。したがって

$$(n-m) \int_0^\infty x^k e^{-x} L_m^k(x) L_n^k(x) \, dx = 0$$

となる。ここで $n \neq m$ のとき

$$\int_0^\infty x^k e^{-x} L_m^k(x) L_n^k(x) \, dx = 0$$

となる。

　これで、ラゲール陪多項式の直交性が確かめられた。

　つぎに $n = m$ の場合の

$$\int_0^\infty x^k e^{-x} \left[L_n^k(x) \right]^2 \, dx$$

という積分の値を求めてみよう。

　そのためには、ラゲール陪多項式の母関数 $G(t, x)$ を利用する。ここで、ラゲール多項式のときにならって

$$\int_0^\infty x^k e^{-x} G(t,x) G(s,x) \, dx$$

という積分を考えてみよう。

演習 2A11-20　母関数の級数展開式

$$G(t,x) = \sum_{n=0}^\infty L_n^k(x) \frac{t^{n-k}}{n!}$$

を使って表記の積分を変形せよ。

　解）　$\displaystyle \int_0^\infty x^k e^{-x} G(t,x) G(s,x) \, dx$

$$= \int_0^\infty x^k e^{-x} \left(\sum_{m=0}^\infty L_m^k(x) \frac{t^{m-k}}{m!} \right) \left(\sum_{n=0}^\infty L_n^k(x) \frac{s^{n-k}}{n!} \right) dx$$

$$= \sum_{m=0}^{\infty} \sum_{n=0}^{\infty} \frac{t^{m-k}s^{n-k}}{m!n!} \int_0^{\infty} x^k e^{-x} L_m^k(x) L_n^k(x)\, dx$$

となる。

演習 2A11-21　母関数の指数関数表示

$$G(t,x) = \frac{(-1)^k}{(1-t)^{k+1}} \exp\left(-\frac{xt}{1-t}\right)$$

を使って表記の積分を変形せよ。

解）　$\displaystyle \int_0^{\infty} G(t,x)\, G(s,x)\, x^k e^{-x}\, dx = \int_0^{\infty} G(t,x)\, G(s,x)\, x^k \exp(-x)\, dx$

$$= \int_0^{\infty} \frac{(-1)^k}{(1-t)^{k+1}} \exp\left(-\frac{xt}{1-t}\right) \frac{(-1)^k}{(1-s)^{k+1}} \exp\left(-\frac{xs}{1-s}\right) x^k \exp(-x)\, dx$$

$$= \frac{(-1)^k}{(1-t)^{k+1}} \frac{(-1)^k}{(1-s)^{k+1}} \int_0^{\infty} \exp\left(-\frac{xt}{1-t}\right) \exp\left(-\frac{xs}{1-s}\right) x^k \exp(-x)\, dx$$

$$= \frac{1}{(1-t)^{k+1}(1-s)^{k+1}} \int_0^{\infty} x^k \exp\left(-x - \frac{xt}{1-t} - \frac{xs}{1-s}\right) dx$$

$$= \frac{1}{(1-t)^{k+1}(1-s)^{k+1}} \int_0^{\infty} x^k \exp\left(-x \frac{1-ts}{(1-t)(1-s)}\right) dx$$

ここで

$$\int_0^{\infty} x^k \exp(-ax)\, dx = \frac{k!}{a^{k+1}}$$

という公式を使うと

$$\int_0^{\infty} G(t,x)\, G(s,x)\, x^k e^{-x}\, dx = \frac{k!}{(1-t)^{k+1}(1-s)^{k+1}} \frac{(1-t)^{k+1}(1-s)^{k+1}}{(1-ts)^{k+1}} = \frac{k!}{(1-ts)^{k+1}}$$

となる。

ここで 2 項定理

$$(a+b)^n = \sum_{r=0}^{n} \frac{n!}{(n-r)!r!} a^{n-r} b^r$$

を使うと

$$\frac{k!}{(1-ts)^{k+1}} = k!\,(1-ts)^{-(k+1)} = k!\sum_{r=0}^{k+1}\frac{(k+1)!}{(k+1-r)!r!}\,t^r s^r$$

となる。

したがって

$$\sum_{m=0}^{\infty}\sum_{n=0}^{\infty}\frac{t^{m-k}s^{n-k}}{m!n!}\int_0^{\infty}L_m^k(x)L_n^k(x)x^k e^{-x}\,dx = k!\sum_{r=0}^{k+1}\frac{(k+1)!}{(k+1-r)!\,r!}\,t^r s^r$$

という等式が得られる。

ただし、左辺が 0 とならないのは $n=m$ のときであるから

$$\sum_{n=0}^{\infty}\frac{t^{n-k}s^{n-k}}{(n!)^2}\int_0^{\infty}\left[L_n^k(x)\right]^2 x^k e^{-x}\,dx = k!\sum_{r=0}^{k+1}\frac{(k+1)!}{(k+1-r)!\,r!}\,t^r s^r$$

ここで、この式が恒等的に成り立つためには

$$r=n-k \qquad k+1=n$$

でなければならない。よって右辺は

$$k!\sum_{n-k}^{n}\frac{n!}{(n-k)!k!}\,t^{n-k}s^{n-k} = \sum_{n-k}^{n}\frac{n!}{(n-k)!}\,t^{n-k}s^{n-k}$$

$$\sum_{n=0}^{\infty}\frac{t^{n-k}s^{n-k}}{(n!)^2}\int_0^{\infty}x^k e^{-x}\left[L_n^k(x)\right]^2\,dx = \sum_{n-k}^{n}\frac{n!}{(n-k)!}\,t^{n-k}s^{n-k}$$

となり

$$\int_0^{\infty}x^k e^{-x}\left[L_n^k(x)\right]^2\,dx = \frac{(n!)^3}{(n-k)!}$$

と与えられる。

つぎに

$$\int_0^{\infty}x^{k+1}e^{-x}\left[L_n^k(x)\right]^2\,dx = (2n+1-k)\frac{(n!)^3}{(n-k)!}$$

という関係式を導いてみる。

演習 2A11-22 ラゲール陪多項式の漸化式

$$\left(1-\frac{k}{n+1}\right)L_{n+1}^k(x) + (x+k-2n-1)L_n^k(x) + n^2 L_{n-1}^k(x) = 0$$

を利用して、上記の関係を導出せよ。

解）　　この漸化式の両辺に $x^k e^{-x} L_n^k(x)$ をかけて 0 から ∞ まで積分すると

$$\int_0^\infty x^k e^{-x}\left(1-\frac{k}{n+1}\right)L_{n+1}^k(x)\,L_n^k(x)\,dx + \int_0^\infty (x+k-2n-1)x^k e^{-x}L_n^k(x)\,L_n^k(x)\,dx$$

$$+\int_0^\infty n^2 x^k e^{-x}\,L_{n-1}^k(x)\,L_n^k(x)\,dx = 0$$

となる。ここでラゲール陪多項式の直交性から、第 1 項と第 3 項の積分の値は 0 となるので

$$\int_0^\infty (x+k-2n-1)\,x^k e^{-x}\,L_n^k(x)\,L_n^k(x)\,dx = 0$$

よって

$$\int_0^\infty x^{k+1}e^{-x}\,L_n^k(x)L_n^k(x)\,dx = -\int_0^\infty x^k e^{-x}(k-2n-1)L_n^k(x)L_n^k(x)\,dx$$

となり

$$\int_0^\infty x^{k+1}e^{-x}\,L_n^k(x)\,L_n^k(x)\,dx = (2n+1-k)\int_0^\infty x^k e^{-x}\,L_n^k(x)\,L_n^k(x)\,dx$$

となる。結局

$$\int_0^\infty x^{k+1}e^{-x}\left[L_n^k(x)\right]^2 dx = (2n+1-k)\frac{(n!)^3}{(n-k)!}$$

という関係が得られる。

　以上で、ラゲール多項式、ラゲール陪多項式の導出と、これら多項式の直交関係などを導出することができた。その過程で、これら関数の母関数や漸化式なども登場したが、じっくり腰を据えて取り組めば理解いただけたと思う。

　もちろん、補遺 11-1 ならびに 11-2 で紹介した内容は、一朝一夕で得られたものではない。長い数学の歴史のなかで数多くの数学者の活躍によって得られた人類の所産なのである。

補遺 11-3　極座標の体積要素

　水素原子の波動関数を

$$\psi(x,y,z)$$

とすると、規格化条件は

$$\int_{-\infty}^{+\infty} \int_{-\infty}^{+\infty} \int_{-\infty}^{+\infty} |\psi(x,y,z)|^2 dx\,dy\,dz = 1$$

と与えられる。

　この規格化条件が、極座標の場合にどのようになるかを考えてみよう。

　そのためには、直交座標における体積要素

$$dx\,dy\,dz$$

を、極座標で表示する必要がある。

　図 A11-1 に極座標の体積要素を示す。まず、半径が r の曲面上の面積要素を考える。すると、面積要素の辺の長さは、θ 方向では

$$r\,d\theta$$

となり、ϕ 方向では小円の半径が $r\sin\theta$ となるので

$$r\sin\theta\,d\phi$$

となる。したがって、面積要素は

$$dS = r^2 \sin\theta\,d\theta\,d\phi$$

と与えられる。

　体積要素は、この面積要素に r 方向の変位である dr をかければ得られる。よって

$$dV = r^2 \sin\theta\,dr\,d\theta\,d\phi$$

となる。

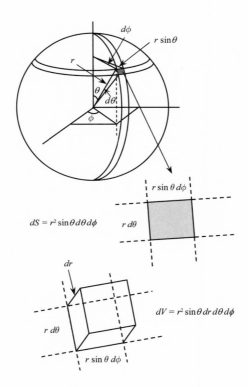

$$dS = r^2 \sin\theta \, d\theta \, d\phi$$

$$dV = r^2 \sin\theta \, dr \, d\theta \, d\phi$$

図 A11-1　極座標における面積要素と体積要素

したがって、規格化条件は

$$\int_0^{+\infty} \int_0^{\pi} \int_0^{2\pi} \left| \psi(r,\theta,\phi) \right|^2 r^2 \sin\theta \, dr \, d\theta \, d\phi = 1$$

となる。

第12章　水素原子のシュレーディンガー方程式 Ⅲ
——角度分布関数

　極座標で書いたシュレーディンガー方程式には、角度に関する方程式が 2 個
ある。それぞれ、**方位角** (azimuthal angle: ϕ) と**天頂角** (zenith angle: θ) に関す
る微分方程式である。本章では、その解法を行う。

　まず、極座標における方位角 ϕ を示すと図 12-1 のようになる。これは、地球
の**経度** (longitude) と同じものと考えればわかりやすい。そして、全空間を網羅
するために必要な方位角の範囲は $0 \le \phi \le 2\pi$ となる。

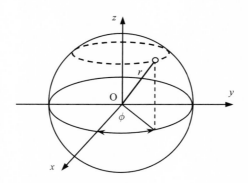

図 12-1　極座標における方位角 ϕ は地球の経度に相当する。

12. 1.　方位角 ϕ に関する波動方程式

　方位角 ϕ に関するシュレーディンガー方程式は

$$-\frac{1}{\Phi(\phi)}\frac{d^2\Phi(\phi)}{d\phi^2} = m^2$$

となる。変形すると

$$\frac{d^2\Phi(\phi)}{d\phi^2} + m^2\,\Phi(\phi) = 0$$

という 2 階の微分方程式となる。

演習 12-1　$m = 0$ の場合に相当するつぎの微分方程式を解法せよ。

$$\frac{d^2\Phi(\phi)}{d\phi^2} = 0$$

解）　この方程式の解は、A および B を任意定数として

$$\Phi(\phi) = A + B\phi$$

と与えられる。

　ここで、この関数は周期関数であり

$$\Phi(0) = \Phi(2\pi)$$

でなければならない。よって

$$A = A + 2\pi B$$

より $B = 0$ となり

$$\Phi(\phi) = A$$

となる。

　つまり、微分方程式の解は定数となる。つぎに $m \neq 0$ のとき、表記の微分方程式は、定係数の 2 階線形微分方程式となる。

演習 12-2　$m \neq 0$ のとして、下記の微分方程式を解法せよ。

$$\frac{d^2\Phi(\phi)}{d\phi^2} + m^2\,\Phi(\phi) = 0$$

解）　この微分方程式は

$$\Phi(\phi) = \exp(\lambda\phi)$$

のかたちをした解を有することが知られている。

　特性方程式は

$$\lambda^2 + m^2 = 0$$

となり、λ は

$$\lambda = \pm i m$$

と与えられる。よって一般解は

$$\Phi(\phi) = A\exp(im\phi) + B\exp(-im\phi)$$

となる。ただし、A, B は任意定数である。

　ここで、方位角 ϕ の場合には周期条件として

$$\Phi(0) = \Phi(2\pi)$$

が成立しなければならない。

　よって

$$\Phi(0) = A + B = \Phi(2\pi) = A\exp(i2\pi m) + B\exp(-i2\pi m)$$

が条件となる。したがって、m を整数として

$$\Phi(\phi) = A\exp(im\phi) + B\exp(-im\phi)$$

が一般解となる。

　ただし、このままではひとつの波動関数 $\Phi(\phi)$ に $\pm m$ の 2 個の値が対応することになる。後ほど紹介するように、m は**磁気量子数** (magnetic quantum number) と呼ばれ、ひとつの波動関数にひとつの m が対応する。よって

$$\Phi(\phi) = A\exp(im\phi) \qquad (m = 0, \pm 1, \pm 2, \pm 3, ...)$$

としよう。

演習 12-3　上記の波動関数が、規格化条件を満足するように定数 A の値を求めよ。

　解）　規格化条件は

$$\int_0^{2\pi} \left| \Phi(\phi) \right|^2 d\phi = 1$$

であり

$$\int_0^{2\pi} \left| \Phi(\phi) \right|^2 d\phi = \int_0^{2\pi} \Phi^*(\phi)\, \Phi(\phi) d\phi = \int_0^{2\pi} A\exp(-im\phi) A\exp(im\phi)\, d\phi$$

$$= \int_0^{2\pi} A^2\, d\phi = 2\pi A^2 = 1$$

となるから

$$A = \pm\sqrt{\frac{1}{2\pi}}$$

となる。

　規格化定数として正の値をとると、波動関数は

$$\Phi(\phi) = \sqrt{\frac{1}{2\pi}}\exp(im\phi) \qquad (m = 0, \pm 1, \ \pm 2, \ \pm 3, ...)$$

となる。

　オイラーの公式を使えば

$$\Phi(\phi) = \sqrt{\frac{1}{2\pi}}\left\{\cos(m\phi) + i\sin(m\phi)\right\}$$

となる。

　この解は複素数であるが、微分方程式の解としては

$$\Phi_1(\phi) = \sqrt{\frac{1}{2\pi}}\cos(m\phi) \qquad \Phi_2(\phi) = \sqrt{\frac{1}{2\pi}}\sin(m\phi)$$

のような実数からなる基本解が得られる。ここで Φ_1 の方を図示してみると、図 12-2 のようになる。

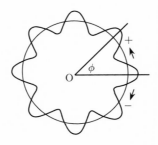

図 12-2　方位角方向の波動関数 ($m = \pm 8$)

　この図の波動関数は、$m = \pm 8$ の場合に対応する。さらに、方位角 ϕ を図のようにとり、反時計まわりを正とすると、m の+は反時計回り、−は時計回りの電子波に対応する。

ただし、量子力学において物理的実態として重要なのは、波動関数ではない。すでに紹介したように、電子の存在確率を与える $\varPhi(\phi)$ の絶対値の 2 乗である $|\varPhi(\phi)|^2$ のほうである。これを計算してみよう。すると

$$|\varPhi(\phi)|^2 = \varPhi^*(\phi)\,\varPhi(\phi) = \frac{1}{2\pi}\exp(-im\phi)\exp(im\phi) = \frac{1}{2\pi}$$

となる。

つまり、電子の存在確率は、方位角 ϕ には依存せず、常に一定の $1/2\pi$ となる。よって、z 方向から見た電子の存在確率を図示すると図 12-3 のような円となり、電子の存在確率の方位角依存性は等方的となる。

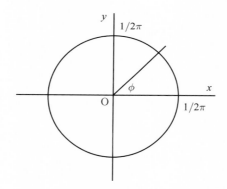

図 12-3 z 方向から見た電子の存在確率の方位角 ϕ 依存性

ついでに、波動関数の規格化についても確認しておこう。すると

$$\int_0^{2\pi}|\varPhi(\phi)|^2 d\phi = \int_0^{2\pi}\frac{1}{2\pi}\,d\phi = \left[\frac{\phi}{2\pi}\right]_0^{2\pi} = \frac{2\pi}{2\pi} - 0 = 1$$

となって、確かに規格化条件を満足することが確認できる。

12. 2. 天頂角 θ に関する波動方程式

つぎに天頂角 θ に関する方程式を解いてみよう。極座標における天頂角 θ を

示すと図 12-4 のように地球の**緯度** (latitude) に相当する。

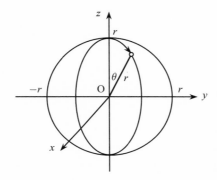

図 12-4　極座標における天頂角 θ。地球の緯度に相当するが、角度の
始点は赤道ではなく、天頂、つまり地球の北極となる。

　ただし、緯度の場合には、北半球と南半球を区別して、それぞれ北緯と南緯
0 から 90° ($\pi/2$) の範囲とするが、天頂角の場合には、その名の通り、天頂、つ
まり**北極** (north pole) を原点にとり、その範囲を
$$0 \leq \theta \leq \pi$$
とする。この範囲で、全空間を網羅することが可能となる。

　第 10 章で求めたように、天頂角 (θ) に関するシュレーディンガー方程式は
$$\frac{d^2\Theta(\theta)}{d\theta^2} + \frac{\cos\theta}{\sin\theta}\frac{d\Theta(\theta)}{d\theta} + l(l+1)\Theta(\theta) - \frac{m^2}{\sin^2\theta}\Theta(\theta) = 0$$
となる。

　さらに、$x = \cos\theta$ という変数変換をすることで
$$(1-x^2)\frac{d^2\Theta(x)}{dx^2} - 2x\frac{d\Theta(x)}{dx} + \left\{ l(l+1) - \frac{m^2}{1-x^2} \right\}\Theta(x) = 0$$
という微分方程式に変換できることも示した。

　この方程式は、**ルジャンドルの陪微分方程式** (Legendre associated differential
equation) と呼ばれるものである[23]。この微分方程式も、すでに研究者によって
研究されており、その解法も明らかとなっている。

---

[23] ルジャンドルという呼称は、フランスの数学者の Andrie-Mari Legendre (1752-1833) にち
なんでいる。 統計学、代数学、整数論、解析学など数多くの分野で功績を残している。

まず、ルジャンドル陪微分方程式を解くためには、**ルジャンドルの微分方程式** (Legendre differential equation) から導入しなければならない。

12.2.1. ルジャンドル微分方程式

ルジャンドルの微分方程式とは

$$(1-x^2)\frac{d^2 f(x)}{dx^2} - 2x\frac{df(x)}{dx} + l(l+1)f(x) = 0$$

というかたちをした方程式のことである。

この方程式の解は

$$P_l(x) = \frac{(2l)!}{2^l(l!)^2}\left[x^l - \frac{l(l-1)}{2(2l-1)}x^{l-2} + \frac{l(l-1)(l-2)(l-3)}{2 \cdot 4(2l-1)(2l-3)}x^{l-4} - ... \right]$$

というルジャンドル多項式となることがわかっている。

さらに、ルジャンドル多項式は

$$P_l(x) = \frac{1}{2^l l!} \cdot \frac{d^l}{dx^l}(x^2-1)^l$$

というような微分形で書くことができる。これを**ロドリーグの公式** (Rodrigues formula) と呼んでいる。

演習 12-4　ロドリーグの公式において、$l = 1, 2$ を代入せよ。

解）　$P_1(x) = \frac{1}{2} \cdot \frac{d}{dx}(x^2-1) = \frac{1}{2}(2x) = x$

$P_2(x) = \frac{1}{2^2 2!} \cdot \frac{d^2}{dx^2}(x^2-1)^2 = \frac{1}{8}\frac{d}{dx}\left\{ 4x(x^2-1) \right\} = \frac{1}{8}\frac{d}{dx}(4x^3 - 4x)$

$\qquad = \frac{1}{8}(12x^2 - 4) = \frac{3}{2}x^2 - \frac{1}{2}$

となる。

ここでは、ロドリーグの公式がルジャンドルの微分方程式の解を与えることを確かめてみる。

$l=1$ のときルジャンドルの微分方程式は

$$(1-x^2)\frac{d^2 f(x)}{dx^2} - 2x\frac{df(x)}{dx} + 2f(x) = 0$$

となるが、 $f(x) = x$ を代入すると

$$-2x + 2x = 0$$

となり、微分方程式の解となることがわかる。

演習 12-5　$l=2$ に対応したルジャンドルの微分方程式を求め

$$f(x) = \frac{3}{2}x^2 - \frac{1}{2}$$

が解となることを確かめよ。

　解)　$l=2$ のとき、微分方程式は

$$(1-x^2)\frac{d^2 f(x)}{dx^2} - 2x\frac{df(x)}{dx} + 6f(x) = 0$$

となる。

$$\frac{df(x)}{dx} = 3x \qquad \frac{d^2 f(x)}{dx^2} = 3$$

を微分方程式に代入すると

$$3(1-x^2) - 6x^2 + 6\left(\frac{3}{2}x^2 - \frac{1}{2}\right) = 3 - 3x^2 - 6x^2 + 9x^2 - 3 = 0$$

となり、解となることが確かめられる。

　これを一般化してみよう。そのために、つぎのような関数を考える。

$$f(x) = C(x^2 - 1)^l$$

ここで、C は任意定数である。この微分は

$$\frac{df(x)}{dx} = C(2x)l(x^2 - 1)^{l-1}$$

となる。ここで、両辺に $1-x^2$ をかけると

$$(1-x^2)\frac{df(x)}{dx} = (1-x^2)C(2x)l(x^2 - 1)^{l-1} = -2xlC(x^2 - 1)^l = -2xlf(x)$$

移項すると

$$(1-x^2)\frac{df(x)}{dx} + 2xl\,f(x) = 0$$

となる。ここで、定数 C の値に関係なく、この方程式は成立するので、C が任意であることがわかる。

演習 12-6　つぎの方程式を x に関して微分せよ。

$$(1-x^2)\frac{df(x)}{dx} + 2xl\,f(x) = 0$$

解）

$$(1-x^2)\frac{d^2 f(x)}{dx^2} - 2x\frac{df(x)}{dx} + 2xl\frac{df(x)}{dx} + 2l\,f(x) = 0$$

となる。整理すると

$$(1-x^2)\frac{d^2 f(x)}{dx^2} + 2x(l-1)\frac{df(x)}{dx} + 2l\,f(x) = 0$$

となる。

さらに、x に関して微分すると

$$(1-x^2)\frac{d^3 f(x)}{dx^3} - 2x\frac{d^2 f(x)}{dx^2} + 2x(l-1)\frac{d^2 f(x)}{dx^2}$$
$$+ 2(l-1)\frac{df(x)}{dx} + 2l\frac{df(x)}{dx} = 0$$

となり、整理すると

$$(1-x^2)\frac{d^3 f(x)}{dx^3} + 2(l-2)x\frac{d^2 f(x)}{dx^2} + 2(2l-1)\frac{df(x)}{dx} = 0$$

となる。

演習 12-7　関数 $f(x) = C(x^2-1)^l$ を x に関して、$k+1$ 回微分したときに得られる微分方程式を導出せよ。

解）　$k=2$ に相当する微分方程式である

$$(1-x^2)\frac{d^3 f(x)}{dx^3} + 2(l-2)x\frac{d^2 f(x)}{dx^2} + 2(2l-1)\frac{df(x)}{dx} = 0$$

を、さらに微分を繰り返しながら、整理していくと

$$(1-x^2)\frac{d^4 f(x)}{dx^4} + 2(l-3)x\frac{d^3 f(x)}{dx^3} + 2(3l-3)\frac{d^2 f(x)}{dx^2} = 0$$

$$(1-x^2)\frac{d^5 f(x)}{dx^5} + 2(l-4)x\frac{d^4 f(x)}{dx^4} + 2(4l-6)\frac{d^3 f(x)}{dx^3} = 0$$

となっていく。したがって、$k+1$ 回微分したときには

$$(1-x^2)\frac{d^{k+1} f(x)}{dx^{k+1}} + 2(l-k)x\frac{d^k f(x)}{dx^k} + 2\left(kl - \frac{k(k-1)}{2}\right)\frac{d^{k-1} f(x)}{dx^{k-1}} = 0$$

という方程式が得られる。

ここで $k = l+1$ と置けば

$$(1-x^2)\frac{d^{l+2} f(x)}{dx^{l+2}} - 2x\frac{d^{l+1} f(x)}{dx^{l+1}} + l(l+1)\frac{d^l f(x)}{dx^l} = 0$$

となる。

演習 12-8　$F(x)$ を

$$F(x) = \frac{d^l f(x)}{dx^l}$$

と置き、上記の微分方程式に代入せよ。

解）　　$\dfrac{dF(x)}{dx} = \dfrac{d^{l+1} f(x)}{dx^{l+1}}$　　　　$\dfrac{d^2 F(x)}{dx^2} = \dfrac{d^{l+2} f(x)}{dx^{l+2}}$

であるので

$$(1-x^2)\frac{d^2 F(x)}{dx^2} - 2x\frac{dF(x)}{dx} + l(l+1)F(x) = 0$$

となる。

この結果は、$F(x)$ がルジャンドルの微分方程式の解であることを示している。

ここで

$$f(x) = C(x^2 - 1)^l$$

から

$$F(x) = \frac{d^l f(x)}{dx^l} = C\frac{d^l}{dx^l}(x^2 - 1)^l$$

であり、C は任意であるから、ロドリーグの公式

$$P_l(x) = \frac{1}{2^l l!} \cdot \frac{d^l}{dx^l}(x^2 - 1)^l = C\frac{d^l}{dx^l}(x^2 - 1)^l$$

が、ルジャンドルの微分方程式の解となることがわかる。

12.2.2. ルジャンドルの陪微分方程式の解法

以上のように、ロドリーグの公式が、ルジャンドルの微分方程式の解となることがわかったが、われわれが目的としているのはルジャンドルの陪微分方程式の解法である。

演習 12-9　つぎの方程式

$$(1 - x^2)\frac{d^{l+2}f(x)}{dx^{l+2}} - 2x\frac{d^{l+1}f(x)}{dx^{l+1}} + l(l+1)\frac{d^l f(x)}{dx^l} = 0$$

を、x に関して、さらに $m+1$ 回微分せよ。

　解）

$$(1 - x^2)\frac{d^{k+1}f(x)}{dx^{k+1}} + 2(l-k)x\frac{d^k f(x)}{dx^k} + 2\left(kl - \frac{k(k-1)}{2}\right)\frac{d^{k-1}f(x)}{dx^{k-1}} = 0$$

において $k = l + m + 1$ と置けばよいことになる。よって

$$(1 - x^2)\frac{d^{l+m+2}f(x)}{dx^{l+m+2}} - 2(m+1)x\frac{d^{l+m+1}f(x)}{dx^{l+m+1}} + (l+m+1)(l-m)\frac{d^{l+m}f(x)}{dx^{l+m}} = 0$$

という方程式が得られる。

　ここで、$F(x) = \dfrac{d^l f(x)}{dx^l}$ を使えば

$$(1-x^2)\frac{d^{m+2}F(x)}{dx^{m+2}} - 2(m+1)x\frac{d^{m+1}F(x)}{dx^{m+1}} + (l+m+1)(l-m)\frac{d^m F(x)}{dx^m} = 0$$

という方程式となる。さらに

$$g(x) = \frac{d^m F(x)}{dx^m}$$

と置くと、微分方程式は

$$(1-x^2)\frac{d^2 g(x)}{dx^2} - 2(m+1)x\frac{dg(x)}{dx} + (l+m+1)(l-m)g(x) = 0$$

と変形できる。さらに

$$u(x) = (1-x^2)^{\frac{m}{2}} g(x)$$

と置こう。このとき、$g(x)$ は

$$g(x) = (1-x^2)^{-\frac{m}{2}} u(x)$$

と与えられる。

演習 12-10　　関数 $g(x) = (1-x^2)^{-\frac{m}{2}} u(x)$ を x に関して微分せよ。

解）　　$g(x)$ を x に関して微分すると

$$\frac{dg(x)}{dx} = (1-x^2)^{-\frac{m}{2}} \frac{du(x)}{dx} + \left(-\frac{m}{2}\right)(-2x)(1-x^2)^{-\frac{m}{2}-1} u(x)$$

となるが、整理して

$$\frac{dg(x)}{dx} = (1-x^2)^{-\frac{m}{2}} \frac{du(x)}{dx} + mx(1-x^2)^{-\frac{m}{2}-1} u(x)$$

となる。

つぎに、2階微分を求めると

$$\frac{d^2 g(x)}{dx^2} = (1-x^2)^{-\frac{m}{2}} \frac{d^2 u(x)}{dx^2} + \left(-\frac{m}{2}\right)(-2x)(1-x^2)^{-\frac{m}{2}-1} \frac{du(x)}{dx}$$

$$+ mx(1-x^2)^{-\frac{m}{2}-1} \frac{du(x)}{dx} + m(1-x^2)^{-\frac{m}{2}-1} u(x) + mx\left(-\frac{m}{2}-1\right)(-2x)(1-x^2)^{-\frac{m}{2}-2} u(x)$$

整理すると

$$\frac{d^2 g(x)}{dx^2} = (1-x^2)^{-\frac{m}{2}} \frac{d^2 u(x)}{dx^2} + m x(1-x^2)^{-\frac{m}{2}-1} \frac{du(x)}{dx}$$

$$+ m x(1-x^2)^{-\frac{m}{2}-1} \frac{du(x)}{dx} + m(1-x^2)^{-\frac{m}{2}-1} u(x) + 2 m x^2 \left(\frac{m}{2}+1\right)(1-x^2)^{-\frac{m}{2}-2} u(x)$$

となり、さらにまとめると

$$\frac{d^2 g(x)}{dx^2} = (1-x^2)^{-\frac{m}{2}} \frac{d^2 u(x)}{dx^2} + 2 m x(1-x^2)^{-\frac{m}{2}-1} \frac{du(x)}{dx}$$

$$+ m(1-x^2)^{-\frac{m}{2}-1} u(x) + m(m+2)x^2(1-x^2)^{-\frac{m}{2}-2} u(x)$$

となる。

演習 12-11　$g(x) = (1-x^2)^{-\frac{m}{2}} u(x)$ を、つぎの微分方程式に代入せよ。

$$(1-x^2)\frac{d^2 g(x)}{dx^2} - 2(m+1)x\frac{dg(x)}{dx} + (l+m+1)(l-m)g(x) = 0$$

　解）　すでに求めた $d^2 g(x)/dx^2$ ならびに $dg(x)/dx$ を上記の式に代入する。すると、第 1 項は

$$(1-x^2)\frac{d^2 g(x)}{dx^2} = (1-x^2)^{-\frac{m}{2}+1} \frac{d^2 u(x)}{dx^2} + 2 m x(1-x^2)^{-\frac{m}{2}} \frac{du(x)}{dx}$$

$$+ m(1-x^2)^{-\frac{m}{2}} u(x) + m(m+2)x^2(1-x^2)^{-\frac{m}{2}-1} u(x)$$

となる。つぎに、第 2 項は

$$-2(m+1)x\frac{dg(x)}{dx}$$

$$= -2(m+1)x(1-x^2)^{-\frac{m}{2}} \frac{du(x)}{dx} - 2 m(m+1)x^2(1-x^2)^{-\frac{m}{2}-1} u(x)$$

となる。第 3 項は

$$(l+m+1)(l-m)g(x) = (l+m+1)(l-m)(1-x^2)^{-\frac{m}{2}} u(x)$$

となる。

これらの式は $(1-x^2)^{-\frac{m}{2}}$ の項を含んでいるので、すべての式に $(1-x^2)^{\frac{m}{2}}$ を乗じる。すると

$$-(1-x^2)^{\frac{m}{2}}2(m+1)x\frac{dg(x)}{dx} = -2(m+1)x\frac{du(x)}{dx} - 2m(m+1)\frac{x^2}{1-x^2}u(x)$$

$$(1-x^2)^{\frac{m}{2}}(l+m+1)(l-m)g(x) = (l+m+1)(l-m)u(x)$$

以上の式をすべて足すと

$$(1-x^2)\frac{d^2u(x)}{dx^2} + 2mx\frac{du(x)}{dx} + mu(x) + m(m+2)\frac{x^2}{1-x^2}u(x)$$

$$-2(m+1)x\frac{du(x)}{dx} - 2m(m+1)\frac{x^2}{1-x^2}u(x) + (l+m+1)(l-m)u(x) = 0$$

という方程式となる。

このままでは、かなり煩雑な方程式となっている。ただし、よく見ると、$u(x)$ の項が多いことに気づく。そこで、それらを取り出すと

$$mu(x) + m(m+2)\frac{x^2}{1-x^2}u(x) - 2m(m+1)\frac{x^2}{1-x^2}u(x) + (l+m+1)(l-m)u(x)$$

となり、係数だけ整理すると

$$m + m(m+2)\frac{x^2}{1-x^2} - 2m(m+1)\frac{x^2}{1-x^2} + (l+m+1)(l-m)$$

となる。

演習 12-12　つぎの $u(x)$ の係数を整理してまとめよ。

$$m + m(m+2)\frac{x^2}{1-x^2} - 2m(m+1)\frac{x^2}{1-x^2} + (l+m+1)(l-m)$$

解)　まず $\frac{x^2}{1-x^2}$ の項を整理しよう。すると

$$(m^2 + 2m)\frac{x^2}{1-x^2} - (2m^2 + 2m)\frac{x^2}{1-x^2} = -m^2\frac{x^2}{1-x^2}$$

となる。つぎに

$$\frac{x^2}{1-x^2} = -\frac{1-x^2-1}{1-x^2} = \frac{1}{1-x^2} - 1$$

であるから

$$-m^2\frac{x^2}{1-x^2} = -\frac{m^2}{1-x^2} + m^2$$

となる。さらに

$$(l+m+1)(l-m) = l^2 + l - m^2 - m$$

であるから、結局

$$m + m(m+2)\frac{x^2}{1-x^2} - 2m(m+1)\frac{x^2}{1-x^2} + (l+m+1)(l-m)$$

$$= m - \frac{m^2}{1-x^2} + l^2 + l - m = -\frac{m^2}{1-x^2} + l(l+1)$$

のように、m と l で整理できる。

したがって、微分方程式は

$$(1-x^2)\frac{d^2u(x)}{dx^2} - 2x\frac{du(x)}{dx} + \left(l(l+1) - \frac{m^2}{1-x^2}\right)u(x) = 0$$

となる。

この微分方程式は、ルジャンドルの陪微分方程式に他ならない。しかも、この式からわかるように

$$u(x) = (1-x^2)^{\frac{m}{2}}g(x) = (1-x^2)^{\frac{m}{2}}\frac{d^m F(x)}{dx^m}$$

が、ルジャンドルの陪微分方程式の解となることもわかる。

ここで

$$F(x) = P_l(x) = \frac{1}{2^l l!}\frac{d^l}{dx^l}(x^2-1)^l$$

であったから

$$\frac{d^m F(x)}{dx^m} = \frac{d^m P_l(x)}{dx^m} = \frac{1}{2^l l!} \frac{d^{l+m}}{dx^{l+m}} (x^2 - 1)^l$$

したがって、ルジャンドルの陪微分方程式の解は

$$u(x) = (1-x^2)^{\frac{m}{2}} \frac{d^m F(x)}{dx^m} = (1-x^2)^{\frac{m}{2}} \frac{1}{2^l l!} \frac{d^{l+m}}{dx^{l+m}} (x^2 - 1)^l$$

となる。これを**ルジャンドル陪多項式** (Legendre associated polynomial) あるいは
ルジャンドル陪関数 (Legendre associated function) と呼び $P_l^{\,m}(x)$ と表記する。

12. 2. 3.　ルジャンドル陪多項式

ルジャンドル陪多項式は

$$P_l^{\,m}(x) = (1-x^2)^{\frac{m}{2}} \frac{1}{2^l l!} \frac{d^{l+m}}{dx^{l+m}} (x^2 - 1)^l$$

と与えられ、これがルジャンドルの陪微分方程式の解となる。

$(x^2-1)^l$ は x に関する $2l$ 次の多項式であるから、$P_l^{\,m}(x)$ が 0 とならない m の
範囲は

$$0 \le l+m \le 2l \quad から \quad -l \le m \le l$$

となる。すると、波動関数は

$$\Theta(\theta) = C P_l^{\,m}(\cos\theta)$$

となり、これが、シュレーディンガー方程式の θ に関する解となる。ただし、
規格化定数 C を決定する作業が残っている。

12. 3.　規格化

波動関数 $\Theta(\theta)$ を規格化するためには

$$\int_0^\pi |\Theta(\theta)|^2 \sin\theta\, d\theta = 1$$

となるように、定数 C を決めればよい。

$$\Theta(\theta) = C P_l^{\,m}(\cos\theta)$$

であるから

$$\int_0^\pi |\Theta(\theta)|^2 \sin\theta\, d\theta = |C|^2 \int_0^\pi |P_l^{\,m}(\cos\theta)|^2 \sin\theta\, d\theta = 1$$

となる。

演習 12-13 $x = \cos\theta$ と変数変換して、規格化条件を x で示せ。

解）   積分範囲は

$$0 \leq \theta \leq \pi \qquad \rightarrow \qquad 1 \leq x \leq -1$$

と変化する。さらに

$$dx = -\sin\theta \, d\theta$$

という関係にあるので

$$\int_0^\pi \sin\theta \, d\theta \rightarrow \int_{-1}^1 dx$$

となるから、規格化条件は

$$|C|^2 \int_{-1}^1 \left| P_l^{\,m}(x) \right|^2 dx = 1$$

となる。

上の積分を計算するために、少し下準備をしておく。まず、ルジャンドル陪多項式 $P_l^{\,m}(x)$ は次式を満足する。

$$(1-x^2)\frac{d^2 P_l^{\,m}(x)}{dx^2} - 2x\frac{dP_l^{\,m}(x)}{dx} + \left(l(l+1) - \frac{m^2}{1-x^2}\right)P_l^{\,m}(x) = 0$$

これを少し変形してみよう。すると

$$\frac{d}{dx}\left[(1-x^2)\frac{dP_l^{\,m}(x)}{dx}\right] + \left(l(l+1) - \frac{m^2}{1-x^2}\right)P_l^{\,m}(x) = 0$$

が成り立つ。これに $P_n^{\,m}(x)$ を左から乗じると

$$P_n^{\,m}(x)\frac{d}{dx}\left[(1-x^2)\frac{dP_l^{\,m}(x)}{dx}\right] + \left(l(l+1) - \frac{m^2}{1-x^2}\right)P_n^{\,m}(x)P_l^{\,m}(x) = 0$$

となる。この式は n を l、l を n と置き換えても成立するから

$$P_l^{\,m}(x)\frac{d}{dx}\left[(1-x^2)\frac{dP_n^{\,m}(x)}{dx}\right] + \left(n(n+1) - \frac{m^2}{1-x^2}\right)P_l^{\,m}(x)P_n^{\,m}(x) = 0$$

が成立する。ここで、両式の辺々を引くと

$$P_n^m(x)\frac{d}{dx}\left[(1-x^2)\frac{dP_l^m(x)}{dx}\right]-P_l^m(x)\frac{d}{dx}\left[(1-x^2)\frac{dP_n^m(x)}{dx}\right]$$

$$+\{l(l+1)-n(n+1)\}\,P_n^m(x)P_l^m(x)=0$$

となる。

ここで、左辺を $-1\leq x\leq 1$ の範囲で積分してみよう。すると

$$\int_{-1}^{1}\left\{P_n^m(x)\frac{d}{dx}\left[(1-x^2)\frac{dP_l^m(x)}{dx}\right]-P_l^m(x)\frac{d}{dx}\left[(1-x^2)\frac{dP_n^m(x)}{dx}\right]\right\}dx$$

$$+\int_{-1}^{1}\left[\{l(l+1)-n(n+1)\}P_n^m(x)P_l^m(x)\right]dx=0$$

となる。

演習 12-14　つぎの積分に部分積分を適用せよ。

$$\int_{-1}^{1}\left\{P_n^m(x)\frac{d}{dx}\left[(1-x^2)\frac{dP_l^m(x)}{dx}\right]-P_l^m(x)\frac{d}{dx}\left[(1-x^2)\frac{dP_n^m(x)}{dx}\right]\right\}dx$$

解）　まず

$$\int_{-1}^{1}\left[P_n^m(x)\frac{d}{dx}\left\{(1-x^2)\frac{dP_l^m(x)}{dx}\right\}\right]dx-\int_{-1}^{1}\left[P_l^m(x)\frac{d}{dx}\left\{(1-x^2)\frac{dP_n^m(x)}{dx}\right\}\right]dx$$

という 2 つの積分に分ける。

それぞれに部分積分を適用すると、第 1 項は

$$\left[P_n^m(x)(1-x^2)\frac{dP_l^m(x)}{dx}\right]_{-1}^{1}-\int_{-1}^{1}\left[\frac{dP_n^m(x)}{dx}\left\{(1-x^2)\frac{dP_l^m(x)}{dx}\right\}\right]dx$$

となり、第 2 項は

$$\left[P_l^m(x)(1-x^2)\frac{dP_n^m(x)}{dx}\right]_{-1}^{1}-\int_{-1}^{1}\left[\frac{dP_l^m(x)}{dx}\left\{(1-x^2)\frac{dP_n^m(x)}{dx}\right\}\right]dx$$

となるが

$$\left[P_n^m(x)(1-x^2)\frac{dP_l^m(x)}{dx} \right]_{-1}^{1} = \left[P_l^m(x)(1-x^2)\frac{dP_n^m(x)}{dx} \right]_{-1}^{1}$$

ならびに

$$\int_{-1}^{1}\left[\frac{dP_n^m(x)}{dx}\left\{(1-x^2)\frac{dP_l^m(x)}{dx}\right\} \right] dx = \int_{-1}^{1}\left[\frac{dP_l^m(x)}{dx}\left\{(1-x^2)\frac{dP_n^m(x)}{dx}\right\} \right] dx$$

から、結局、積分の値はゼロとなる。

　したがって

$$\int_{-1}^{1}\left\{l(l+1)-n(n+1)\right\}P_n^{\ m}(x)P_l^{\ m}(x)dx = 0$$

となる。係数を積分の外に出すと

$$\left\{l(l+1)-n(n+1)\right\}\int_{-1}^{1}P_n^{\ m}(x)P_l^{\ m}(x)dx = 0$$

となる。すると $n \neq l$ のとき

$$l(l+1)-n(n+1) \neq 0$$

であるから、上記の等式が成立するとき

$$\int_{-1}^{1}P_n^{\ m}(x)P_l^{\ m}(x)dx = 0$$

となること意味している。

　これは、ルジャンドル陪関数 $P_l^{\ m}(x)$ ならびに $P_n^{\ m}(x)$ に直交性があることを示している。つまり、この積分がゼロにならないのは $n = l$ のときだけである。

　それでは、$n = l$ に対応した積分

$$\int_{-1}^{1}P_l^{\ m}(x)P_l^{\ m}(x)dx = \int_{-1}^{1}\left|P_l^{\ m}(x)\right|^2 dx$$

の値を計算してみよう。

　この計算にも技巧を使う。ここでは、ルジャンドル陪関数の漸化式を利用する。まず、ルジャンドル関数 $P_n(x)$ に成立するつぎの漸化式

$$(n+1)P_{n+1}(x)-x(2n+1)P_n(x)+nP_{n-1}(x) = 0$$

に注目してみよう。

演習 12-15　上記の漸化式を x に関して m 回だけ微分せよ。

解）　まず、x に関して一回微分すると

$$(n+1)\frac{dP_{n+1}(x)}{dx} - (2n+1)P_n(x) - x(2n+1)\frac{dP_n(x)}{dx} + n\frac{dP_{n-1}(x)}{dx} = 0$$

さらに微分を続けると

$$(n+1)\frac{d^2P_{n+1}(x)}{dx^2} - 2(2n+1)\frac{dP_n(x)}{dx} - x(2n+1)\frac{d^2P_n(x)}{dx^2} + n\frac{d^2P_{n-1}(x)}{dx^2} = 0$$

$$(n+1)\frac{d^3P_{n+1}(x)}{dx^3} - 3(2n+1)\frac{d^2P_n(x)}{dx^2} - x(2n+1)\frac{d^3P_n(x)}{dx^3} + n\frac{d^3P_{n-1}(x)}{dx^3} = 0$$

となるので、m 回微分したときには

$$(n+1)\frac{d^mP_{n+1}(x)}{dx^m} - m(2n+1)\frac{d^{m-1}P_n(x)}{dx^{m-1}} - x(2n+1)\frac{d^mP_n(x)}{dx^m} + n\frac{d^mP_{n-1}(x)}{dx^m} = 0$$

となる。

ここで、両辺に

$$(1-x^2)^{\frac{m}{2}}$$

をかけるとルジャンドル陪関数となるが、第 2 項だけ微分の階数が異なるので、注意する。ルジャンドル陪関数のかたちに注意すれば

$$m(2n+1)(1-x^2)^{\frac{m}{2}}\frac{d^{m-1}P_n(x)}{dx^{m-1}} = m(2n+1)(1-x^2)^{\frac{1}{2}}(1-x^2)^{\frac{m-1}{2}}\frac{d^{m-1}P_n(x)}{dx^{m-1}}$$

$$= m(2n+1)\sqrt{1-x^2}\,P_n^{m-1}(x)$$

となる。したがって

$$(n+1)P_{n+1}^m(x) - m(2n+1)\sqrt{1-x^2}\,P_n^{m-1}(x) - x(2n+1)P_n^m(x) + nP_{n-1}^m(x) = 0$$

というルジャンドル陪関数 $P_n^m(x)$ に関する漸化式が得られる。

つぎにルジャンドル関数 $P_n(x)$ に関するつぎの漸化式を考える。

$$nP_n(x) = x\frac{dP_n(x)}{dx} - \frac{dP_{n-1}(x)}{dx}$$

演習 12-16　上記の漸化式を $m-1$ 回微分せよ。

解）　上記の式を x で微分すると

$$n\frac{dP_n(x)}{dx} = \frac{dP_n(x)}{dx} + x\frac{d^2P_n(x)}{dx^2} - \frac{d^2P_{n-1}(x)}{dx^2}$$

となる。さらにもう一回微分すると

$$n\frac{d^2P_n(x)}{dx^2} = 2\frac{d^2P_n(x)}{dx^2} + x\frac{d^3P_n(x)}{dx^3} - \frac{d^3P_{n-1}(x)}{dx^3}$$

よって $m-1$ 回微分すると

$$n\frac{d^{m-1}P_n(x)}{dx^{m-1}} = (m-1)\frac{d^{m-1}P_n(x)}{dx^{m-1}} + x\frac{d^mP_n(x)}{dx^m} - \frac{d^mP_{n-1}(x)}{dx^m}$$

$$(n-m+1)\frac{d^{m-1}P_n(x)}{dx^{m-1}} = x\frac{d^mP_n(x)}{dx^m} - \frac{d^mP_{n-1}(x)}{dx^m}$$

となる。

ここで、両辺に $(1-x^2)^{\frac{m}{2}}$ をかけると、右辺は、そのままルジャンドル陪関数となる。ただし、左辺は少し変形する必要がある。このとき

$$(n-m+1)(1-x^2)^{\frac{m}{2}}\frac{d^{m-1}P_n(x)}{dx^{m-1}} = (n-m+1)\sqrt{1-x^2}(1-x^2)^{\frac{m-1}{2}}\frac{d^{m-1}P_n(x)}{dx^{m-1}}$$

$$= (n-m+1)\sqrt{1-x^2}\,P_n^{m-1}(x)$$

となるから、結局

$$(n-m+1)\sqrt{1-x^2}\,P_n^{m-1}(x) = xP_n^m(x) - P_{n-1}^m(x)$$

というルジャンドル陪関数 $P_n^m(x)$ に関するもうひとつの漸化式が得られる。この新しい漸化式を、先ほど得られた漸化式

$$(n+1)P_{n+1}^m(x)-m(2n+1)\sqrt{1-x^2}\,P_n^{m-1}(x)-x(2n+1)P_n^m(x)+nP_{n-1}^m(x)=0$$

に代入してみよう。

　ただし、その前に、この両辺を $n-m+1$ 倍しておく。

$$(n+1)(n-m+1)P_{n+1}^m(x)-m(2n+1)\underline{(n-m+1)\sqrt{1-x^2}\,P_n^{m-1}(x)}$$

$$-x(2n+1)(n-m+1)P_n^m(x)+n(n-m+1)P_{n-1}^m(x)=0$$

そのうえで、下線部に、漸化式を代入すると

$$(n+1)(n-m+1)P_{n+1}^m(x)-m(2n+1)\underline{(xP_n^m(x)-P_{n-1}^m(x))}$$

$$-(2n+1)(n-m+1)xP_n^m(x)+n(n-m+1)P_{n-1}^m(x)=0$$

となる。ここで、ルジャンドル陪関数の漸化式の係数を整理する。

　まず $xP_n^m(x)$ の係数は

$$-m(2n+1)-(2n+1)(n-m+1)=-(2n+1)(n+1)$$

となる。

　つぎに $P_{n-1}^m(x)$ の係数は

$$m(2n+1)+n(n-m+1)=2mn+m+n^2-nm+n=mn+n^2+m+n$$

$$=n(m+n)+m+n=(n+m)(n+1)$$

したがって

$$(n+1)(n-m+1)P_{n+1}^m(x)-x(2n+1)(n+1)P_n^m(x)+(n+m)(n+1)P_{n-1}^m(x)=0$$

となり、両辺を $n+1$ で除すと

$$(n-m+1)P_{n+1}^m(x)-x(2n+1)P_n^m(x)+(n+m)P_{n-1}^m(x)=0$$

という新たな漸化式が得られる。

　ここで、この漸化式において $n=n-1$ と置くと

$$(n-m)P_n^m(x)-x(2n-1)P_{n-1}^m(x)+(n+m-1)P_{n-2}^m(x)=0$$

となる。この式に $P_n^m(x)$ をかけると

$$(n-m)[P_n^m(x)]^2-x(2n-1)P_n^m(x)P_{n-1}^m(x)+(n+m-1)P_n^m(x)P_{n-2}^m(x)=0$$

となる。ここで、再び

$$(n-m+1)P_{n+1}^m(x)-x(2n+1)P_n^m(x)+(n+m)P_{n-1}^m(x)=0$$

という漸化式を使い $xP_n^m(x)$ を消去しよう。すると

$$xP_n^m(x) = \frac{(n-m+1)P_{n+1}^m(x) + (n+m)P_{n-1}^m(x)}{2n+1}$$

と与えられるから、先ほどの式に代入すると

$$(n-m)[P_n^m(x)]^2 - (2n-1)\frac{(n-m+1)P_{n-1}^m(x)P_{n+1}^m(x) + (n+m)[P_{n-1}^m(x)]^2}{2n+1}$$

$$+(n+m-1)P_n^m(x)P_{n-2}^m(x) = 0$$

となる。

ここで、左辺を $-1 \le x \le 1$ という範囲で積分してみよう。するとルジャンドル陪関数の直交性から、積分項として残るのは

$$(n-m)\int_{-1}^{1}[P_n^m(x)]^2 dx - \frac{(2n-1)(n+m)}{2n+1}\int_{-1}^{1}[P_{n-1}^m(x)]^2 dx = 0$$

となる。よって

$$\int_{-1}^{1}[P_n^m(x)]^2 dx = \frac{(2n-1)(n+m)}{(2n+1)(n-m)}\int_{-1}^{1}[P_{n-1}^m(x)]^2 dx$$

という関係が得られる。

演習 12-17　上記の漸化式を利用して、つぎの積分の値を求めよ。

$$\int_{-1}^{1}[P_m^m(x)]^2 dx$$

解）　漸化式を利用すると

$$\int_{-1}^{1}[P_{n-1}^m(x)]^2 dx = \frac{(2n-3)(n-1+m)}{(2n-1)(n-1-m)}\int_{-1}^{1}[P_{n-2}^m(x)]^2 dx$$

と降下できる。つぎに

$$\int_{-1}^{1}[P_{n-2}^m(x)]^2 dx = \frac{(2n-5)(n-2+m)}{(2n-3)(n-2-m)}\int_{-1}^{1}[P_{n-3}^m(x)]^2 dx$$

となるので

$$\int_{-1}^{1}[P_n^m(x)]^2 dx$$

$$= \frac{(2n-1)(2n-3)(2n-5)(n+m)(n-1+m)(n-2+m)}{(2n+1)(2n-1)(2n-3)(n-m)(n-1-m)(n-2-m)}\int_{-1}^{1}[P_{n-3}^m(x)]^2 dx$$

となる。ここで、漸化式の値が

$$\int_{-1}^{1} [P_m^m(x)]^2 dx$$

というところまでを考える。

この場合は $n = m+1$ までを考えればよいので

$$\int_{-1}^{1} [P_n^m(x)]^2 dx$$

$$= \frac{(2n-1)(n+m)}{(2n+1)(n-m)} \frac{(2n-3)(n-1+m)}{(2n-1)(n-1-m)} \cdots \frac{(2m+1)(2m+1)}{(2m+1)1} \int_{-1}^{1} [P_m^m(x)]^2 dx$$

$$= \frac{(2m+1)(n+m)!}{(2n+1)(n-m)!(2m)!} \int_{-1}^{1} [P_m^m(x)]^2 dx$$

となる。

ここで、ルジャンドル陪関数は

$$P_m^m(x) = (1-x^2)^{\frac{m}{2}} \frac{d^m}{dx^m} P_m(x)$$

であり

$$P_m(x) = \frac{(2m)!}{2^m (m!)^2} \left[x^m - \frac{m(m-1)}{2(2m-1)} x^{m-2} + \frac{m(m-1)(m-2)(m-3)(m-4)}{2 \cdot 4(2m-1)(2m-3)} x^{m-4} - \cdots \right]$$

であるから、m 回微分して残るのは x^m の項のみで

$$\frac{d^m P_m(x)}{dx^m} = \frac{(2m)!}{2^m (m!)^2} m! = \frac{(2m)!}{2^m m!}$$

となる。したがって

$$\int_{-1}^{1} [P_m^m(x)]^2 dx = \left\{ \frac{(2m)!}{2^m m!} \right\}^2 \int_{-1}^{1} (1-x^2)^m dx$$

となる。つまり、あとは

$$\int_{-1}^{1} (1-x^2)^m dx$$

という積分を求めればよい。

演習 12-18　つぎの積分の値を求めよ。

$$\int_{-1}^{1} (1-x^2)^m \, dx$$

解）
$$\int_{-1}^{1} (1-x^2)^m \, dx = \int_{-1}^{1} (1+x)^m (1-x)^m \, dx$$

と変形し、部分積分を適用する。すると

$$\int_{-1}^{1} (1+x)^m (1-x)^m \, dx = \int_{-1}^{1} \left(\frac{(1+x)^{m+1}}{m+1} \right)' (1-x)^m \, dx$$

$$= \left[\frac{(1+x)^{m+1}}{m+1} (1-x)^m \right]_{-1}^{1} - \int_{-1}^{1} \left(\frac{(1+x)^{m+1}}{m+1} \right) \left\{ (1-x)^m \right\}' \, dx$$

$$= \int_{-1}^{1} \left(\frac{(1+x)^{m+1}}{m+1} \right) m(1-x)^{m-1} \, dx = \frac{m}{m+1} \int_{-1}^{1} (1+x)^{m+1} (1-x)^{m-1} \, dx$$

となる。

　この結果に、再び部分積分を適用すると

$$\frac{m(m-1)}{(m+1)(m+2)} \int_{-1}^{1} (1+x)^{m+2} (1-x)^{m-2} \, dx$$

さらに部分積分を適用すると

$$\frac{m(m-1)(m-2)}{(m+1)(m+2)(m+3)} \int_{-1}^{1} (1+x)^{m+3} (1-x)^{m-3} \, dx$$

となって、最終的には

$$\frac{m(m-1)(m-2)...1}{(m+1)(m+2)(m+3)...(2m)} \int_{-1}^{1} (1+x)^{2m} \, dx$$

となる。ここで

$$\frac{m(m-1)(m-2)...1}{(m+1)(m+2)(m+3)...(2m)} = \frac{m!}{\dfrac{(2m)!}{m!}} = \frac{(m!)^2}{(2m)!}$$

であり

$$\int_{-1}^{1} (1+x)^{2m} \, dx = \left[\frac{1}{2m+1} (1+x)^{2m+1} \right]_{-1}^{1} = \frac{1}{2m+1} 2^{2m+1}$$

となるので、結局

$$\int_{-1}^{1}(1-x^2)^m dx = \frac{(m!)^2}{(2m)!}\frac{1}{2m+1}2^{2m+1} = \frac{2(2^m)^2(m!)^2}{(2m+1)!}$$

と与えられる。

したがって

$$\int_{-1}^{1}[P_m^m(x)]^2 dx = \left\{\frac{(2m)!}{2^m m!}\right\}^2\int_{-1}^{1}(1-x^2)^m dx = \left\{\frac{(2m)!}{2^m m!}\right\}^2\frac{2(2^m)^2(m!)^2}{(2m+1)!} = \frac{2(2m)!}{(2m+1)}$$

と与えられる。

よって

$$\int_{-1}^{1}[P_n^m(x)]^2 dx = \frac{(2m+1)(n+m)!}{(2n+1)(n-m)!(2m)!}\int_{-1}^{1}[P_m^m(x)]^2 dx$$

$$= \frac{(2m+1)(n+m)!}{(2n+1)(n-m)!(2m)!}\frac{2(2m)!}{(2m+1)} = \frac{2(n+m)!}{(2n+1)(n-m)!}$$

と与えられるので、規格化定数は

$$C = \sqrt{\frac{(2n+1)}{2}\frac{(n-m)!}{(n+m)!}}$$

となり、規格化された波動関数は

$$\Theta(\theta) = CP_l^m(\cos\theta) = \sqrt{\frac{(2l+1)}{2}\frac{(l-m)!}{(l+m)!}}P_l^m(\cos\theta)$$

と与えられることになる。

12. 4.　球面調和関数

ここで、角度に関する波動関数は

$$Y(\theta,\phi) = \Theta(\theta)\Phi(\phi)$$

であるので、まとめて書くと

$$Y_{l,m}(\theta,\phi) = \sqrt{\frac{(2l+1)}{2}\frac{(l-m)!}{(l+m)!}}\,P_l^m(\cos\theta)\sqrt{\frac{1}{2\pi}}\exp(im\phi)$$

となり、結局

$$Y_{l,m}(\theta,\phi) = \sqrt{\frac{2l+1}{4\pi}\frac{(l-m)!}{(l+m)!}}\, P_l^m(\cos\theta)\exp(im\phi)$$

が角度変数に対応した規格化された波動関数となる。この関数のことを**球面調和関数** (spherical harmonics) と呼んでいる。

ここで、l は**方位量子数** (azimuthal quantum number)、m は**磁気量子数** (magnetic quantum number) と呼ばれている。

本章でも示したように、m は
$$m = 0,\quad \pm1,\quad \pm2,\quad \pm3,\ldots$$
のように負の値もとりうる。さらに m の範囲は
$$-l \leq m \leq l$$
となることも示した。

磁気量子数 m が負の値をとるということを考慮すると、球面調和関数は
$$Y_{l,m}(\theta,\phi) = \sqrt{\left(\frac{2l+1}{4\pi}\right)\frac{(l-|m|)!}{(l+|m|)!}}\, P_l^{|m|}(\cos\theta)\exp(im\phi)$$
と修正される。

また、この解は、角度方向のシュレーディンガー方程式の解であるが、シュレーディンガー方程式は線形微分方程式であるので、-1 をかけても、規格化された解となる。よって、量子力学の教科書によっては
$$Y_{l,m}(\theta,\phi) = (-1)^{\frac{m+|m|}{2}}\sqrt{\left(\frac{2l+1}{4\pi}\right)\frac{(l-|m|)!}{(l+|m|)!}}\, P_l^{|m|}(\cos\theta)\exp(im\phi)$$
というかたちの球面調和関数を採用する場合もある。

この先頭にある
$$(-1)^{\frac{m+|m|}{2}}$$
という因子は
$$m > 0 \quad \text{のときには} \quad (-1)^m \qquad m < 0 \quad \text{のときには} \quad 1$$
となるようにつけたものである。つまり m が正のときのみ、球面調和関数の符号が交互に変わることになる。具体的に球面調和関数を示すと
$$Y_{0,0}(\theta,\phi) = \frac{1}{\sqrt{4\pi}}$$
$$Y_{1,0}(\theta,\phi) = \sqrt{\frac{3}{4\pi}}\cos\theta$$

$$Y_{1,\pm 1}(\theta,\phi) = \mp\sqrt{\frac{3}{8\pi}}\,\sin\theta\exp(\pm i\phi)$$

$$Y_{2,0}(\theta,\phi) = \sqrt{\frac{5}{16\pi}}\,(3\cos^2\theta - 1)$$

$$Y_{2,\pm 1}(\theta,\phi) = \mp\sqrt{\frac{15}{8\pi}}\,\sin\theta\cos\theta\exp(\pm i\phi)$$

$$Y_{2,\pm 2}(\theta,\phi) = \sqrt{\frac{15}{32\pi}}\,\sin^2\theta\exp(\pm 2i\phi)$$

となる。

　それでは、これら角度変数からなる球面調和関数を図示してみよう。本来で
あれば、θ および ϕ の変化に対応した 3 次元空間の作図が必要となるが、方位角
ϕ 方向は等方的であったから、ここでは z 軸を含む 2 次元平面で切った断面図
において、極方程式の $d = f(\theta)$ に対応した図を描いてみる。d は原点からの距離
となるので $d > 0$ となる。

　ここでは、作図の方法を示すために $d = \cos\theta$ を描く。これは円の極方程式で
ある。天頂角 θ の範囲は $0 \le \theta \le \pi$ である。ただし、$d > 0$ であるので、θ が方向
を与え、$d = |\cos\theta|$ として作図をすることになる。まず、$\theta = 0$ からスタートす
ると、$\theta = 0$ の方向は図 12-5 の z 軸の正方向である。

　このとき、$d = \cos 0 = 1$ であるから、原点 O からの距離が 1 となる $z = 1$ が始
点 A となる。つぎに、天頂角を θ_1 だけ傾けると、その方向は原点 O と点 B を
結ぶ方向となり、その長さは $\cos\theta_1$ となる。

　このまま天頂角を大きくしていくと、$\theta = \pi/2$ の方向は xy 平面に平行となり、
$d = \cos(\pi/2) = 0$ であるから原点 O の位置に至る。そして、その軌跡はちょうど
半径 1/2 の半円となる。

　さらに θ を増やすと $\cos\theta$ の値は負となるので、点 C のように、z 軸の負側に
移動する。そして、$\theta = \pi$ で $d = \cos\pi = -1$ となるから、$z = -1$ の点 D が終点と
なる。つまり、負側でも半径 1/2 の半円を描くことになる。

　これで、$\theta = 0$ から $\theta = \pi$ まで変化させたので、全空間を網羅したことになる。
とすれば、$d = \cos\theta$ の軌跡は図 12-5 の右半面だけで終わりであるが、3 次元空
間では、左半面の軌跡も描く。その理由を説明しよう。

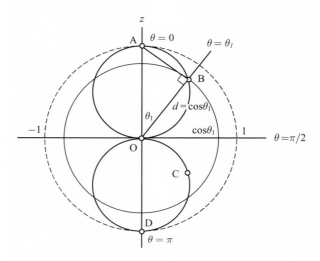

図 12-5　極方程式 $d = \cos\theta$ に対応した図

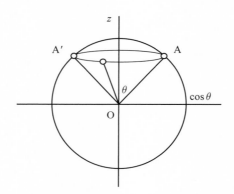

図 12-6　3 次元空間において点 A と等価な天頂角 θ を有する点は、地球の緯度と同じように z 軸のまわりに円状に分布する。

　3 次元空間を考えたとき、図 12-5 に示した断面の点 A と、同じ天頂角 θ を有する点は図 12-6 に示す円となる。これは、地球における等緯度となる地点、つまり緯線に相当する。さらに、この円上の点では、原点 O からの距離が $\cos\theta$ となる。したがって、z 軸と点 A を通る断面で切ったときには、z 軸に関して対称位置にある点 A′ も含まれるのである。点 A′ も、天頂角は θ であり、原点 O からの距離が $\cos\theta$ の点となる。その結果、図 12-6 に示すような軌跡を描くこ

とになる。

　以上をもとに、球面調和関数を描いてみよう。まず

$$Y_{0,0}(\theta,\phi) = \frac{1}{\sqrt{4\pi}}$$

は角度依存性がないので、xz 平面では図 12-7 のような円になる。

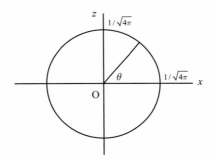

図 12-7　$Y_{0,0}(\theta,\phi) = 1/\sqrt{4\pi}$ に対応した図

　ただし、ϕ 依存性がないから、3 次元空間では、この円を z 軸に沿って 1 回転した球となる。つぎに

$$Y_{1,0}(\theta,\phi) = \sqrt{\frac{3}{4\pi}}\,\cos\theta$$

については、極方程式の $d = \cos\theta$ に対応した図を描けばよい。したがって図 12-8 のようになる。さらに 3 次元空間では、この図を z 軸に沿って 360° 回転した立体となる。

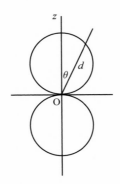

図 12-8　$Y_{1,0}(\theta,\phi)$ の形状に対応した図

つぎに、同じ $l = 1$ に属する

$$Y_{1,\pm 1}(\theta,\phi) = \mp\sqrt{\frac{3}{8\pi}}\, \sin\theta \exp(\pm i\phi)$$

はどうなるであろうか。オイラーの公式を使うと

$$Y_{1,\pm 1}(\theta,\phi) = \mp\sqrt{\frac{3}{8\pi}}\, \sin\theta(\cos\phi \pm i\sin\phi)$$

となるので、実数では $d = \sin\theta\cos\phi$ ならびに $d = \sin\theta\sin\phi$ のグラフを描けばよい。ここでは、$d = \sin\theta\cos\phi$ を取りあげる。まず、$\phi = 0$ と固定すると xz 平面に対応する。そのうえで、z 軸を $\theta = 0$ として $d = \sin\theta$ を描けば、図 12-9(a) のようになる。一方、$\theta = (1/2)\pi$ と固定すると、これは xy 平面となる。そのうえで、x 軸を $\phi = 0$ として $d = \cos\phi$ を描けば図 12-9 (b)のようになる。

したがって、3 次元では x 軸のまわりに図 12-9 の図形を 360° 回転した立体となる。

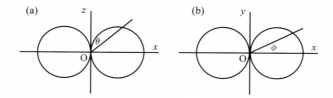

図 12-9　(a) $\phi = 0$ における $d = \sin\theta$; (b) $\theta = (1/2)\pi$ における $d = \cos\phi$ のグラフ

最後に、$Y_{2,0}(\theta,\phi)$, $Y_{2,\pm 1}(\theta,\phi)$, $Y_{2,\pm 2}(\theta,\phi)$ に対応したグラフを描いてみよう。

まず

$$Y_{2,0}(\theta,\phi) = \sqrt{\frac{5}{16\pi}}\,(3\cos^2\theta - 1)$$

については、極方程式 $d = 3\cos^2\theta - 1$ のグラフが、その形状を反映することになる。したがって、その形状は図 12-10 のようになる。さらに 3 次元空間では、この図を z 軸に沿って 360° 回転した立体となる。

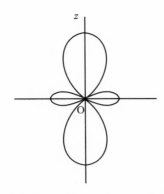

図 12-10　$Y_{2,0}(\theta, \phi)$ に対応した図

つぎに

$$Y_{2,\pm1}(\theta,\phi) = \mp\sqrt{\frac{15}{8\pi}}\,\sin\theta\cos\theta\exp(\pm i\phi)$$

に対応した図は、ϕ 依存性を考えなければ極方程式 $d = \sin\theta\cos\theta$ がその形状を反映することになる。よって、形状のみを示せば図 12-11 のようになる。

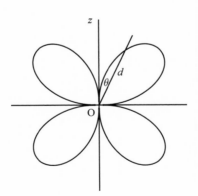

図 12-11　$Y_{2,\pm1}(\theta, \phi)$ に対応した図

そして

$$Y_{2,\pm2}(\theta,\phi) = \sqrt{\frac{15}{32\pi}}\,\sin^2\theta\exp(\pm 2i\phi)$$

に対応した図は、極方程式 $d = \sin^2\theta$ に対応したものとなるので図 12-12 のようになる。

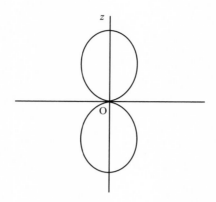

図 12-12　$Y_{2, \pm 2}(\theta, \phi)$ に対応した図

　以下同様にして、量子数の大きな球面調和関数をすべて作図することが可能となる。そして、これら形状が電子の s, p, d 軌道を反映しているのである。

補遺 12-1　ルジャンドルの微分方程式

つぎのかたちをした微分方程式を**ルジャンドルの微分方程式** (Lengendre differential equation) と呼んでいる。

$$(1-x^2)\frac{d^2 f(x)}{dx^2} - 2x\frac{df(x)}{dx} + l(l+1)f(x) = 0$$

この方程式はつぎのように書くこともできる。

$$\frac{d}{dx}\left\{(1-x^2)\frac{df(x)}{dx}\right\} + l(l+1)f(x) = 0$$

ここで、l はゼロまたは正の整数である。

$$l = 0, 1, 2, 3, 4, \ldots$$

この微分方程式の解を級数と仮定して、係数間の関係を求めることで一般解が得られる。

A12. 1.　級数解法

ルジャンドルの微分方程式の解を

$$f(x) = a_0 + a_1 x + a_2 x^2 + a_3 x^3 + \ldots + a_n x^n + \ldots$$

のような級数と仮定する。べき級数の導関数は簡単に求められ

$$\frac{df(x)}{dx} = a_1 + 2a_2 x + 3a_3 x^2 + \ldots + na_n x^{n-1} + (n+1)a_{n+1}x^n + \ldots$$

$$\frac{d^2 f(x)}{dx^2} = 2a_2 + 3\cdot 2a_3 x + \ldots + n(n-1)a_n x^{n-2} + (n+1)na_{n+1}x^{n-1} + \ldots$$

と与えられる。これらを、ルジャンドルの微分方程式に代入すると

$$(n+2)(n+1)a_{n+2} + \left\{l(l+1) - n(n+1)\right\}a_n = 0$$

という関係が得られる。

したがって、漸化式として

$$a_{n+2} = -\frac{\{l(l+1) - n(n+1)\}}{(n+2)(n+1)} a_n = -\frac{(l-n)(l+n+1)}{(n+2)(n+1)} a_n$$

が得られる。

　ここで、$n = 1, 2, 3, 4, ...$とべき係数を増やしていって、$n = l$に到達すると、この漸化式の分子にある $(l - n)$ の項が $l - n = 0$ となるため、a_{l+2} 項は

$$a_{l+2} = -\frac{(l-l)(l+l+1)}{(l+2)(l+1)} a_l = 0$$

となって 0 となる。また

$$a_{l+2} = a_{l+4} = a_{l+6} = \cdots\cdots = 0$$

であるから、これ以降のすべての項が 0 になる。

　つまり、級数は a_l までの項しか存在しない。よって、ルジャンドルの微分方程式の解は無限級数ではなく、項数が l の多項式となる。これがルジャンドル多項式と呼ばれる由縁である。

演習 A12-1　最も高次の項が l であるから、漸化式を逆にたどった係数の一般式を求めよ。

　解）　最高次のlと、その次の次数である$l-2$項の漸化式は

$$a_l = -\frac{2(2l-1)}{l(l-1)} a_{l-2}$$

であった。よって、逆方向にすると

$$a_{l-2} = -\frac{l(l-1)}{2(2l-1)} a_l$$

という漸化式が得られる。その次の項は、漸化式では

$$a_{l-4} = -\frac{(l-2)(l-3)}{4(2l-3)} a_{l-2}$$

となるから、$l-4$項を a_l で示すと

$$a_{l-4} = \frac{l(l-1)(l-2)(l-3)}{2 \cdot 4(2l-1)(2l-3)} a_l$$

となり、以下同様となる。

　このとき l が偶数であれば、偶数項だけで遡って、最後は a_0 の項までいきつく。一方、l が奇数であれば、奇数項だけで遡って、最後は、a_1 の項までいきつくことになる。

　ルジャンドルの微分方程式の解として、定係数は任意であるので、ここで a_l としてつぎのかたちを考える。

$$a_l = \frac{(2l-1)(2l-3)(2l-5)\cdots 3\cdot 1}{l!}$$

すると、一般式として

$$P_l(x) = \frac{(2l-1)(2l-3)\cdots 3\cdot 1}{l!}\left(x^l - \frac{l(l-1)}{2(2l-1)}x^{l-2} + \frac{l(l-1)(l-2)(l-3)}{2\cdot 4(2l-1)(2l-3)}x^{l-4} + ... \right)$$

となる。

　これを**ルジャンドル多項式** (Legendre polynomial) と呼んでいる。このようにルジャンドルの微分方程式の解は多項式となる。ここで

$$\frac{(2l-1)(2l-3)(2l-5)\cdots 3\cdot 1}{l!} = \frac{(2l)!}{2^l(l!)^2}$$

であるから、ルジャンドル多項式は

$$P_l(x) = \frac{(2l)!}{2^l(l!)^2}\left[x^l - \frac{l(l-1)}{2(2l-1)}x^{l-2} + \frac{l(l-1)(l-2)(l-3)}{2\cdot 4(2l-1)(2l-3)}x^{l-4} - ... \right]$$

と整理できる。

A12. 2.　ロドリーグの公式

　本文でも紹介したように、ルジャンドル多項式は

$$P_l(x) = \frac{1}{2^l l!}\cdot\frac{d^l}{dx^l}(x^2-1)^l$$

というような微分形で書くことができる。これを**ロドリーグの公式** (Rodrigues formula) と呼んでいる。

解）

$$f(x) = (x^2 - 1)^l$$

という関数に 2 項定理を適用して展開すると

$$f(x) = \sum_{k=0}^{l} (-1)^k \frac{l!}{(l-k)!k!} x^{2(l-k)}$$

と与えられる。ここで、確認の意味で n 次の多項式を m 回微分した場合の計算結果を復習すると

$$\frac{d^m}{dx^m} x^n = n(n-1)...(n-m+1)x^{n-m} = \frac{n!}{(n-m)!} x^{n-m}$$

であった。これをいまのケースに対応させるには、$n = 2(l-k) = 2l - 2k$ および $m = l$ とすればよい。すると

$$\frac{d^l}{dx^l} x^{2(l-k)} = \frac{(2l-2k)!}{\{(2l-2k)-l\}!} x^{2(l-k)-l} = \frac{(2l-2k)!}{(l-2k)!} x^{l-2k}$$

となる。

したがって

$$\frac{d^l}{dx^l} (x^2 - 1)^l = \sum_{k=0}^{l} (-1)^k \frac{l!}{(l-k)!k!} \frac{(2l-2k)!}{(l-2k)!} x^{l-2k}$$

右辺を $k = 0$ から具体的に書き出すと

$$\frac{d^l}{dx^l} (x^2 - 1)^l = \frac{(2l)!}{l!} x^l - \frac{l!(2l-2)!}{(l-1)!(l-2)!} x^{l-2} + \frac{l!(2l-4)!}{(l-2)!2!(l-4)!} x^{l-4} + ...$$

となる。

$\dfrac{(2l)!}{l!}$ でくくりだすと

$$\frac{d^l}{dx^l} (x^2 - 1)^l = \frac{(2l)!}{l!} \left[x^l - \frac{l(l-1)}{2(2l-1)} x^{l-2} + \frac{l(l-1)(l-2)(l-3)}{2 \cdot 4(2l-1)(2l-3)} x^{l-4} - ... \right]$$

となる。

ルジャンドル多項式は

$$P_l(x) = \frac{(2l)!}{2^l(l!)^2}\left[x^l - \frac{l(l-1)}{2(2l-1)}x^{l-2} + \frac{l(l-1)(l-2)(l-3)(l-4)}{2\cdot 4(2l-1)(2l-3)}x^{l-4} - \cdots\right]$$

であったから、結局

$$P_l(x) = \frac{1}{2^l(l!)}\frac{d^l}{dx^l}(x^2-1)^l$$

と与えられることになり、ルジャンドル多項式がロドリーグの公式で表現できることがわかる。

A12. 3.　ルジャンドル多項式の母関数と漸化式

　ルジャンドル多項式は、ルジャンドル微分方程式の解であるが、一般の特殊関数のように、母関数によっても定義できる。ルジャンドル多項式の母関数は

$$g(t,x) = \frac{1}{\sqrt{1-2tx+t^2}} = (1-2tx+t^2)^{-\frac{1}{2}}$$

と与えられる。

　この関数を t のべきで展開したとき

$$g(t,x) = \sum_{n=0}^{\infty} P_n(x)\, t^n$$

の係数 $P^n(x)$ がルジャンドル多項式となる。

演習 A12-3　表記の関数 $g(t, x)$ がルジャンドル多項式の母関数となることを確かめよ。

　解）　　$y = 2tx - t^2$ と置いてみる。すると

$$(1-2tx+t^2)^{-\frac{1}{2}} = (1-y)^{-\frac{1}{2}} = 1 + \frac{1}{2}\frac{y}{1!} + \frac{1}{2}\frac{3}{2}\frac{y^2}{2!} + \frac{1}{2}\frac{3}{2}\frac{5}{2}\frac{y^3}{3!} + \cdots$$

$$= \sum_{p=0}^{\infty} \frac{(2p-1)!!}{2^p\, p!}y^p$$

と展開することができる。ここで

$$\sum_{p=0}^{\infty}(2p-1)!! = \sum_{p=0}^{\infty}\frac{2p(2p-1)(2p-2)(2p-3)(2p-4)\dots}{2p(2p-2)(2p-4)(2p-6)\dots} = \sum_{p=0}^{\infty}\frac{(2p)!}{2^p\,p!}$$

となるので

$$g(y) = (1-y)^{-\frac{1}{2}} = \sum_{p=0}^{\infty}\frac{(2p)!}{2^{2p}(p!)^2}y^p$$

となる。ここで

$$y = 2tx - t^2$$

であったから

$$y^p = (2tx - t^2)^p = t^p(2x-t)^p$$

ここで2項定理を使うと

$$(2x-t)^p = \sum_{r=0}^{p}\frac{p!}{(p-r)!r!}(2x)^{p-r}(-t)^r$$

となるので

$$g(t,x) = \sum_{p=0}^{\infty}\frac{(2p)!}{2^{2p}(p!)^2}t^p(2x-t)^p = \sum_{p=0}^{\infty}\frac{(2p)!}{2^{2p}(p!)^2}\sum_{r=0}^{\infty}t^p\frac{p!}{(p-r)!r!}(2x)^{p-r}(-t)^r$$

から

$$g(t,x) = \sum_{p=0}^{\infty}\sum_{r=0}^{\infty}\frac{(2p)!}{2^{2p}(p!)^2}t^{p+r}\frac{p!(-1)^r}{(p-r)!r!}(2x)^{p-r}$$

ここで、t のべきを n とするため $p+r=n$ と置くと

$$g(t,x) = \sum_{n=0}^{\infty}\frac{(2n-2r)!}{2^{2n-2r}((n-r)!)^2}\frac{(n-r)!(-1)^r}{(n-2r)!r!}(2x)^{n-2r}t^n$$

整理して

$$g(t,x) = \sum_{n=0}^{\infty}\frac{(-1)^r(2n-2r)!}{2^n r!(n-r)!(n-2r)!}x^{n-2r}t^n$$

となる。

$$g(t,x) = \sum_n P_n(x)t^n$$

と対応させると

$$P_n(x) = \sum_{r=0}^{[n/2]}\frac{(-1)^r(2n-2r)!}{2^n r!(n-r)!(n-2r)!}x^{n-2r}$$

となって、母関数を展開したときの係数は、ルジャンドル多項式となることが

確かめられる。

　ここで、母関数を思い出してみよう。

$$g(t,x) = \frac{1}{\sqrt{1-2tx+t^2}} = (1-2tx+t^2)^{-\frac{1}{2}}$$

　これを t に関して偏微分すると

$$\frac{\partial g(t,x)}{\partial t} = \frac{x-t}{1-2tx+t^2}(1-2tx+t^2)^{-\frac{1}{2}}$$

$$= \frac{x-t}{1-2tx+t^2}g(t,x) = \sum_{n=1}^{\infty} nP_n(x)t^{n-1}$$

となる。よって

$$\frac{x-t}{1-2tx+t^2}\sum_{n=0}^{\infty} P_n(x)t^n = \sum_{n=1}^{\infty} nP_n(x)t^{n-1}$$

移項すると

$$(x-t)\sum_{n=0}^{\infty} P_n(x)t^n = (1-2tx+t^2)\sum_{n=1}^{\infty} nP_n(x)t^{n-1}$$

となる。よって

$$(1-2tx+t^2)\sum_{n=1}^{\infty} nP_n(x)t^{n-1} - (x-t)\sum_{n=0}^{\infty} P_n(x)t^n = 0$$

これを t のべきで項を整理すると

$$\sum_{n=1}^{\infty} nP_n(x)t^{n-1} - 2x\sum_{n=1}^{\infty} nP_n(x)t^n + \sum_{n=1}^{\infty} nP_n(x)t^{n+1} - x\sum_{n=0}^{\infty} P_n(x)t^n + \sum_{n=0}^{\infty} P_n(x)t^{n+1} = 0$$

ここで、t のべきでまとめると

$$\sum_{n=1}^{\infty} nP_n(x)t^{n-1} - x\sum_{n=0}^{\infty}(2n+1)P_n(x)t^n + \sum_{n=0}^{\infty}(n+1)P_n(x)t^{n+1} = 0$$

ここで、t のべきをそろえるために

$$\sum_{n=1}^{\infty} nP_n(x)t^{n-1} \rightarrow \sum_{n=1}^{\infty}(n+1)P_{n+1}(x)t^n$$

$$\sum_{n=0}^{\infty}(n+1)P_n(x)t^{n+1} \rightarrow \sum_{n=0}^{\infty} nP_{n-1}(x)t^n$$

と置き換えると

$$\sum_{n=1}^{\infty} (n+1)P_{n+1}(x)t^n - x\sum_{n=0}^{\infty} (2n+1)P_n(x)t^n + \sum_{n=0}^{\infty} nP_{n-1}(x)t^n = 0$$

よって

$$\sum_{n=0}^{\infty} [(n+1)P_{n+1}(x) - x(2n+1)P_n(x) + nP_{n-1}(x)]t^n = 0$$

となる。これが恒等的に成立するためには

$$(n+1)P_{n+1}(x) - x(2n+1)P_n(x) + nP_{n-1}(x) = 0$$

という関係を満足しなければならない。これはルジャンドル多項式の代表的な漸化式のひとつとして知られている。

第13章　水素原子の電子軌道のまとめ

　量子力学の大きな成果のひとつは、シュレーディンガー方程式によって、水素原子の電子軌道[24]の姿を明らかにしたことであろう。波動力学に否定的であったひとたちも、その解法の見事さに圧倒され、その威力を認めざるを得なかったと言われている。さらに、その結果を利用することで、あらゆる原子の電子構造がどういうものかということがわかる（正式には想像できる）ようになり、現代科学の進展に大きく貢献したという側面もある。

　本章では、9 章から 12 章までに得られた知見をもとに、水素原子の電子軌道のまとめを行ってみる。

13. 1.　波動関数と電子分布

　電子の存在確率は波動関数の絶対値の 2 乗で与えられる。たとえば、水素原子の電子が、点 (r, θ, ϕ) 近傍の微小体積要素（補遺 11-3 参照）

$$dV = r^2 \sin\theta \, dr \, d\theta \, d\phi$$

の中に存在する確率は、規格化された波動関数を $\psi(r, \theta, \phi)$ とすると

$$p(r,\theta,\phi)\,dV = \left|\psi(r,\theta,\phi)\right|^2 dV$$

によって与えられる。このとき、$p(r, \theta, \phi)$ を確率密度関数と呼ぶ。つまり、確率密度に体積を乗じたものが確率となる。さらに、全空間で積分すれば

$$\int p(r,\theta,\phi)\,dV = \int \left|\psi(r,\theta,\phi)\right|^2 dV = 1$$

となる。

---

[24] 電子軌道という表現は誤解を与える。古典力学においては、地球が太陽のまわりを周回しているイメージで軌道という表現を使っているが、量子力学では、存在確率の分布を表しているに過ぎない。

この水素原子の波動関数は

$$\hat{H}\psi_{n,l,m}(r,\theta,\phi) = E_n\psi_{n,l,m}(r,\theta,\phi)$$

という固有値方程式の解である。

水素原子のハミルトニアンは

$$\hat{H} = \frac{h^2}{8\pi^2 m}\left\{\frac{1}{r^2}\frac{\partial}{\partial r}\left(r^2\frac{\partial}{\partial r}\right) + \frac{1}{r^2\sin\theta}\frac{\partial}{\partial\theta}\left(\sin\theta\frac{\partial}{\partial\theta}\right) + \frac{1}{r^2\sin^2\theta}\frac{\partial^2}{\partial\phi^2} - \frac{e^2}{4\pi\varepsilon_0\,r}\right\}$$

と与えられる。

波動関数 $\psi_{n,l,m}(r,\theta,\phi)$ は、このハミルトン演算子の固有関数であり、E_n はエネルギー固有値である[25]。また、波動関数の m は磁気量子数であり、電子の質量 m とは関係がないことに注意されたい。

ここで、エネルギー固有値は、第 11 章で示したように

$$-\frac{8\pi^2 mE}{h^2} = \kappa^2 \qquad \frac{2\pi me^2}{h^2\varepsilon_0} = \lambda$$

という置き換えをすると、主量子数 n とは

$$n = \frac{\lambda}{2\kappa}$$

という関係にあったので

$$E_n = -\frac{1}{n^2}\frac{me^4}{8\varepsilon_0^{\,2}h^2}$$

と与えられる。

このように、エネルギー固有値は主量子数のみ、つまり原点からの距離のみに依存し、角度変数の θ や ϕ には依存しない。これは、水素原子の電子が中心力のみを受けているという事実による。

つぎに波動関数は、前章までの解析結果から動径方向が

$$R_{n,l}(r) = \sqrt{\frac{(n-l-1)!}{2n[(n+l)!]^3}}\left(\frac{2}{na_B}\right)^{l+\frac{3}{2}} r^l\, L_{n+l}^{2l+1}\left(\frac{2r}{na_B}\right)\exp\left(-\frac{r}{na_B}\right)$$

と与えられ、角度方向は

---

[25] 波動関数の m は磁気量子数であり、ハミルトニアンの m は電子の質量である。いままでの文脈で同じ m の記号を使用していることに注意されたい。

$$Y_{l,m}(\theta,\phi) = (-1)^{\frac{m+|m|}{2}} \sqrt{\left(\frac{2l+1}{4\pi}\right) \frac{(l-|m|)!}{(l+|m|)!}} \; P_l^{|m|}(\cos\theta)\exp(im\phi)$$

となる。ただし、θ ならびに ϕ の関数は

$$\Theta_{l,m}(\theta) = (-1)^{\frac{m+|m|}{2}} \sqrt{\left(\frac{2l+1}{4\pi}\right) \frac{(l-|m|)!}{(l+|m|)!}} \; P_l^{|m|}(\cos\theta)$$

$$\Phi_m(\phi) = \exp(im\phi)$$

と与えられる。

よって、水素原子の波動関数は

$$\psi_{n,l,m}(r,\theta,\phi) = R_{n,l}(r)Y_{l,m}(\theta,\phi) = R_{n,l}(r)\Theta_{l,m}(\theta)\Phi_m(\phi)$$

となる。

ここで、物理的に意味があるのは、電子が座標 (r,θ,ϕ) に存在する確率密度であり、波動関数の絶対値の 2 乗の確率密度

$$p(r,\theta,\phi) = \left|\psi_{n,l,m}(r,\theta,\phi)\right|^2$$

である。よって、位置データ (r,θ,ϕ) に対応して、$p(r,\theta,\phi)$ をプロットすれば、電子の確率密度分布を描くことが可能となる。ただし、3 変数の関数 p を描くためには 4 次元座標が必要となる。これは不可能である。そのため、実際の作図においては工夫が必要となり、3 変数 r, θ, ϕ の 1 個または 2 個の値を固定して図示することになる。

13. 2.　水素原子の電子軌道

水素原子の波動関数には、3 種類の量子数が存在する。それは

主量子数 (principal quantum number)：　　$n = 1, 2, 3,\ldots$

方位量子数 (azimuthal quantum number)：　$l = 0, 1, 2, \ldots, n-1$

磁気量子数 (magnetic quantum number)：　$m = -l, \ -(l-1), \ldots, 0, \ldots, (l-1), l$

である。方位量子数は、主量子数を n とすると $l \leq n-1$ であり、さらに、磁気

量子数には $-l \le m \le l$ という制約がある。

表 13-1　量子数と電子軌道

殻	量子数			電子軌道	
	n	l	m		
K	1	0	0	$1s$	
L	2	0	0	$2s$	
	2	1	0	$2p_z$	
	2	1	± 1	$2p_x$	$2p_y$
M	3	0	0	$3s$	
	3	1	0	$3p_z$	
	3	1	± 1	$3p_x$	$3p_y$
	3	2	0	$3d_z$	
	3	2	± 1	$3d_{x+z}$	$3d_{y+z}$
	3	2	± 2	$3d_{x2\text{-}y2}$	$3d_{xy}$

　表 13-1 に示すように、主量子数は、電子軌道の大きさに関係しており、$n=1$ が K 殻に、$n=2$ が L 殻に、$n=3$ が M 殻に相当する。一方、方位量子数は、電子軌道のかたちに関係しており、$l=0$ が s 軌道に、$l=1$ が p 軌道に、$l=2$ が d 軌道に対応している。ちなみに、s, p, d は sharp, principal, diffuse という英単語の頭文字からとったもので、水素原子のスペクトル線の特徴に由来している。また、ここでは、紹介していないが、$l=3$ に対応した f 軌道の f は、fundamentals という単語の頭文字に由来している。

　ここで、エネルギー固有値は、主量子数 n のみに依存する。よって、$n=2$ に対して独立な固有関数が 4 個存在するということは、同じエネルギーを有する状態が 4 種類存在することになる。これを**縮重** (degeneracy) あるいは縮退と呼んでおり、**縮重度** (degree of degeneracy) あるいは縮退度は 4 となる。つぎに、$n=3$ に対しては、9 個の独立な固有関数が存在し、縮重度 9 となる。一般に、主量子数 n に対応したエネルギーの縮重度は n^2 となる。

13. 3.　s 軌道

　実際に各軌道の波動関数を求めてみよう。まず 1s 軌道に対応した波動関数は

$$\psi_{1,0,0}(r,\theta,\phi) = R_{1,0}(r)Y_{0,0}(\theta,\phi)$$

であり、動径関数および球面調和関数は、それぞれ

$$R_{1,0}(r) = -2\left(\frac{1}{a_B}\right)^{\frac{3}{2}}\exp\left(-\frac{r}{a_B}\right) \qquad Y_{0,0}(\theta,\phi) = \frac{1}{\sqrt{4\pi}}$$

であるので、波動関数は

$$\psi_{1,0,0}(r,\theta,\phi) = -\frac{1}{\sqrt{\pi}}\left(\frac{1}{a_B}\right)^{\frac{3}{2}}\exp\left(-\frac{r}{a_B}\right)$$

となる。2s 軌道に対応した波動関数は

$$\psi_{2,0,0}(r,\theta,\phi) = R_{2,0}(r)Y_{0,0}(\theta,\phi)$$

ここで

$$R_{2,0}(r) = -2\left(\frac{1}{2a_B}\right)^{\frac{3}{2}}\left(1-\frac{r}{2a_B}\right)\exp\left(-\frac{r}{2a_B}\right)$$

であるから

$$\psi_{2,0,0}(r,\theta,\phi) = -\frac{1}{\sqrt{\pi}}\left(\frac{1}{2a_B}\right)^{\frac{3}{2}}\left(1-\frac{r}{2a_B}\right)\exp\left(-\frac{r}{2a_B}\right)$$

となる

　以上のように、s 軌道は主量子数 $n = 1, 2, 3, \ldots$ において、方位量子数 $l = 0$ であり、すべて r のみの関数で角度には依存しない。

　ここで、電子の確率密度は

$$\left|\psi_{1,0,0}(r,\theta,\phi)\right|^2 = \frac{1}{\pi}\left(\frac{1}{a_B}\right)^3\exp\left(-\frac{2r}{a_B}\right)$$

$$\left|\psi_{2,0,0}(r,\theta,\phi)\right|^2 = \frac{1}{\pi}\left(\frac{1}{2a_B}\right)^3\left(1-\frac{r}{2a_B}\right)^2\exp\left(-\frac{r}{a_B}\right)$$

となり、角度依存性がない。したがって、電子の存在確率の等しい面を図示すると図 13-1 のような球面となる。

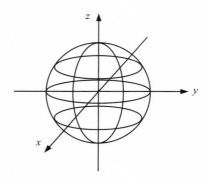

図 13-1 s 軌道の確率密度の等高面

　ただし、s 電子の軌道が、このような球となるという単純化は正確ではない。第 11 章で示したように、原子核からの距離 r によって、電子の存在確率に分布があるからである。図はあくまでも、電子の確率密度分布の一面を見ているに過ぎないことを認識すべきである。

13. 4. $m=0$ に対応した p 軌道

　つぎに p 軌道にある電子の確率密度分布を考えてみる。p 軌道は、主量子数 n が 2 以上のときに存在する軌道であり、方位量子数 $l=1$ に対応する。磁気量子数は $m=0, \pm1$ となるので 3 種類の軌道がある。まず、$n=2, l=1, m=0$ の場合を考えてみよう。波動関数は

$$\psi_{2,1,0}(r,\theta,\phi)=R_{2,1}(r)Y_{1,0}(\theta,\phi)$$

であり

$$R_{2,1}(r)=-\frac{1}{2\sqrt{6}}\left(\frac{1}{a_{\mathrm{B}}}\right)^{\frac{3}{2}}\left(\frac{r}{a_{\mathrm{B}}}\right)\exp\left(-\frac{r}{2a_{\mathrm{B}}}\right)$$

$$Y_{1,0}(\theta,\phi)=\sqrt{\frac{3}{4\pi}}\cos\theta$$

であったから

$$\psi_{2,1,0}(r,\theta,\phi)=-\frac{1}{4\sqrt{2\pi}}\left(\frac{1}{a_{\mathrm{B}}}\right)^{\frac{3}{2}}\left(\frac{r}{a_{\mathrm{B}}}\right)\exp\left(-\frac{r}{2a_{\mathrm{B}}}\right)\cos\theta$$

となる。

　よって、この軌道の確率密度関数は

$$\left|\psi_{2,1,0}(r,\theta,\phi)\right|^2 = \frac{1}{32\pi}\left(\frac{1}{a_{\mathrm{B}}}\right)^3\left(\frac{r}{a_{\mathrm{B}}}\right)^2\exp\left(-\frac{r}{a_{\mathrm{B}}}\right)\cos^2\theta = \frac{3}{4\pi}\left|R_{2,1}(r)\right|^2\cos^2\theta$$

となる。

　ここで、3 次元空間において r は球の半径である。つまり、r は球の大きさを変えるだけで電子の確率密度分布の形状には影響を与えない。よって、確率密度分布に影響を及ぼす因子は $\cos^2\theta$ ということになる。

　それでは、電子軌道を描いてみよう。ここで、3 次元空間における極座標である球座標を復習すると、図 13-2 のような関係になるのであった。

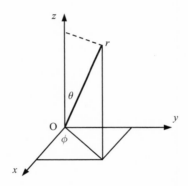

図 13-2　3 次元空間における直交座標と極座標の対応関係

$$x = r\sin\theta\cos\phi \quad y = r\sin\theta\sin\phi \quad z = r\cos\theta$$

　原点を O とすると、r は点 O からの距離となる。θ は天頂角であり、z 軸方向つまり天頂を原点にとると、θ は 0 から π の範囲で全空間を網羅することができる。つぎに、ϕ は方位角である。どこを始点にとってもよいが、図の x 軸を始点とすると、ϕ は 0 から 2π の範囲で全空間を網羅できる。

　以上を踏まえたうえで、作図に移ろう。いまの場合、電子の確率密度は r と天頂角 θ に依存し

$$\left|R(r)\right|^2\cos^2\theta$$

となる。

ここで、電子の確率密度分布では 3 次元空間における作図が必要となるが、ϕ 依存性がないので、3 次元空間における一断面である x–z 平面に注目する。この面は $\phi = 0$ に対応する。

　動径成分の $|R(r)|^2$ は球対称であるから、確率密度分布の形状には影響を与えない。そして、半径 r を一定に固定した場合、その形状は、つぎの極方程式

$$d = \cos^2 \theta$$

によって与えられることになる。これをプロットすると図 13-3 のようになる。

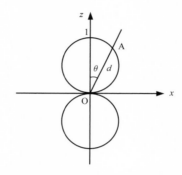

図 13-3　2p 軌道の角度依存性：OA の距離 d が $\cos^2 \theta$ に相当する。

　さらに、ϕ 依存性がないので、この分布を 3 次元空間に拡張すると、図 13-4 に示すように、図 13-3 の図形を z 軸のまわりに 360° 回転した立体となる。

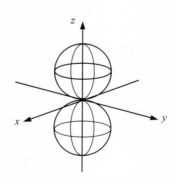

図 13-4　3 次元空間における 2p_z 軌道電子の確率密度分布の形状

　この 2p 軌道電子の確率密度分布は、z 軸に沿った分布をしているため、2p_z 軌

道と呼ばれている。$2p$ 軌道には $m = 0$ のほかに、$m = \pm 1$ の軌道も存在する。つぎに、それを見てみよう。

13. 5. $m = \pm 1$ に対応した p 軌道

それでは、$n = 2,\ l = 1$ で磁気量子数が $m = +1$ ならびに $m = -1$ の $2p$ 軌道を考えてみよう。これら量子数に対応した波動関数は

$$\psi_{2,1,+1}(r,\theta,\phi) = R_{2,1}(r)Y_{1,+1}(\theta,\phi) \qquad \psi_{2,1,-1}(r,\theta,\phi) = R_{2,1}(r)Y_{1,-1}(\theta,\phi)$$

となる。動径関数の $R_{2,1}(r)$ は共通であり

$$R_{2,1}(r) = -\frac{1}{2\sqrt{6}}\left(\frac{1}{a_{\mathrm{B}}}\right)^{\frac{3}{2}}\left(\frac{r}{a_{\mathrm{B}}}\right)\exp\left(-\frac{r}{2a_{\mathrm{B}}}\right)$$

となる。そして、角度関数に $\pm$ の違いがあり

$$Y_{1,+1}(\theta,\phi) = -\sqrt{\frac{3}{8\pi}}\sin\theta\,\exp(+i\phi)$$

$$Y_{1,-1}(\theta,\phi) = +\sqrt{\frac{3}{8\pi}}\sin\theta\,\exp(-i\phi)$$

という関係にある。よって、波動関数は

$$\psi_{2,1,\pm 1}(r,\theta,\phi) = \mp\frac{1}{8\sqrt{\pi}}\left(\frac{1}{a_{\mathrm{B}}}\right)^{\frac{3}{2}}\left(\frac{r}{a_{\mathrm{B}}}\right)\exp\left(-\frac{r}{2a_{\mathrm{B}}}\right)\sin\theta\,\exp(\pm i\phi)$$

となるので、電子の確率密度関数は

$$\left|\psi_{2,1,\pm 1}(r,\theta,\phi)\right|^2 = \frac{1}{64\pi}\left(\frac{1}{a_{\mathrm{B}}}\right)^{3}\left(\frac{r}{a_{\mathrm{B}}}\right)^{2}\exp\left(-\frac{r}{a_{\mathrm{B}}}\right)\sin^2\theta$$

となり、$m = \pm 1$ に対応した波動関数は同じエネルギー状態となることがわかる。

ここで、少し工夫をする。これら解は、同じエネルギーに属する固有関数である。よって、その線形結合も解となるから、規格化を含めて

$$p_x = \frac{1}{\sqrt{2}}\left(-Y_{1,+1}(\theta,\phi) + Y_{1,-1}(\theta,\phi)\right)$$

$$p_y = \frac{1}{i\sqrt{2}}(-Y_{1,+1}(\theta,\phi) - Y_{1,-1}(\theta,\phi))$$

という波動関数を考える。オイラーの公式から

$$\frac{\exp(+i\phi) + \exp(-i\phi)}{2} = \cos\phi \qquad \frac{\exp(+i\phi) - \exp(-i\phi)}{2i} = \sin\phi$$

という関係が成立するので

$$p_x = \sqrt{\frac{3}{4\pi}}\sin\theta\cos\phi \qquad p_y = \sqrt{\frac{3}{4\pi}}\sin\theta\sin\phi$$

となって、複素数である $\exp(\pm i\phi)$ を含まない実数からなる角度関数が得られる。これにより実数空間での方向性がより明確となる。

コラム　多くの教科書では、定数項の自由度から

$$Y_{1,+1}(\theta,\phi) = +\sqrt{\frac{3}{8\pi}}\sin\theta\exp(+i\phi)$$

として、波動関数の符号を正とし

$$p_x = \frac{1}{\sqrt{2}}(Y_{1,+1}(\theta,\phi) + Y_{1,-1}(\theta,\phi))$$

$$p_y = \frac{1}{i\sqrt{2}}(Y_{1,+1}(\theta,\phi) - Y_{1,-1}(\theta,\phi))$$

としていることに注意されたい。

　ここで、$2p_z$ 軌道を冠した角度関数は

$$Y_{1,0}(\theta,\phi) = \sqrt{\frac{3}{4\pi}}\cos\theta$$

であった。

　直交座標と極座標の対応において

$$x = r\sin\theta\cos\phi \qquad y = r\sin\theta\sin\phi \qquad z = r\cos\theta$$

という関係があるので

$$p_x = \sqrt{\frac{3}{4\pi}}\frac{x}{r} \qquad p_y = \sqrt{\frac{3}{4\pi}}\frac{y}{r} \qquad p_z = \sqrt{\frac{3}{4\pi}}\frac{z}{r}$$

となる。

　この表示を見れば、x, y, z と方向が違うだけで、p 軌道の角度関数が等価となることが明確である。さらに

$$R_{2,1}(r) = -\frac{1}{2\sqrt{6}}\left(\frac{1}{a_B}\right)^{\frac{3}{2}}\left(\frac{r}{a_B}\right)\exp\left(-\frac{r}{2a_B}\right) = -\frac{1}{2\sqrt{6}}\left(\frac{1}{a_B}\right)^{\frac{3}{2}}\left(\frac{1}{a_B}\right)\exp\left(-\frac{r}{2a_B}\right)r$$

$$= A\exp\left(-\frac{r}{2a_B}\right)r \quad (A: 定数)$$

となるから、$m = 0$ つまり、$2p_z$ 軌道に対応した波動関数は

$$\psi_{2pz} = A\sqrt{\frac{3}{4\pi}}\exp\left(-\frac{r}{2a_B}\right)r\cos\theta = C\exp\left(-\frac{r}{2a_B}\right)r\cos\theta = C\exp\left(-\frac{r}{2a_B}\right)z$$

となる。ただし、C も定数である。

　同様にして、$2p_x, 2p_y$ 軌道に対応した波動関数は

$$\psi_{2px} = C\exp\left(-\frac{r}{2a_B}\right)r\sin\theta\cos\phi = C\exp\left(-\frac{r}{2a_B}\right)x$$

$$\psi_{2py} = C\exp\left(-\frac{r}{2a_B}\right)r\sin\theta\sin\phi = C\exp\left(-\frac{r}{2a_B}\right)y$$

となる。

　したがって、図 13-4 に示した $2p_z$ 軌道を参考にしながら、$2p_x$ 軌道と $2p_y$ 軌道の電子の確率密度分布を描くと図 13-5 のようになる。

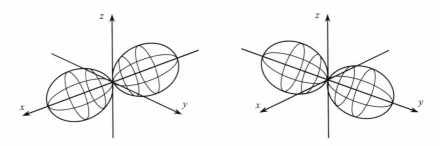

図 13-5　$2p_x$ 軌道ならびに $2p_y$ 軌道の電子密度分布形状

　p 軌道は主量子数 n が 3 の場合にも、$l = 1$, $m = 0$, ± 1 の 3 種類存在し、$2p$ 軌道と同様の形状で $3p_x$, $3p_y$, $3p_z$ 軌道が存在する。$n = 4$ の場合も同様である。

13.6. d 軌道

13.6.1. $m = 0$ に対応した d 軌道

つぎに、d 軌道の電子の確率密度分布を考えてみよう。d 軌道は、主量子数 n が 3 以上のときに存在する軌道であり、方位量子数 $l = 2$ に対応する。また、磁気量子数は $m = 0$, ± 1, ± 2 となるので 5 種類の軌道が存在することになる。

まず $n = 3$, $l = 2$, $m = 0$ の場合を考えてみる。この軌道の波動関数は

$$\psi_{3,2,0}(r,\theta,\phi) = R_{3,2}(r) Y_{2,0}(\theta,\phi)$$

と与えられる。ここで

$$R_{3,2}(r) = -\frac{2\sqrt{2}}{81\sqrt{15}}\left(\frac{1}{a_{\mathrm{B}}}\right)^{\frac{3}{2}}\left(\frac{r}{a_{\mathrm{B}}}\right)^2 \exp\left(-\frac{r}{3a_{\mathrm{B}}}\right) \qquad Y_{2,0}(\theta,\phi) = \sqrt{\frac{5}{16\pi}}(3\cos^2\theta - 1)$$

であるから

$$\psi_{3,2,0}(r,\theta,\phi) = -\frac{1}{81\sqrt{6\pi}}\left(\frac{1}{a_{\mathrm{B}}}\right)^{\frac{3}{2}}\left(\frac{r}{a_{\mathrm{B}}}\right)^2 \exp\left(-\frac{r}{3a_{\mathrm{B}}}\right)(3\cos^2\theta - 1)$$

となる。この確率密度関数は

$$\left|\psi_{3,2,0}(r,\theta,\phi)\right|^2 = \frac{1}{39366\pi}\left(\frac{1}{a_{\mathrm{B}}}\right)^3\left(\frac{r}{a_{\mathrm{B}}}\right)^4 \exp\left(-\frac{2r}{3a_{\mathrm{B}}}\right)(3\cos^2\theta - 1)^2$$

となる。動径成分をまとめると

$$\left|\psi_{3,2,0}(r,\theta,\phi)\right|^2 = \frac{5}{16\pi}\left|R_{3,2}(r)\right|^2 (3\cos^2\theta - 1)^2$$

となる。ϕ 依存性はないので、$\phi = 0$ として z–x 平面を考え、さらに θ 依存性としてつぎの極方程式

$$d = (3\cos^2\theta - 1)^2$$

を考える。

このグラフをプロットすると、図 13-6 のようになる。ただし、左図は 3 次元空間の断面の x–z 平面である。確率密度分布には ϕ 依存性がないので、3 次元空間では z 軸まわりで 360° 回転した右図のような立体となる。

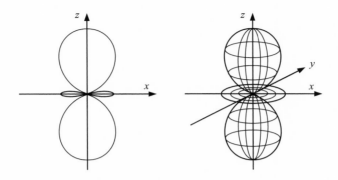

図 13-6 $m = 0$ に対応した $3d$ 軌道の確率密度分布：x–z 平面における断面と 3 次元空間における形状

13.6.2. $m = \pm 1$ に対応した d 軌道

つぎに、$n = 3$, $l = 2$, $m = \pm 1$ の場合を考えてみる。この軌道の波動関数は

$$\psi_{3,2,\pm 1}(r,\theta,\phi) = R_{3,2}(r) Y_{2,\pm 1}(\theta,\phi)$$

と与えられる。ここで

$$R_{3,2}(r) = -\frac{2\sqrt{2}}{81\sqrt{15}} \left(\frac{1}{a_{\mathrm{B}}}\right)^{\frac{3}{2}} \left(\frac{r}{a_{\mathrm{B}}}\right)^2 \exp\left(-\frac{r}{3a_{\mathrm{B}}}\right)$$

$$Y_{2,\pm 1}(\theta,\phi) = \mp \sqrt{\frac{15}{8\pi}} \, \sin\theta \cos\theta \exp(\pm i\phi)$$

であるから

$$\psi_{3,2,\pm 1}(r,\theta,\phi) = \pm \sqrt{\frac{15}{8\pi}} \, R_{3,2}(r) \sin\theta \cos\theta \exp(\pm i\phi)$$

となる。この確率密度関数は $\left|\exp(\pm i\phi)\right| = 1$ に注意すると

$$\left|\psi_{3,2,\pm 1}(r,\theta,\phi)\right|^2 = \frac{15}{8\pi} \left|R_{3,2}(r)\right|^2 \sin^2\theta \cos^2\theta$$

となる。よって、確率密度分布の角度依存性は、つぎの極方程式

$$d = \sin^2\theta \cos^2\theta$$

に反映される。これを図示すると図 13-7 のようになる。

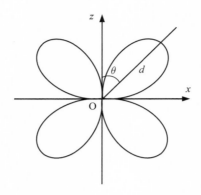

図 13-7　$m = \pm 1$ に対応した $3d$ 軌道の x–z 平面における確率密度分布

　　ただし、p 軌道のところでも紹介したように、これら角度波動関数 $(m = \pm 1)$ からも線形結合によって新たな波動関数をつくるのが一般的である。

$$Y_{2,+1}(\theta,\phi) = -\sqrt{\frac{15}{8\pi}}\,\sin\theta\cos\theta\exp(+\,i\phi)$$

$$Y_{2,-1}(\theta,\phi) = +\sqrt{\frac{15}{8\pi}}\,\sin\theta\cos\theta\exp(-\,i\phi)$$

として、これら線形結合として、実数からなる角度波動関数

$$\frac{1}{\sqrt{2}}\left\{-Y_{2,+1}(\theta,\phi) + Y_{2,-1}(\theta,\phi)\right\} = \sqrt{\frac{15}{4\pi}}\,\sin\theta\cos\theta\cos\phi$$

$$\frac{1}{\sqrt{2}i}\left\{-Y_{2,+1}(\theta,\phi) - Y_{2,-1}(\theta,\phi)\right\} = \sqrt{\frac{15}{4\pi}}\,\sin\theta\cos\theta\sin\phi$$

をつくる。直交座標と極座標では

$$x = r\sin\theta\cos\phi \qquad y = r\sin\theta\sin\phi \qquad z = r\cos\theta$$

という関係があるので

$$\sqrt{\frac{15}{4\pi}}\,\sin\theta\cos\theta\cos\phi = \sqrt{\frac{15}{4\pi}}\,\frac{xz}{r^2}$$

$$\sqrt{\frac{15}{4\pi}}\,\sin\theta\cos\theta\sin\phi = \sqrt{\frac{15}{4\pi}}\,\frac{yz}{r^2}$$

となる。したがって、慣例では

$$d_{xz} = \frac{1}{\sqrt{2}}\left\{-Y_{2,+1}(\theta,\phi) + Y_{2,-1}(\theta,\phi)\right\} = \sqrt{\frac{15}{4\pi}}\frac{xz}{r^2}$$

ならびに

$$d_{yz} = \frac{1}{\sqrt{2}i}\left\{-Y_{2,+1}(\theta,\phi) - Y_{2,-1}(\theta,\phi)\right\} = \sqrt{\frac{15}{4\pi}}\frac{yz}{r^2}$$

と表記する。

　そして、それぞれの波動関数は、xz 方向ならびに yz 方向に軌道の拡がりを有することになる。図 13-7 は d_{xz} 軌道に相当する。d_{yz} 軌道は図 13-7 と等価であり、図の x 軸を y 軸とすればよい。さらに、3 次元空間の軌道は、図 13-8 に示したようになる。

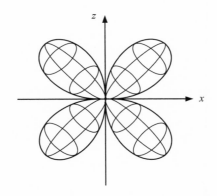

図 13-8　　3 次元空間における d_{xz} 軌道

d_{yz} 軌道も同様であり、図 13-8 を x–y 平面に沿って、$\pi/2$ だけ回転すればよい。

13. 6. 3.　$m = \pm 2$ に対応した d 軌道

　つぎに、$n=3$, $l=2$, $m=\pm 2$ の場合を考えてみる。この軌道の波動関数は

$$\psi_{3,2,\pm2}(r,\theta,\phi) = R_{3,2}(r)Y_{2,\pm2}(\theta,\phi)$$

と与えられる。ここで

$$R_{3,2}(r) = -\frac{2\sqrt{2}}{81\sqrt{15}}\left(\frac{1}{a_{\mathrm{B}}}\right)^{\frac{3}{2}}\left(\frac{r}{a_{\mathrm{B}}}\right)^2 \exp\left(-\frac{r}{3a_{\mathrm{B}}}\right)$$

$$Y_{2,\pm2}(\theta,\phi) = \mp\sqrt{\frac{15}{32\pi}}\,\sin^2\theta\,\exp(\pm i2\phi)$$

である。この場合も、これら角度関数 ($m=\pm2$) からも線形結合によって新たな波動関数をつくるのが一般的である。

$$Y_{2,+2}(\theta,\phi) = -\sqrt{\frac{15}{32\pi}}\,\sin^2\theta\,\exp(+i2\phi)$$

$$Y_{2,-2}(\theta,\phi) = +\sqrt{\frac{15}{32\pi}}\,\sin^2\theta\,\exp(-i2\phi)$$

として、これら線形結合として、新たな実数からなる波動関数

$$\frac{1}{\sqrt{2}}\left\{-Y_{2,+2}(\theta,\phi) + Y_{2,-2}(\theta,\phi)\right\} = \sqrt{\frac{15}{16\pi}}\,\sin^2\theta\,\cos 2\phi$$

$$\frac{1}{\sqrt{2}i}\left\{-Y_{2,+2}(\theta,\phi) - Y_{2,-2}(\theta,\phi)\right\} = \sqrt{\frac{15}{16\pi}}\,\sin^2\theta\,\sin 2\phi$$

をつくる。

直交座標と極座標では

$$x = r\sin\theta\cos\phi \qquad y = r\sin\theta\sin\phi \qquad z = r\cos\theta$$

という対応関係があるので

$$\sqrt{\frac{15}{16\pi}}\,\sin^2\theta\,\cos 2\phi = \sqrt{\frac{15}{16\pi}}\,\sin^2\theta(\cos^2\phi - \sin^2\phi) = \sqrt{\frac{15}{16\pi}}\,\frac{x^2-y^2}{r^2}$$

$$\sqrt{\frac{15}{16\pi}}\,\sin^2\theta\,\sin 2\phi = \sqrt{\frac{15}{16\pi}}\,\sin^2\theta(2\cos\phi\,\sin\phi) = 2\sqrt{\frac{15}{16\pi}}\,\frac{xy}{r^2}$$

となる。したがって、慣例では

$$d_{x^2-y^2} = \frac{1}{\sqrt{2}}\left\{-Y_{2,+2}(\theta,\phi) + Y_{2,-2}(\theta,\phi)\right\} = \sqrt{\frac{15}{16\pi}}\,\frac{x^2-y^2}{r^2}$$

$$d_{xy} = \frac{1}{\sqrt{2}i}\left\{-Y_{2,+2}(\theta,\phi) - Y_{2,-2}(\theta,\phi)\right\} = 2\sqrt{\frac{15}{16\pi}}\,\frac{xy}{r^2}$$

と表記する。

ここで、d_{xy} 軌道は、$m=\pm1$ の場合の d_{xz} 軌道ならびに d_{yz} 軌道と等価であり、軌道の方向が xy 方向となっているだけである。したがって、図 13-7 ならびに図 13-8 の z 軸を y 軸に置き換えたものとなる。

それでは

$$d_{x^2-y^2} = \sqrt{\frac{15}{16\pi}} \frac{x^2 - y^2}{r^2}$$

は同様な軌道であろうか。これを変形すると

$$d_{x^2-y^2} = \sqrt{\frac{15}{16\pi}} \frac{x^2}{r^2} - \sqrt{\frac{15}{16\pi}} \frac{y^2}{r^2}$$

となる。よって

$$d_{xz} = \sqrt{\frac{15}{4\pi}} \frac{xz}{r^2} \quad や \quad d_{yz} = \sqrt{\frac{15}{4\pi}} \frac{yz}{r^2}$$

と等価であるが、それぞれ xz 方向や yz 方向ではなく、x 方向と y 方向に拡がった波動関数となるものと考えられる。さらに、x と y に相関関係はないから、その軌道は、図 13-9 のようになる。

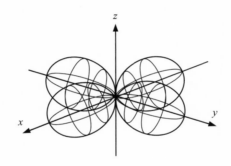

図 13-9　$d_{x^2-y^2}$ 軌道

　以下同様の手法によって、さらに大きな量子数 n, l, m に対応した水素原子の電子軌道は、動径分布関数ならびに角度分布関数を含めてすべて図示することができる。ただし、これら図は、電子の確率密度を示したものであり、古典的な電子の軌道を表現するものではないという事実を認識する必要がある。

　とは言え、それまでまったく謎であった原子内の電子の分布が、シュレーディンガー方程式という簡単な偏微分方程式で明らかになったのは驚嘆すべきことではなかろうか。そして、それがあらゆる原子の電子軌道を理解する基礎を与えているのである。

13. 7.　一般への拡張

　水素原子の電子軌道が明らかにできたので、つぎはヘリウム (He: helium) 、リチウム (Li: lithium) とさらに大きな原子へと計算を進めていけばよさそうであるが、実際には、そうはいかない。

　たとえば、ヘリウムでは原子核に、陽子 2 個と中性子 2 個の 4 個の粒子が存在する。これより大きな原子では、さらに粒子数が増えていく。一方、数学を使って厳密計算が可能となるのは、**2 体問題** (two-body problem) のみである。

　ここで登場するのが、**水素様原子** (hydrogen like atoms) である。中心にある原子核は不動で、＋の電荷が増えていく。そして、電子は 1 個のみが電子軌道に存在すると考える。

　そのうえで、電子数が増えたときには、水素様原子の電子軌道を基本として、エネルギーの低い準位から電子が埋まっていくと考えるのである。その際、パウリの排他律によって、ひとつの軌道を占めることのできる電子は 1 個だけと考える。ただし、スピン自由度によって、電子は 2 個まで一つの軌道を占有できる。この考えにそって構築されたのが、すべての原子の電子軌道なのである。

　なお、スピンとパウリの排他律については、近刊予定の『量子力学 III — 磁性入門』村上、飯田、小林著（飛翔舎）で紹介する。

おわりに

　量子力学は、原子内の電子の運動が古典力学では説明できないことを端緒として建設が始まった学問である。電磁気学によれば、電荷を有する電子が回転運動をすると、エネルギーを失い、クーロン引力によって原子核に引き寄せられるはずである。しかし、原子内の電子軌道は安定している。

　この奇妙な電子の運動を説明しようと多くの物理学者が挑戦した。ボーアによる量子化条件の提唱。そして、電子が波の性質を有するというド・ブロイのアイデア。これらをもとに、ハイゼンベルクらが行列力学を構築していったのである。量子の世界を説明する行列力学は大成功するかに見えたが、そこに陥穽が待ち構えていた。肝心の水素原子の電子運動を説明することができなかったのである。

　そこに登場したのがシュレーディンガーの波動力学である。波動力学は、多くの物理学者になじみのある微分方程式を基本としているうえ、行列力学では困難を極めた水素原子の電子軌道を見事に解き明かすことができたのである。

　本書では、シュレーディンガー方程式によって水素原子の電子軌道が解明されていく過程をていねいに追った。その理解には、数学の基礎として、ラゲール陪微分方程式やルジャンドル陪微分方程式などの性質を知る必要がある。よって、かなりのページ数を割いて、これら方程式と解の特性に関する説明を行った。球面調和関数は一見すると近寄り難いが、初学者でも、じっくり取り組めば理解ができるはずである。

　そして、微分方程式の解として得られた軌道は、太陽系の惑星運動の軌道とはまったく異なるものであった。このため通常の軌道の "orbit" に対して、量子力学で扱う電子軌道は "orbital" と称して区別している。本書では、その描画方法についてもていねいに説明している。

　波動力学が解き明かした原子内の電子軌道は、常識では理解しがたいものであったが、その解明によって、電子軌道を介した化合物の形成と、その構造に対する理解が進むようになったのである。また、産業のコメと呼ばれる半導体や、超伝導体の構造や特性の理解にもつながっている。その成果は計り知れない。

著者紹介

村上　雅人

理工数学研究所　所長　工学博士
情報・システム研究機構　監事
2012 年より 2021 年まで芝浦工業大学学長
2021 年より岩手県 DX アドバイザー
現在、日本数学検定協会評議員、日本工学アカデミー理事
技術同友会会員、日本技術者連盟会長
著書「大学をいかに経営するか」（飛翔舎）
「なるほど生成消滅演算子」（海鳴社）
など多数

飯田　和昌

日本大学生産工学部電気電子工学科　教授　博士（工学）
1996 年-1999 年 TDK 株式会社
1999 年-2004 年 超電導工学研究所
2004 年-2007 年 ケンブリッジ大学 博士研究員
2007 年-2014 年 ライプニッツ固体材料研究所　上席研究員
2014 年-2022 年 名古屋大学大学院工学研究科　准教授
著書「統計力学　基礎編」（飛翔舎）「統計力学　応用編」（飛翔舎）など

小林　忍

理工数学研究所　主任研究員
著書「超電導の謎を解く」（C&R 研究所）
「低炭素社会を問う」（飛翔舎）
「エネルギー問題を斬る」（飛翔舎）
「SDGs を吟味する」（飛翔舎）
監修「テクノジーのしくみとはたらき図鑑」（創元社）

―理工数学シリーズ―

量子力学 II　波動力学入門

2024 年　6 月　30 日　第 1 刷　発行

発行所：合同会社飛翔舎 https://www.hishosha.com
　　　　住所：東京都杉並区荻窪三丁目 16 番 16 号
　　　　電話：03-5930-7211　FAX：03-6240-1457
　　　　E-mail: info@hishosha.com

編集協力：小林信雄、吉本由紀子
組版：小林忍
印刷製本：株式会社シナノパブリッシングプレス

飛翔舎の本

高校数学から優しく橋渡しする —理工数学シリーズ—

＜増刷決定＞
「**統計力学　基礎編**」 村上雅人・飯田和昌・小林忍　　A5判220頁　2000円

ミクロカノニカル、カノニカル、グランドカノニカル集団の違いを詳しく解説。ミクロとマクロの融合がなされた熱力学の本質を明らかにしていく。

「**統計力学　応用編**」 村上雅人・飯田和昌・小林忍　　A5判210頁　2000円

ボルツマン因子や分配関数を基本に統計力学がどのように応用されるかを解説。2原子分子、固体の比熱、イジング模型と相転移への応用にも挑戦する。

「**回帰分析**」 村上雅人・井上和朗・小林忍　　A5判288頁　2000円

既存のデータをもとに目的の数値を予測する手法を解説。データサイエンスの基礎となる統計検定とAIの基礎である回帰分析が学べる。

「**量子力学 I 行列力学入門**」 村上雅人・飯田和昌・小林忍　A5判188頁　2000円

未踏の分野に果敢に挑戦したハイゼンベルクら研究者の物語。量子力学がどのようにして建設されたのかがわかる。量子力学 III 部作の第1弾。

「**線形代数**」 村上雅人・鈴木絢子・小林忍　　A5判236頁　2000円

量子力学の礎「固有値」「固有ベクトル」そして「行列の対角化」の導出方法を解説。線形代数の汎用性がわかる。

「**解析力学**」 村上雅人・鈴木正人・小林忍　　A5判290頁　2500円

ラグランジアン L やハミルトニアン H の応用例を示し、解析力学が立脚する変分法を、わかりやすく解説。

「**量子力学 II 波動力学入門**」 村上雅人・飯田和昌・小林忍　A5判308頁　2600円

ラゲールの陪微分方程式やルジャンドルの陪微分方程式などの性質を詳しく解説し、水素原子の電子軌道の構造が明らかになっていく過程を学べる。

出版順

高校の探究学習に適した本 ―村上ゼミシリーズ―

「低炭素社会を問う」　村上雅人・小林忍　　四六判 320 頁　　1800 円

二酸化炭素は人類の敵なのだろうか。CO_2 が赤外線を吸収し温暖化が進むという誤解を、物理の知識をもとに正しく解説する。

「エネルギー問題を斬る」　村上雅人・小林忍　　四六判 330 頁　　1800 円

再生可能エネルギーの原理と現状を詳しく解説。国家戦略ともなるエネルギー問題の本質を考え、地球が持続発展するための解決策を提言する。

「SDGs を吟味する」　村上雅人・小林忍　　四六判 378 頁　　1800 円

世界中が注目している SDGs の背景には ESG 投資がある。人口爆発や宗教問題がなぜ SDGs に含まれないのか。国際社会はまさにかけひきの世界であることを示唆する。

大学を支える教職員にエールを送る ―ウニベルシタス研究所叢書―

＜増刷決定＞
「大学をいかに経営するか」　村上雅人　　四六判 214 頁　　1500 円

＜増刷決定＞
「プロフェッショナル職員への道しるべ」大工原孝　四六判 172 頁　　1500 円

「粗にして野だが」　山村昌次　　四六判 182 頁　　1500 円

「教職協働はなぜ必要か」　吉川倫子　　四六判 170 頁　　1500 円

「ナレッジワーカーの知識交換ネットワーク」　A5 判 220 頁　　3000 円
村上由紀子

高度な専門知識をもつ研究者と医師の知識交換ネットワークに関する日本発の精緻な実証分析を収録

価格は、本体価格